U0680422

人人都能梦的解析

高铭 ◎ 著

Wuhan University Press
武汉大学出版社

图书在版编目(CIP)数据

人人都能梦的解析 / 高铭著. —修订本. —武汉：武汉
大学出版社，2015.1
　ISBN 978-7-307-14715-7

　Ⅰ．人… Ⅱ．高… Ⅲ．梦－精神分析－通俗读物
Ⅳ．B845.1-49

　中国版本图书馆CIP数据核字（2014）第250191号

责任编辑：刘汝怡　　　责任校对：林方方　　　版式设计：刘珍珍

出版发行：**武汉大学出版社**　　（430072　武昌　珞珈山）

　　　　　（电子邮件：cbs22@whu.edu.cn 网址：www.wdp.com.cn）

印刷：永清县吉祥印刷有限公司

开本：787×1092　1/16　　印张：17　　　字数：280千字

版次：2011年1月第1版　　　2015年1月修订

　　　2015年1月修订本第1次印刷

ISBN　978-7-307-14715-7　　定价：38.00元

版权所有，不得翻印；凡购我社的图书，如有质量问题，请与当地图
书销售部门联系调换。

目录

和自己好好谈谈

／ 第零章 ／

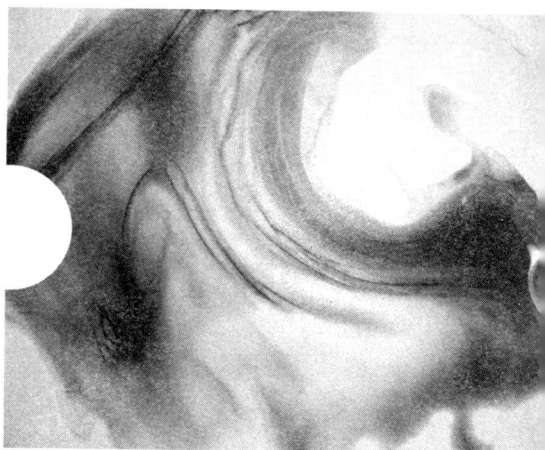

你发现没，这是一本没有《前言》的书。

不光是没有《前言》，连《序》也没有，从目录直接就到这里来了。

这是我有意这么做的。这本书不需要《前言》和《序》，也不需要装模作样地说说思路和感慨，更不需要什么概括，因为这本书是写给你的。

你试过和自己好好谈谈吗？

我就试过。

// 愿望 //

记得有个朋友曾经问我："你的愿望是什么？"

我说想在外太空看看自己所生活的这个星球，一个小时就够。

他又问我："假如现在让你二选一：第一，立刻就能满足你的这个愿望；第二，整个香港都归你所有。你选择什么？"

我的回答不变："我要在外太空看看自己所生活的这个星球。"

朋友笑了："你真傻，如果你拥有整个香港，你甚至可以住到外太空，想看多久就看多久。"

等他笑完了，我给他讲了个事儿：

有一个3岁的小男孩，因为生病的原因，遵照医嘱好几天里只能喝牛奶，除此之外不能吃任何其他东西，结果有一天小男孩就做了个梦。他梦到在厨房餐桌上有一个华丽的大餐盘，而餐盘里面摆着很大的一块烤肉，酱色的肉汁流淌在肥厚的嫩肉上，香气扑鼻。但是后来那一整块烤肉就莫名消失了，不知道哪儿去了。

朋友问："谁吃了？"

我："有个人解释了这个梦，他是这么说的：'梦中那一大块烤肉，其实是小家伙自己吃掉了。因为家人禁止他吃牛奶之外的食物（当时小男孩在养病），所以就算在梦中，吃掉一整块烤肉的人都始终未曾露过面，这样就没有人会因此而受责骂……'"

朋友笑了好久："看来是馋疯了，真能吃！"

我接着说："分析这个梦的人在最后还强调了一下：在孩子的梦中，最具特色的是经常出现的一些'巨大的''大量的''非凡的''夸张的'东西。"

朋友："为什么？"

我："因为孩子们还不知道'足够'这个概念，他们对所喜爱的任何东西都是贪得无厌的。所以有说法是：孩子是很难满足的。只有伴随着成长、学习、了解、接受教导，孩子们才会明白什么是适度，什么是克制，以及为什么这么做。"

朋友没再说话。

我告诉他："还记得你刚刚让我二选一的那个问题吗？我依旧选'在外太空看看自己所生活的这个星球'，因为那是我的愿望。而拥有整个香港，不是我的愿望，那是贪婪。"

朋友想了一会儿，好奇地问我："这个孩子的梦，是谁解的？"

"弗洛伊德。"

//　你知道吗　//

在一百多年前的奥地利，有个叫作弗洛伊德的人写了一本书：《梦的解析》——看书名就知道写的是什么。这本书里讲了一种在当时闻所未闻的、全新的解析梦的方法。

最初的时候没人有任何评论，好坏都没有。为什么呢？因为没人看得懂。然后，慢慢地，在几年之内有人开始夸这本书，另一些人开始贬这本书……接下来，这本书闹得整个欧洲连同北美都在为书里的内容吵得天翻地覆。

这种争执延续至今。

似乎人们对这本书的反应很奇怪——无论是捧还是贬。

我曾经问过一些人："你知道《梦的解析》吗？看了吗？"

A回答："知道，没看过。"

B回答："不知道，没看过。"

C回答："听说过，没看过。"

D回答："写梦的吧？好像看过。"

E回答："知道，看了，特没劲。"

F回答："那书都是胡说八道的！"

G回答："啊？什么？"

H回答："……你一会儿去哪儿吃饭？"

我向A、B、C推荐这本书："看看吧，可好啦。"

我问D："还记得那书写了些什么吗？"

D挠了挠头："忘了……"

我问E。

E："就是说做梦都跟性有关，瞎扯，我没看完就扔一边了。我才不信嘞！"

我跑去追问F怎么胡说八道了，F说："我不记得了，但是别人都说那本书是胡说八道的！"

面对G……

我没和H一起去吃饭。

后来我又去问一个学过心理学的人——X。X说："上学的时候被逼着看，看不进去，晦涩得可怕。考试的时候那几道题我蒙着瞎填的。"

我：……

我决定换个问题。于是几天后，带着认真的态度和表情，我挑选适合的时间、地点问："你了解自己吗？"

A回答："啊……不了解……吧？"

B回答："应该不了解……"

C回答："我不知道。"

D回答："这要分怎么说了……"

E回答："我是人类！"

F回答："你要干吗？"

G回答："啊？什么？"

H回答："不清楚哎！别人都怎么说？"

我猜，也许，从A到H，他们都没有和自己好好谈过。

我没问I，因为I就是我自己。

// 心 理 战 争 片 //

有那么一阵我觉得很孤独，似乎没有一个朋友能和我聊得来。我所说的，他们听不懂。他们所议论的，我不感兴趣。

于是我一个人看书。

我看到了《梦的解析》。

看了开头我就笑了：写书的这个老头真可爱！

当看到中间的时候，我沉迷了进去，因为这是一本精彩的"心理战争片"——每一个角色都是自己。

我看着那些自己打来打去，并且还无休止地和谈、彼此妥协，然后再次开战。

而当我读完、合上这本书的时候，我知道，写书的那个老头也很孤独。

大约有那么一年的时间吧，我观察了很多人，我发现每个人都是孤独的。因为每个人都不能够被别人完全理解，而倾诉所获得的最多也就是同情，并非感同身受。同时我也发现每个人都在不眠不休地对自己进行着大规模的战争。成千上万个自己在和成千上万个自己对阵、厮杀、怒吼。我能看到那暴风骤雨般的突袭，好像晨雾弥漫在林间的静伏，有如烈火般狂暴的侵略，还有比临海的峭壁更加稳固的坚守，以及阴云般蕴含着杀机的忍耐，堪比雷霆般地动山摇的冲锋……我迷茫地看着这些：为什么？

难道我们生来就如此纠结吗？

我看不懂。

后来当我向一个朋友说起这个"战争"的时候，朋友问我："谁赢了？"

那个瞬间，我懂了。

并不是我们纠结，而是我们在寻找更好的方向。

并不是我们挣扎，而是我们在不停地选择。

每时每刻都是如此——即便在梦中。但是，没有对错，没有输赢。

所以，我觉得应该坐下来认真地问问自己"为什么"。

这个时候，就是和自己好好谈谈的开始。

我决定先了解下自己，然后再确定谈什么。

但是仿佛有一种阻力在阻止我认清自己。在多次失败后，我避免了正面冲突，尝试着从梦境去探寻我想知道的那一切。

于是，我第二次拿起那本书——《梦的解析》。

这次我没单独看这一本，我还找了许多相关的书作为补充资料一起来看。

这期间，我发现了那本书在很多地方有一些问题。但这丝毫不影响那位作者的伟大——因为他是第一个写下这些的人，在他之前，没有人尝试过。

再次看完之后，我想，我可以和自己好好谈谈了。

//　一个动作　//

我想让更多的人能看看《梦的解析》。

但是毕竟那是一百多年前写下的，还是一百多年前的欧洲。所以好多人都告诉我：太晦涩了，不看。或者：太难懂了，看不懂。

好吧，改个字：我想让更多的人能看懂《梦的解析》。

一点一点地，我把这百年来，后人们对《梦的解析》的补充和完善加入了一些进去。并且以现在的语言文字作为载体来表述……于是，就有了现在你手里的这本书——《人人都能梦的解析》。

我知道这本书并不够好，也不够专业。但这并不妨碍我们开始触摸到那扇被称为《梦的解析》的"窗"，窗外是无边无际的异世界，也是所有灵感及幻想的源头。梦，是源于每个人心中的异世界。

而这本书是什么呢？

只是一个动作而已，抬手去打开那扇窗。

仅此而已。

不过，也许这是个和自己好好谈谈的机会。

你试过和自己好好谈谈吗？

//   问答   //

问：这本书算是"白话版"《梦的解析》吗？

答：不是，只是基于《梦的解析》中部分理论而写的书。你可以把这本书当作《梦的解析》导读本来看。

问：你为什么要写这本书？

答：有一次我看到一个19岁的男孩给《梦的解析》写的评价是：看过几遍，感觉一般般。但也是同一个人，对一篇从《梦的解析》单独摘出来的梦例及分析表示出了震撼与惊奇……后来我发现，很多人想看、并且想看懂《梦的解析》，但其实大多数人仅仅看了一点儿就看不下去了（虽然有些人声称看了）。所以我想写一本大家都能看懂的东西作为《梦的解析》的导读。

问：你写的好看吗？

答：这要等你来评价。

问：这本书和《梦的解析》有什么不同？

答：我用了很多自己的梦例，而并非沿用原书的梦例。同时在一些观点上引用了近些年的一些学术观点，并没照搬原书。

问：**你都用了自己什么样的梦例？**

答：你可以自己看。

问：**看完这本书之后，还有必要看《梦的解析》吗？**

答：最好能看一下……当然了，看不看，你自己决定。

问：**看完这本书，我就能试着解梦吗？**

答：也许吧，假如你真的看懂了的话，至少你知道该怎么尝试了。

问：**弗洛伊德，是个什么样的人？**

答：翻到下一页，你可以开始了解他是一个什么样的人了。

第一章

那些年，那些事，那些人

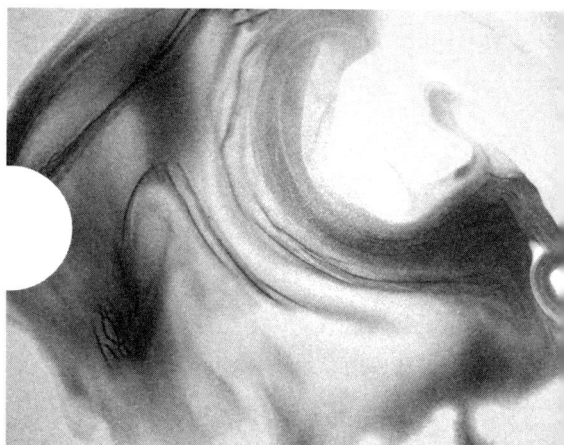

先从"那些年"说起。

那些年，是指19世纪中期——1856年，至20世纪初——1920年。或者我们换个更明确的说法："那些年"，所包含的年代是以弗洛伊德出生为起始，到梦解析理论基本成型为结束点。也许有读者会质疑，你不是要说《梦的解析》吗？怎么改说欧洲近代史了？为什么要从年代开始说呢？我觉得想要说明白一个人，有必要从时代背景说起。

如果我们想弄明白李世民为什么要杀兄逼父退位自己成为了唐太宗，那我们肯定要从隋朝末年说起；如果我们想分析《红楼梦》的一些情节设定，我们一定会从曹雪芹的出身和成稿年代说起；如果我们想弄明白奥巴马怎么就成为了美国第一位黑人总统，那么我们肯定会从美国黑人社会地位及奴隶解放说起……就是这样。那么，就让我从150年前的欧洲说起。

150年前的欧洲是个什么样子呢？那是一个有些混乱的年代。

//　一　那些年　//

自从16世纪欧洲出现资本主义萌芽后，萌了两百多年终于成了正果：19世纪中期，欧洲大陆的半数国家凭借着逐步成熟的资本主义发展，充分享受到了工业革命所带来的丰硕成果——国富民强，因此，也就有了足够的能力在全球范围内进行各种扩张及资源掠夺。其中以英法为首的列强更是殖民地遍布全球。同时这也标志着欧洲成为了世界的中心。但由于民主思潮和君主立宪制在欧洲各国推行进程有快有慢，所以当时一部分欧洲国家的实权还是由王室掌握——例如中欧、南欧各国。也就是说，19世纪其实算是整个欧洲从封邦建国的封建体制，彻底过渡到资本主义体制的最后阶段。这也就造成了有些国家已经开始了大规模的工业化发展，而有些国家还在羞羞答答、磨磨蹭蹭地耗着。那个时代，可以说整个欧洲大陆都处在一种体制上交替、交接的纷乱状态。也正因如此，国家的体制转型、政治变革、社会结构的变更、经济模式的转变使得欧洲人意识形态上的开放感大大增强，再加上海外殖民为欧洲所带回前所未见的新物种、匪夷所思的新哲学思想，等等，使得整个欧洲的文化和自然科学有了长足的发展。这就是当时欧洲大陆的整个情况。现在让我们更详尽地缩小范围再来说当时的奥地利。这个必须说，因为奥地利是弗洛伊德的祖国。

关于奥地利，我们就不往远扯了——因为那势必要将几乎整个欧洲都得说一遍，深究起来比中国的春秋战国还春秋战国（所以我很佩服精通欧洲史的人），就让我们从19世纪初开始说吧。

奥地利在19世纪初（1815年），通过维也纳会议决定组成以奥地利帝国为首的"德意志联邦"（其实是松散的邦联形式，而非结构比较紧密的联邦制），企图重新建立"旧秩序"体系的欧洲政局，以此来对抗早已席卷欧洲的民主思潮。这个德意志联邦仅存了几十年，经过1866年普奥战争的失败后被迫解体。1867年，奥地利与匈牙利签订了协议，建立起了二元制的奥匈帝国（目的还是维护旧体系）。不过奥匈帝国在沉浮了50多年后，伴随着"一战"的结束（1918年）也瓦解了。而弗洛伊德生于1856年（德意志联邦时期）奥地利的普利堡——当时叫弗莱堡（注意区分，不是现在德国南部的弗莱堡）。由此可以看出为什么成年后的弗洛伊德始终对"德意志联邦体系"有一种亲切感——因为他生于德意志联邦体系下。

欧洲多数时候很像我们的春秋时期——国家之间的关系很暧昧。例如德国公主嫁给法国王储，英国王子娶了意大利贵族的女儿，或者德国人当了英王，等等。民间也一样。经过几个世纪后欧洲人的血统被搞得很混乱——大多跟邻国沾亲带故。所以，多数欧洲人并没有清晰的国界疆土概念。基于以上这点，我们也就不能认为弗洛伊德有扩张领土意识了（我见过有一本书说弗洛伊德最初是支持纳粹思想的，这很搞笑），至少在当时联邦体制下，那是绝大多数奥地利人非常主流的观点。

　　另外还要在这里强调的是 19 世纪至 20 世纪的欧洲反犹太运动。这个问题很重要，至少对弗洛伊德来说很重要——他是犹太人。

　　公元135年犹太起义失败后，犹太人就被逐出耶路撒冷而游荡于世界各地。欧洲犹太人在中世纪时期（14世纪）饱受欧洲封建主与宗教僧侣的迫害。到了近代，随着欧洲资本主义发展以及民族解放运动的兴起，使得部分欧洲犹太人被歧视的现象有所改变。不过19世纪中后期，由东欧沙俄所掀起的反犹太浪潮又席卷了大半个欧洲，并一直持续到"二战"爆发。前面提过弗洛伊德是犹太人。所以通过这个时代背景我们可以了解到一件事——弗洛伊德的某些学术成就在19世纪末及20世纪初受到的轻视甚至蔑视，与当时欧洲排犹浪潮有着直接的关系。对于一些推崇弗洛伊德的人所强调的"弗洛伊德本人宽容大度，对早年的学术抨击并不在意"的说法，我认为不够客观。在当时欧洲排犹思潮盛行的时代背景下，身为犹太人的弗洛伊德能怎么办？他只有默默地承受着——这才是他保持沉默的真正原因：环境不允许他抗争。

//　二　那些事　//

　　这部分我们拆分成两大块来说，第一部分是西医学，第二部分是心理学。先说西医学。

　　西医学属于医学的一部分，但并不代表就是医学。医学涵盖面很广，而西医学属于医学重要的组成元素。

　　西医，源于古希腊，强调自然和人的关系，注重饮食、作息、心态，等等。古西医的关注点是病人，而非疾病，这点和中医比较接近——都一样跟哲学有着很大的联系。而近400年来，西医开始逐步从哲学体系中脱离出来，依据解剖学、生物学、现代科技基础等重新进行了自身定位——这也就是我们目前接触得最多的现代西医学。有人认为现代西医完全脱离了古希腊西医，应该算是全新的学科。这个说法有一定道理，但不完全正确。因为近代西医很多地方还在延续古西医的一些理论基础，即便做了大量的改良但并非彻底脱离了古西医。从目前看，现代西医开始更多地吸收古西医和中医里面的自然调节理论。也就是说，整个医学开始以现代西医为主体，融合多种医学模式成型为真正的现代医学了，所以如今仅仅用西医这个词来表述西方医学，很显然不够客观，不够清晰。

但150年前可不是这样的。那么，19世纪的欧洲医学是个什么状况呢？

自从17世纪科学技术的广泛应用为现代西医提供了有力的支持以来，科技对于西医的发展变得极其重要。例如显微镜，解剖器具，临床诊断用的血压、体温测量技术，还有化学提纯技术，等等。到了19世纪，科学技术的逐步现代化对西医的微生物学（病毒及感染、疫苗），临床外科，血液循环系统，病例解剖，防腐技术，药性及药性成分的了解和应用都有着不可估量的影响。所以，在19世纪中叶到20世纪初的时候，欧洲医学的体腔外科相当发达。而且现今的许多临床专业也就是在那时候奠定下来的基础。例如：眼科、泌尿科、妇科、神经外科、等等。这当然是值得欢欣鼓舞的，不过，一些问题也就浮现了出来——体现在病理研究上。

解剖技术的发展直接导致了神经外科的进步，但是在临床神经外科的研究过程中，医师们发现了一些不能用外科医学解释的事情。例如：明明神经并未受损，但是患者为什么却表现出某种神经受损的症状呢？明明没有任何器质性病灶，为什么患者的症状却完全呈现为器质性病灶的特征呢？比方说，一个女患者在丈夫去世后突然失明了，但是无论是眼科检查还是神经检查都无法查出明确病因，所以治疗上也就束手无策；或者，某患者莫名其妙就瘫了，肌体骨骼并未受损，神经传导也一切正常，但患者的确就是瘫了……这种情况以当时的外科或者医疗技术都不能解释，那么这一切究竟是怎么回事儿呢？这个让19世纪的西医师们抓耳挠腮的问题，就是我们下面要说的本节的第二部分——心理学。

心理学——Psychology，这个词源于希腊文。原文也可以翻译为"灵魂的科学"或"灵魂学"（希腊文中的"灵魂"一词，也有"呼吸"的意思）。后来对于灵魂学这个说法有所改变，变为心灵学——psychicalresearch。中间的过程就不说了，有兴趣的读者可以自行查找有关心理学发展演化的书籍来看。到了19世纪初，心灵学逐步划分为两个分支，一个是我们要说的心理学，另一个是超心理学（parapsychology）。超心理学最初叫超心灵学，这个比较玄，所以不在本书讨论范围之内，我们只说心理学。

顾名思义，心理学的研究对象是心理现象。现在我们已知的心理现象包括：思维、记忆、想象、感觉、知觉、表象、情感还有意志，等等。根据目前的研究成果（注意，是目前的而不是19世纪的），这些心理现象源于神经对于刺激所产生的反应。虽然这点得到学术界公认，但是其详细解释相当复杂，例如，细胞储电，正负电反应，电磁场，电磁场传动，电传输，电传导，神经细胞负责通过编辑把刺激反应转化成电代码……诸如此类，别说一般读者，即便很多专业人士对此也不见得能解释。而19世纪的时候对心理现象的解释则比较简单——神经反应。这就是说，150年前人类对于心理的认识虽然脱离了哲学范畴，但其认知仍很有限。

其实这也没什么好奇怪的，因为心理现象太复杂了。

根据现代神经学的研究，心理反应与神经系统的结构、功能、后天自我完善都有着极其密切的关联。假如发育期内神经系统的功能涉及越多，那么神经系统的后天构建就越完善，同时神经系统的发挥也就更强——这就导致神经反应更加复杂。而反应越复杂，心理现象也就随之复杂。请读者先别不耐烦地打算翻页，让我试着说得通俗点：婴儿的行为和情绪相对成人而言很简单对吧？为什么？因为婴儿的神经系统不够发达。在婴儿成长过程中，根据受到的外界刺激不同，婴儿的神经系统会有着不同于别人的发育成长，这也就造成了神经系统发育的独特性——每个人都和别人不一样。以此为据，心理反应也会有很大的不同。这就是我要说的：心理反应，大多数情况是没有固定模式可言的（本能反应不算，那是先天神经机制）。

复杂吗？不，这还不算完，还有。

心理，是我们无法用感官感知的。能摸到吗？能看到吗？或者听到？都不行，只能意识到。但有趣的是：虽然我们每个人的心理是不一样的，虽然我们不能直接用感官感受到，但是心理功能却无处不在。只要有人存在，就必定有心理功能的存在，如影随形，因为心理活动支配着人的一切行为。想想看，我们生活在由人类组成的社会，而每个社会个体单元——人，都有着与别人不同的心理活动，这些活动又支配着人的行为，这些千奇百怪成因复杂的行为构成了人类社会。所以，心理学需不需要研究？19世纪的人们虽然没有那些现代神经学作为研究心理的依据，但是几千年来的社会进化已经让人们注意到了这点，并且进行了大量的研究，而不再像以前那样，把心理功能当作神力或者上帝的旨意来看待。

从19世纪初心理学从心灵学分离（我倒更愿意用"进化"这个词）出来后，经过将近一个世纪的发展，心理学已经有了许多细分学派。但是，真正奠定现代心理学基础的（不仅仅是临床心理学），其中之一便是精神分析。而精神分析法的创始人之一就是接下来我们要说的西格蒙德·弗洛伊德。

弗洛伊德无论在世时还是百年后，都备受争议。不过有一点值得一提：无论是他的支持者还是他的反对者，都会毫不迟疑地给他一个光芒的头衔——影响人类进程的、伟大的心理学家。

//　三　那些人　//

让我们先从弗洛伊德的出生开始吧。

关于弗洛伊德大人的出生年份没有争议，确定是1856年无疑。至于具体的出生月份有两个说法。官方记录是5月6号，但是另有说法是3月6号。据称，出生证写5月6号是弗洛伊德的父母为了掩饰结婚前就怀有弗洛伊德的事实。对于这个问题，我觉得实在是没有考证的必要。

1. 天才+勤奋

前面提过，弗洛伊德生于当时奥地利的弗莱堡。弗莱堡是当时奥匈帝国摩拉维亚地区很大的一个镇子。1931年的时候改名为普利堡，现属于捷克领土。

弗洛伊德的父母都是犹太人：父亲雅各布，母亲阿玛莉。弗洛伊德在出世前就有两个同父异母的哥哥，都比他大20多岁。而且长兄伊曼努尔在弗洛伊德出生前就已经结婚，并且有了孩子——也就是说弗洛伊德出生后就很荣幸地直接担任叔叔一职——虽然这位叔叔比侄子还小一岁。没多久，未满一岁的弗洛伊德又有了侄女——长兄的女儿出生了。于是在他幼年及童年期间，一直是这两个比他小一辈的玩伴陪着他。（这让当时尚且年幼的弗洛伊德对家庭成员的定位比较混乱）他成年后曾说过，由于年龄的问题加上自己幼年并不理解辈分的概念，所以童年时代有很长一段时间都以为长兄是自己的父亲，侄子、侄女是自己的兄妹，而父亲雅各布则是自己的爷爷。

弗洛伊德的父亲雅各布是一个毛纺织品中间商，主要工作是从家庭手工业者或小型作坊中收购纺织品后投放到市场。但是在当时欧洲那个从自然经济过渡到商品经济的时期（参看本章第一节），这种中间商的生意越来越不好做了。出于经济原因，几经周折，在弗洛伊德4岁时，父亲雅各布带着全家搬到了首都维也纳。但这并没给雅各布带来任何生意上的转机，并且随着弗洛伊德弟弟妹妹们的出生，这一大家人生活得更为拮据。不过幸好有亲朋好友的不时接济，否则光凭雅各布微薄的收入是很难维持下去的。

弗洛伊德的幼年和童年很普通，没有展示出特别的天赋和智慧。一切都从弗洛伊德开始上学后有所转变。

1865年，9岁的弗洛伊德进入到维也纳斯波尔中学就读（欧洲当时学制不一样）。从进入到斯波尔中学的那天起，我们的天才终于爆发了。先是首年考试成绩优异，跟着次年考试成绩全校第一。请注意，从那年起（入学第二年）一直到他从斯波尔中学毕业，这个第一的头衔始终是弗洛伊德的，别人根本没机会。由于弗洛伊德的优异被全体老师们认可，在入学3年后，也就是弗洛伊德12岁那年，学校特许他每年只参加一次学年大考（每次都榜首），其余的考试一律免考！不过少年弗洛伊德并没因此洋洋自得，而是除了吃饭睡觉以外继续刻苦用功，勤奋读书（保持第一不是凭空来的），这为他日后学识的渊博打下了深厚的基础。同时他还利用充裕的空余时间（不用备考）掌握了英语、法语、意大利语、西班牙语、古希腊语、拉丁语，以及他的种族母语：希伯来语。有些语言他甚至可以说得比学校老师还流利——也就是传说中的精通。

8年中学生活后，17岁的弗洛伊德以"最优成绩"从斯波尔中学毕业，顺利进入了维也纳大学的医学院——而维也纳大学在当时被誉为"欧洲的科学圣地"。

说到这儿必须提一下维也纳大学。

维也纳大学，成立于1365年。在弗洛伊德入学时已有500多年历史。迄今为止毕业于该大学的有总统、总理、联合国秘书长（伦纳和瓦尔德海姆），有历史学家（诺瓦茨，也当过奥地利总理），有诺贝尔奖获得者（泰纳），有遗传学泰斗（孟德尔），物理牛人（多普勒），等等。所以说维也纳大学是19世纪至20世纪上半叶欧洲政界和科学界精英的摇篮丝毫不为过。

1873年秋天，年轻的弗洛伊德踏入这所早已闻名于天下的学院，开始了他的大学生活。

对一般人来说，熬过了痛苦的中学时代（好像弗洛伊德中学不怎么痛苦）进入当时欧洲名校终于可以松一口气了。不过天才+勤奋的弗洛伊德丝毫没有任何松懈，他上了大学后反而更加勤奋。他一口气选修了大量课程（自然学科为主），平均每周大约30节，同时还定期去听有关遗传学和生物学的系列讲座。如果说中学时期的努力为弗洛伊德后来的成就打下了深厚的基础，那么大学期间的刻苦，则使得弗洛伊德具备了远超同龄人的素质。从某种角度看，他甚至超越了自己的一些老师。

很快，到了三年级的时候，废寝忘食的刻苦，使弗洛伊德在学术上有了自己的成就——他在生物解剖方面的新发现解开了一个海洋生物的谜团（我很希望感兴趣的读者能够自己去查到底是什么）。他这篇出色的观察论文引起了奥地利科学院的兴趣，并且获得受邀在国家科学院宣读的殊荣，之后还会被登载在科学院的学术报刊上。但是由于当时的弗洛伊德过于年轻，所以由他的生物教授克劳斯来代替他站在国家科学院的讲坛上宣读了那篇论文。在那之后，弗洛伊德受到维也纳大学著名的生理学家布吕克教授的青睐，并成为了后者的研究助手。

厄恩斯特·布吕克，是早年对弗洛伊德的学术及研究影响至深的第一位重量级人物（一共三位，另两位一会儿出场）。

在布吕克实验室，弗洛伊德再次绽放出光芒，他在神经细胞及神经生理的研究上接二连三地提出了新的发现成果。可以这么讲，这些研究成果直接影响了神经生理学的发展进程，对现代神经生理学的促成奠定了不容置疑的基础。

接下来出场的是对弗洛伊德学术上影响至深的第二位人物：约瑟夫·布洛伊尔。布洛伊尔也是犹太人，他比弗洛伊德大14岁，而且当时在维也纳就已经小有名气了。

弗洛伊德自始至终对布洛伊尔都非常尊敬（无论学生时代还是以后），曾在各种场合及很多著作及演讲中反复强调布洛伊尔对自己的启发和帮助。而实际上布洛伊尔对弗洛伊德的帮助不仅仅在研究和学术上，还有在生活上——他曾给予才华横溢却拮据的弗洛伊德很多经济上的援助，并且以各种方式持续了很多年。

弗洛伊德自从在布吕克教授的工作室接触到布洛伊尔后，两人便因志趣相投而走到一起。布洛伊尔向年轻的弗洛伊德讲述了自己曾治疗过的一个病例，这就是著名的安娜·欧病例。这个病例让弗洛伊德非常感兴趣，他们曾在一起就这个病例的问题进行了无数次讨论和研究——可以这么说：当时他们关于对安娜·欧病例的那些讨论，已经可以算是弗洛伊德创建的精神分析法的雏形了。例如布洛伊尔的"谈话疗法"就对弗洛伊德之后的精神分析有着实质性的影响。也就是在那个时期弗洛伊德同学隐约感受到，在人类意识之下，似乎有着另一个世界的存在。

时光飞逝，1879年的夏天，弗洛伊德被政府的一纸征召令从实验室中拉了出来，成为了一名军医官。

很显然，弗洛伊德并不喜欢军营生活，而且当时奥匈帝国还算平静，并无大规模战事（只有同俄国争夺巴尔干半岛，但实战规模很小），所以清闲的军医官生活让习惯于勤奋刻苦的弗洛伊德苦于无所事事。他更喜欢实验室。很快，他如愿了——在入伍半年后弗洛伊德就离开了军医院，被送上了军事法庭，经法庭审判后，弗洛伊德以"玩忽职守"罪名投入军方监狱，并在狱中度过了军旅生涯的后半年及自己24岁的生日。

这是怎么回事呢？是这样的：某天弗洛伊德实在无聊，于是在医疗室看了半天报纸后就提前给自己放假了。凑巧，那天下午地方长官来部队视察工作，于是……不管怎么说，半年军方监狱生活后，我们的天才出狱的同时也终于结束了兵役，如愿以偿地回到了他深爱的大学实验室。

在正常情况下，获得博士学位只需要5年，而到了1881年的时候，弗洛伊德同学依旧在维也纳大学忙碌着。从1873年入学到1881年，中间去掉1年兵役（其实是半年，还有半年蹲监狱），弗洛伊德在大学已经读了7年，还没毕业。

也许有读者会奇怪：你不是说他勤奋+天才吗？怎么7年还没毕业？

理由很简单：他压根就不去参加学位考试。

弗洛伊德实在是太喜欢大学生活了。所以虽然他读书勤奋研究成果不断，但是并不参加毕业考试——这样当然毕不了业。看样子他就打算这么一直读下去。后来，家人无意中透露的一个事实，让这个"万年大学生"决定结束学习生活——当他得知自己的父亲为了供他上大学而披星戴月艰辛工作后，弗洛伊德惭愧不已，他决定用最短的时间来完成自己的学业，目标是医学博士。

那么弗洛伊德用了多长时间复习备考、完成全部医学博士考试并且写出冗长的毕业论文呢？

答案是：3个月。

在3个月的时间里，疯狂的弗洛伊德快速翻阅了一遍考试所需的全部课本就去参加考试了。而他写在试卷上的答案基本就是课本原文。

1881年的春天，25岁的弗洛伊德顺利通过了毕业所需全部考试，如愿以偿地拿到了医学博士学位。而维也纳大学医学院给他的成绩评定是：极其优异。

2. 指引与歧视

弗洛伊德虽然勤奋刻苦并且成就斐然，但是他在维也纳大学医学院期间依然只是个沉默的普通学生兼实验室最低等助理（无薪水）。那些光环、桂冠并没有为他带来荣耀和足以匹配这些成就的赞誉，其原因在于：弗洛伊德是犹太人。而且在大学生活期间，他甚至被学长暗示要低人一等。对此，愤怒的弗洛伊德曾在自传中写过这么一段话：

"我一直搞不懂为什么我应当为自己的血统或者像别人所议论的'种族'而感到羞愧。（对于血统）哪怕我为此而被孤立也毫无遗憾！"

但除此之外，年轻的弗洛伊德还能怎样？当时大半个欧洲对于犹太人都是抱持这种态度，他只能忍受着并继续保持着沉默。这种事情在弗洛伊德一生中并非最后一次，而仅仅只是个开始。

以优秀成绩毕业的弗洛伊德接下来面临着的是高校毕业生所面对的实质性问题：找工作。

欧洲的医生从业制度非常严格，获得医学学位只不过是个基本条件——哪怕你的成绩再优异也一样（理论上的优异并不代表着临床经验的丰富）。年轻的毕业生必须经过漫长的实习期——几乎在每一个医科都要待上一段时间才可以。假如你是一个医科毕业生并且志向远大想自己成立诊所单干，那还需要更丰富的临床经验，并且由所在实习医院出具相关证明（没有医院会胡乱地出具这类证明）。

当时年轻的弗洛伊德对于临床医学并不感兴趣，他更喜欢医学研究，所以他选择继续留在布吕克教授的实验室工作，具体职业是"示范实验员"。虽然薪水少得可怜，但这毕竟是弗洛伊德的第一份有薪工作。为了弥补经济上的不足，他还跑到其他教授那里做一些与自己专业无关的工作——例如化学研究员等。由于这两份工作的收入微薄，所以弗洛伊德只是稍微帮助父亲减轻了一点点生活压力。而实际上，老雅各布还是需要给他一些生活上的补贴。此时这个家庭已经是个有着众多人口的大家庭——弗洛伊德还有1个弟弟和5个妹妹——面临着这种庞大的家庭开支，雅各布能供弗洛伊德读完大学并且获得博士学位就已经是个奇迹了。也正是这些来自生活的压力，使得我们那年轻的医学博士终日闷闷不乐，当然，在学术上也就很难再有什么成就。

在为布吕克实验室工作了一年多后，布吕克教授主动找到了弗洛伊德，并且明确地向他说明了应对目前窘迫生活的办法："不要继续耗在实验室了，转入临床医学，老老实实从头做起。"布吕克教授耐心地告诉弗洛伊德，想要在实验室混出头很难，因为示范实验员只是实验室教授助理中最低的一级，离助教还有两道门槛要过。要是想升到教授，起码还要再花上30年（这就算是火箭速度了）。并且教授名额是有限的，只有老教授去世或者退休，才轮到助教升上去。更要命的是助教也是固定名额的，要等到助教去世或者……也就是说，弗洛伊德要是想成为教授过于漫长。所以，去医院吧，以你的能力必将开创出属于你的成就。

于是在1882年6月，弗洛伊德怀着对布吕克教授的感激之情离开了实验室，进入到维也纳总医院开始接受临床训练。

我们的天才，终于迈出了这关键的一步。抬起头吧，西格蒙德·弗洛伊德，你必将赢取属于你的辉煌。

从1882年到1885年这三年期间，弗洛伊德的生活不再是很穷了，而是比这还糟糕——更穷。他在医院实习期间的收入简直微薄到甚至可以干脆忽略不计，用一贫如洗来形容当时的弗洛伊德也毫不为过。不过也就是在这期间，弗洛伊德遇到了自己一生的挚爱——玛尔塔·贝尔奈斯小姐（也是犹太人）。

玛尔塔出身于高级知识分子家庭，祖父是一位知名的犹太教教士。她的温婉、优雅气质及端庄漂亮是公认的。弗洛伊德对于漂亮的玛尔塔一见倾心，而玛尔塔对弗洛伊德同样也是这种态度。不过虽然两人情投意合彼此爱慕，甚至很快就订了婚，但当时的弗洛伊德实在太穷了，所以玛尔塔的母亲曾反对他们在一起，甚至还因此举家迁往汉堡。但异地恋却并没拆散这一对金童玉女，分离后两人开始频繁地书信往来。在分离的这期间（差不多3年），弗洛伊德同玛尔塔的往来书信足有1000多封，有些信件竟然有20多页。粗算下来，平均一天一封信。

既然写到这个年份了，那么让我们的天才先忙于写情书吧，这里另有个事儿需要单独一提。

弗洛伊德1884年在一位教授的精神病诊所实习期间，发现了可卡因在眼科手术中的麻醉作用。在那个年代，这项发现是极其重要的。因为一直到19世纪上半叶，欧洲的外科临床麻醉技术远远落后于其医疗外科技术。虽然18世纪发明的氧化亚氮（俗称笑气，一种麻醉性气体）可以麻醉外科手术患者，但是由于剂量掌握以及个人体质原因，所以在很多手术中使用并不成功——麻醉经常会在手术进行到一半的时候就失效了，病人因手术疼痛醒来并大喊大叫。这时候要么医生助理一拥而上把患者死死按住，要么直接给患者一棒子将其打晕，甚至有病人会因此丧命……而眼科外科手术就更不敢想象了。所以，无须再多解释，读者们肯定就能明白弗洛伊德的这项发现有多么重要。

遗憾的是这项殊荣的桂冠当时并没有落到弗洛伊德头上——他把这件事告诉了一个眼科医生朋友，而那位朋友立刻用于临床手术并且获得了成功，最后还对外宣布——宣布的时候他没提弗洛伊德的名字。几十年之后，弗洛伊德在这著作中写到了这件事，有好奇的记者找到了那位眼科医生加以确认，在沉默很久后，他终于把这项荣誉交还给了本应拥有它的人。

1885年的下半年，挣扎在生活和感情边缘的弗洛伊德终于迎来了曙光。

首先，弗洛伊德经过在内科、外科、皮肤科、神经科等一系列专科实习后，顺利获得了维也纳大学独立讲师职称。这个职称就是"授课拿钱，不授课没钱"那么一个职位。要知道，在名牌大学不但入学竞争激烈，授课也同样竞争激烈。不是你有资质就能在讲台上，想讲课还得排队，排几年都不是新鲜事儿。似乎这么看起来这并不是一个好消息？不，这个职称很重要，因为有这个职称就能开设自己的诊所，对于贫困的弗洛伊德来说这无疑是非常实惠的。

另一丝曙光是：玛尔塔小姐的母亲终于松口，不再反对女儿同弗洛伊德在一起。

暂时脱离了困苦的弗洛伊德争取到了一次为期半年，但是却带奖学金的巴黎深造机会：师从欧洲著名精神病学专家沙考特教授。也就是在巴黎那段时间，他跟随沙考特教授的时候第一次见到了癔病患者。

名词解释：什么是癔病？

在前面第二节曾提过：明明没有任何器质性病灶，但患者却呈现出器质性病灶特征；无论是眼科检查还是神经检查都无法查出明显病因，患者就是失明了；虽然查不出肌体骨骼受损，可患者腿就是瘸的……这个严格地说应该是精神症和癔病双重特征的表现（精神症的问题后面会解释）。而通常说的癔病更多的是指歇斯底里。病人会借由一些内心冲突、事件（不一定非要是突发的）、暗示及被暗示表现出短暂的精神障碍或者肢体障碍。这时候病人会情绪或行为不能自控，做出激烈或极端的反应。最奇特的是在癔病患者发病期间，甚至可以"完美"地模仿出其他器质性疾病的特征（点到为止，读者对癔病有个概念就可以了）。也就是说目前所有不能认定病因的精神类疾病，统称癔病。

在法国学习的这段时间，弗洛伊德发现当时医学界公认的"只有女性才会得癔病"的说法是错的，男性一样会患癔病。其实"歇斯底里症"这个名称本身就是医学史的一个耻辱。因为"歇斯底里"（Hysteria）这个词的词根是"Hysteron"——子宫。

亲眼目睹癔病患者发病，使年轻的弗洛伊德对癔病有了很深刻的印象，所以他对于癔病的病因也就十分好奇。而沙考特教授对于癔病病因的探究态度极为开放，甚至不拘一格。这一点也同样给弗洛伊德留下了深刻的印象，因为之前他所接触的这类癔病诊断都是粗暴地直接定义：神经受损或装病。

从现代精神学角度来看，有些精神方面的问题的确是神经受损造成，但是并非所有的精神问题都是神经受损造成，还有很多其他成因。所以，也可以这么说，沙考特教授算是在精神分析和精神研究领域给予了弗洛伊德一个非常好的影响及启发。这从弗洛伊德书房所挂着的一张油画就能看出：油画的内容是沙考特教授用癔病患者实例向学生们讲述对于此病的分析和诊断。

至此，这三位传说中影响弗洛伊德创建学说的人物都到齐了。他们是：

厄恩斯特·布吕克——弗洛伊德最初的导师；

约瑟夫·布洛伊尔——弗洛伊德的学长和给予他生活上帮助的恩人，

并且是第一个在精神分析上同弗洛伊德进行深入探讨的人；

第三位就是精神病科泰斗：琼·马丁·沙考特。

转过年，1886年深造结束后的弗洛伊德从巴黎回到维也纳筹备开设自己的诊所，同时他还担任着维也纳国立儿童病院的神经科主任（这是一所慈善性质的儿童医院，免费接纳贫苦的孩子入院，医生也没报酬，甚至加入都全凭自愿）。在这之前，刚刚回来的弗洛伊德兴冲冲地向医学会汇报自己对于"男性歇斯底里症"的发现，而医学会对弗洛伊德的新发现不但没有重视，反而把它当作一个笑话。甚至有德高望重的专家级医生大声质问他："弗洛伊德先生，请您告诉我，男人没有子宫，怎么会得歇斯底里呢？"在这种一边倒的保守学术气氛下，没人听信弗洛伊德的医学说明，甚至维也纳医学会还禁止他接待男性歇斯底里患者。而理由荒谬得可笑——男人不会得癔病，所以为男性治疗癔病是骗钱的行为。

面对这些，弗洛伊德再一次选择了沉默。但是他并未放弃自己的发现，且坚信那是正确的。

尽管受到了事业上的歧视，但生活上弗洛伊德还是迎来了一件让他高兴的事儿：同年9月，30岁的弗洛伊德同25岁的玛尔塔完婚。虽然弗洛伊德有点儿大男子主义+严谨、刻板（感情生活中也多少带点儿，例如玛尔塔夸奖别的男人他会不高兴），但事实证明他的确是个好丈夫、好父亲。婚后他们共同生活了半个多世纪，忠贞不渝。

3. 孤独

生活上稍为安定后，我们的天才就此完全专心于自己的工作了。

弗洛伊德在自己开设诊所的最初3年，也真正开始独立面对患者们的问题——癔症和神经症。

癔症前面我们说过了，那神经症是什么呢？

神经症，也叫神经机能症或神经官能症或精神症。按照学术的说法就是：以复合性心因性障碍、人格因素、心理社会因素等为主要致病因素等等。尽可能非学术的简单解释就是：神经症就是一些复合型的心理问题造成的精神不正常。这种不正常有可能反过来影响神经和肌体能力；不排除有先天人格特质和非人格性障碍；不排除外因压力加大、加重带来的恶化或者反而减轻——也许有人对最后这点不是很理解：为什么压力大反而还会减轻？举个例吧：比方说有些人平时散漫并且看上去一无是处，一旦遇到某些突发情况，例如天灾或者大范围社会动荡，在这种环境刺激下，这位散仙突然头脑清晰，领导力超群……这不是平时他在掩饰，而是外在压力唤醒了他的某种人格中的特质——虽然看上去似乎这是件好事儿，其实按照病理来说依旧算是一种极端反应——这句话也适用于前面说过的那个词：非人格性障碍。

那么神经症平时的病症表现都有哪些呢？

例如神经衰弱、恐惧症、强迫症、焦虑症等，都在神经症范畴内。至于更具体的表现形式那就太多了，比方说：过度敏感、多疑、耳鸣、心悸、失眠、焦躁……我想读者现在应该对神经症这个词所代表的含义有所理解了吧？不过有一点儿要强调下，到目前为止世界许多国家都不承认有"神经症"这种疾病（美国在20世纪70年代末也把这项分类从精神病中剔除），我国学者还是认为神经症属于客观存在的临床实体——关于这点我必须强调的是：在这个问题上，法律意义大于医学意义。这也是一个必须要正视的客观情况，所以刚刚说这些并没有涉及学术争论范畴。

写到这里，尽可能非学术、尽可能简单浅显地讲就是：癔病比神经症夸张得多。癔病最直接的表现就是：歇斯底里，且原因不详。也就是说癔病付诸非理智、非控制行为更多；而神经症在病症表现形式上相对弱一些——这也就是刚刚提到的为什么很多国家不承认神经症的原因。

弗洛伊德对于癔病和神经症的成因很不理解，他所学到的知识并没有对这类奇特的病症有任何解释。于是，也许是严谨的性格所致，也许是出于学术态度，他在1889年夏季专程前往法国的南希，希望从南希的催眠师们那里得到对于神经症和癔病治疗的帮助。

从1886年到1889年这期间，弗洛伊德虽然没有什么著作发表（只在1888年发表了一篇论文，是关于儿科疾病的），但是这3年的临床实际接触，可以称得上在弗洛伊德学术生涯中所获得的一笔不可估量的财富。这期间他尝试了各种疗法（包括催眠）对精神疾病患者进行治疗并观察疗效。当时的弗洛伊德深信催眠对于神经症及癔病的治疗功效，所以他决定前往法国南希。

在法国南希期间，弗洛伊德认真地学习着催眠技巧，并且亲眼目睹了大量催眠实例，同时也观察到了很多催眠细节及被催眠者的情况。很快，他得出了一个结论：催眠对于治疗精神疾病的作用是有限的。但也正是在这期间，弗洛伊德发现了一个秘密，那是通往另一个世界的大门。这个发现令他非常惊奇。他在自传中曾这样描述："在人类意识的背后，很可能还隐藏着一种强有力的、尚未被重视的心智过程。这给我留下了极其深刻的印象。"不用我再多说想必读者们已经清楚了，弗洛伊德所指的就是彻底改变心理学进程的：潜意识（关于"谁发现潜意识"这个问题的争议我会在后面章节加以说明）。

写到这儿，有个名词必须解释一下：什么是催眠。

目前大众流行的认知的催眠并不是催眠，而且同时也把催眠的实质性功能很大程度上夸张了。真实的催眠，跟特异功能无关，更不是法术。催眠是运用暗示、放松、集中注意力、单调刺激、想象等手段使被催眠者进入一种似睡非睡的意识恍惚状态。在这个状态下，被催眠者自主意愿和自主判定大大地被削弱（注意，是削弱而不是丧失），从而能够遵从催眠师的指示或指令，并且做出相应反应。需要强调的是，被催眠者在整个过程中，神情恍惚行动迟缓的主要原因（目前所知的）是：意识并未完全失控，只是放松了而已。或者说得更直接点儿——暂时交付出部分自主判定权给催眠师。所以催眠的第一要素就是：信任。

信任是第一位的，如果没有这个基础甚至不能构成催眠或者可以说催眠不成立。也许有读者会站出来反对：催眠讲师在讲述或者进行实验性的群体催眠时，为什么那么多人表现出被催眠的状态？难道说那么多人都立刻就信任了催眠师吗？

这个问题，关键也就在于群体性上了。群体性催眠相对个体催眠反而更容易些，因为人的情绪是会被互相影响的。并且在进行个体催眠的时候，被催眠者警惕性要高很多，所以说催眠的局限性还是很大的。不过，催眠对于心理治疗和精神分析还是有很大帮助的。但在弗洛伊德之前，催眠并没有被真正引入医学界并受到重视。弗洛伊德早在学生时代（大学）就目睹过催眠术的过程及催眠效果，那曾经给他留下很深的印象。所以在日后的精神问题治疗中，他对催眠术一直青睐有加。但是由于维也纳医学界对于催眠的质疑和认识不够深刻，所以他在行医3年后才跑到法国去专程学习催眠术——因为那里对催眠术态度很开放，并且已经开始尝试着使用催眠术探究精神方面的问题。

前面说过了，虽然弗洛伊德此行掌握了催眠术，但也明白了催眠术并不能完全解开癔病及神经症的更深层疑团。不过潜意识的发现却足以补偿他对此的遗憾——因为这几乎标志着心理学的开创将是必然的。

当弗洛伊德回到维也纳后，他一面同布洛伊尔继续研究着癔病的问题，一面经营着自己的诊所。

布洛伊尔深知在那个歧视犹太人的环境下弗洛伊德所面临的艰辛，所以布洛伊尔无私地以个人声誉为保证，不断把自己的患者介绍到弗洛伊德那里——这不但直接为我们的天才带来了收入，并且也让他借此获得了更为丰富的临床经验。

1895年，通过多年的研究和累积，弗洛伊德与布洛伊尔合著的《歇斯底里研究》（也有翻译作《癔病研究》）一书出版了，这是这对学术伙伴的第二本联名著作（第一本是1893年出版的《论歇斯底里现象的心理机制》）。这本书的诞生标志着精神分析法的诞生，这同时也标志着我们对人类心理活动的了解迈上了一个新的高度。没错，精神分析法不是完美的，也有很多失败的例子。但也必须承认，这是目前已知对心理辅导、心理分析、心理治疗及研究上最有效的方法。就算现在，全世界所有心理分析师、临床心理医师（包括理论心理医师）、精神病科医师依然在使用着精神分析法。所以说《歇斯底里研究》一书伟大并不为过。

但伟大归伟大，当时医学学术界并不对此认同。其原因是：没人这么尝试过。

这本书在维也纳出版后，学术界最初的反应很奇特：沉默。

沉默了没多久，专家泰斗们开始陆续表现出质疑，除了学术上的质疑还有对病例泛例上的质疑——对于这点可以理解，实际上这也是精神分析法的一个局限性问题（后面的章节我们会详细说明的），其实还有一个那些专家、泰斗、教授、权威们不愿说出口的原因：这本书是两个犹太人写的。

最初的质疑呈零零星星状态，天真的弗洛伊德以为大家都没看懂，为此还于1896年专门在维也纳精神病学及神经病学的学术会议上作了一个关于这本书内容的讲演。而讲演结束后，会场依旧像这本书出版后的反应那样：沉默。

就在弗洛伊德怀疑是不是自己表达不够完整、清晰，或者有什么没说明白的时候，他得知了一个不幸的消息：这次学术会议的主持人——一位历来对弗洛伊德很友好的医学界资深人士，对精神分析的评价是：科学神话。这句话飞快传遍了维也纳医学界，精神分析成了同行们的一个笑话。

可想而知此时弗洛伊德是什么样的心情。紧接着，布洛伊尔因为不敢继续支持精神分析法这个学术观点——也就是说他不敢以此来赌上自己的名声（他当时在医学界已经很有名了，并且被誉为"可爱的布洛伊尔医生"），所以就此与弗洛伊德分道扬镳。

面临学术歧视、不被理解，以及好友背叛的弗洛伊德，还没来得及喘息，就迎来新的噩耗：1896年的10月，弗洛伊德的父亲雅各布去世了。

雅各布一直都以弗洛伊德为荣，他深爱着自己的这个儿子，甚至到了有点儿纵容的地步。在弗洛伊德17岁的时候因为疯狂地购书而欠下书商一大笔钱，最后还是老雅各布从本来就不宽裕的收入中挤出钱替他支付了这笔账，并且没因此抱怨过一句。因为他坚信自己的儿子一定会成为一个"了不起的大人物"。

对于这点，老雅各布猜对了，只是，他没能看到那一天。

这一连串的打击让已经40岁的弗洛伊德痛苦不堪，甚至使他患上了严重的神经症，并且身体健康状况也起伏不定。

如果弗洛伊德就此被击倒，那他就不是弗洛伊德了——在这么糟的情况下和形势下，他依旧继续着自己的精神分析研究。

上面这一段仿佛是个励志故事……也许有人会说：难道不是吗？

我不这么看。

这不是故事，这都是真实的。弗洛伊德也是人，是100多年前活生生的一个人。而当一个人经历了这么多艰难困苦，承受了这么多沉重打击后，还能坚持着自己的理想，那么这是一个什么样的人呢？我们不应该只是羡慕那些伟人的荣耀与光芒，我们也应该清楚地认识到他们所经历的艰辛之路。那条路上荆棘丛生、铺满锋利的碎石，每前进一步都将洒下淋漓的鲜血并承受着常人难以忍耐的痛楚。当一个活生生的、与我们同样有着七情六欲的人，孤独地挣扎着走上这条路，并抵达终点的时候，荣耀与辉煌对他们来说则不算是什么奖品，而是他们应得的。因为他们承受了太多常人所不能承受的一切，并且，没有在这条路上倒下。

这，才是我看到的。

4. 曙光

通往辉煌的道路是坎坷艰辛的，所以弗洛伊德的苦难并没有结束，还在继续。

在继续研究精神分析的时候，弗洛伊德发现有些问题的根源直指患者童年经历，并且部分内容与童年的性经验与性创伤有关，所以他接下来发表了关于儿童被动性经验和性经历对心理影响的论述，这就是著名的"性本能理论"。

这回学术界没沉默，而是立刻一片哗然，并且把这个理论定义为"肮脏的""下贱的性变态理论"。如果说之前的学术排挤是噩梦的话，那么这个论点，就使弗洛伊德坠入了地狱。

首先他被迫辞去在国立儿童病院义务做了10年的神经科主任职务，而后他的许多故交和同学开始疏远他，并且他那曾经门庭若市的诊所也变得人迹罕至。至此，弗洛伊德因为坚持自己的学术观点而付出了全面的代价：学术排挤、失去地位、面对孤独、穷困潦倒。

弗洛伊德并没做出任何妥协，依旧忍受着这一切。学术排挤就排挤吧，自己继续研究；地位没有就没有吧，反正犹太人一直不同程度地被歧视着；寂寞就寂寞吧，那就把注意力更多地放到研究和病患身上；经济是基本靠积蓄了，省吃俭用加上少得可怜的上门患者，还是能过下去的。就这样，我们的天才默默地承受着这一切，并且潜心于精神分析的研究和实践。但他并不是一个人在战斗，那些通过精神分析法治疗后有了明显好转的患者越来越多，他们怀着感激与敬意记住了这个名字：西格蒙德·弗洛伊德。

在独自继续研究潜意识及精神分析的时候，弗洛伊德发现做梦现象和潜意识有着紧密的联系——因为患者童年期间的经历与精神及神经质患者那"深藏的源头"都会在梦中显露出来。这个发现为我们打开了一扇窗，让我们能够更多地窥探到神秘的潜意识世界。同时这在整个心理学史上也有着不可估量的价值。但弗洛伊德深知，仅仅有了这个发现还是不够的，他需要验证——这是一个必需的过程，因为任何惊人的发现若是没有严谨的验证及近乎偏执的反复分析，那么都将不具有实际意义。

接下来就是拿谁做实验的问题了。他在反复认真地考虑后，认为自己是最适合的——因为很多生活经历、很多想法、很多梦境只有自己才能详尽地描述并且加以分析。但那是要付出代价的——这将暴露出自己的大量隐私。

多年前我读到那些隐私的时候，对弗洛伊德的行为充满了敬意：为了理论的立论而献身。但是当我多年后尝试着自己分析并且自己解析自我的时候（无论梦还是别的什么），我才真正地懂得这是为什么：相比较而言，对于那些隐蔽思想的保密，远远不如透彻地分析更为畅快淋漓，而且不能否认，对于当时的弗洛伊德来说，这更是一种宣泄。

弗洛伊德不是傻子，他很在乎身边的人以及保护那些隐秘的思想——这两者通常是有关联的。假如他把对一个人的印象，无论好坏都一股脑地展示出来，恐怕对方会对本来就"声名狼藉"的弗洛伊德更加界限分明，就算他反复强调自己其实很喜欢对方也没用。因为我们绝大多数人都不能接受对自己的某种扭曲及对缺点的夸大，但从别人的观察角度难免会产生一些扭曲的印象。所以，如果仅仅是自己分析也就无所谓了，但是假如要彻底地把这些按照步骤慢慢暴露出来，并且逐一加以分析，最后展示给大家看，那么本来朋友就少得可怜的弗洛伊德会更加孤单。但我要强调的是，即便如此，深刻分析并且把它们彻底袒露出来还是具有快感的——那种不分析到底不罢休的状态是会让人上瘾的。也正因如此，终于，我理解了弗洛伊德当时的心情：

来自种族歧视、来自学术排挤、来自生活压力、来自不被理解的孤独与困惑，都不能阻挡我对学术的严谨态度，我会继续坚持自己所认为正确的方向。还有更多的挫折吗？那么让我，西格蒙德·弗洛伊德来承受吧，因为我这一生注定要追寻真理，哪怕粉身碎骨也在所不惜！当时的他是真的豁出去了，他打算抛开所有去追寻真理。

可命运就是这么喜欢捉弄人，当一个人舍弃自我的时候，他反而会拥有全部。问题是，有多少人能做到呢？我不清楚，但我知道弗洛伊德做到了。

沉寂了几年后，在1900年，弗洛伊德通过这些年的积累和分析研究，出版了他的不朽名著——《梦的解析》（其实具体出版时间是1899年11月4日）。

出版后的最初那段时间，学术界的反应依旧是沉默。而弗洛伊德对这本书却寄予厚望，他希望这是理想之路上所经历的最后一次考验。

是这样吗？是的，这的确是晨曦破晓前的最后一刻——虽然这本书足足沉寂了将近10年。

不过梦解析的理论显然比书传播得更快。

沉默过后，在接下来的几个年头里，仿佛大型交响乐开头那几个音符似的，一些零零星星的支持和批判分别跳了出来。紧跟着，一些认真的分析文章开始出现在报刊和学术杂志上。慢慢地，那些分析文章越来越深刻，也越来越长，有些甚至长达十几页。接下来一些学术界的资深人士开始向弗洛伊德表达敬意——中间插入了来自个别人无聊的谩骂攻击以及诬蔑式的批判。而此时那些被弗洛伊德治愈的患者们开始愤怒地反击，同时那些拥有学术良知的声音也在逐渐加强，最后声音彻底扩散开来，并且成为不可阻挡的洪流——学术界终于再一次哗然了。但这次，是对弗洛伊德的赞誉和溢美。

写到这里还是要强调一下，当时的欧洲医学界和科学界，虽然古板，但基本还是尊重严谨的科学态度的，并非像欧洲旧教会那么丧心病狂——打压伽利略，烧死布鲁诺。所以在这件事上就算弗洛伊德是个犹太人，就算弗洛伊德发表过"肮脏"的理论，最终医学界还是认可了弗洛伊德所创建的学说。

所以，当时虽然依旧有反对和质疑的声音（其实至今仍有），但是谁也没办法否认精神分析法及梦的解析对于癔病治疗所做出的贡献，就算那些反对弗洛伊德的医生们也不得不向病人推荐："嗯……也许……你应该试试到弗洛伊德诊所那里去，他也许会有办法。"

而此时在弗洛伊德诊所排队的已不仅仅是奥地利的患者们，还有整个欧洲甚至来自其他大陆的患者。

终于，命运对我们的天才开始绽放出第一缕耀眼的光芒。

在《梦的解析》发表两年后（1902年），弗洛伊德接受了《新维也纳日报》的建议，成立了著名的"周三心理学会"。学会最初的核心成员分别是：阿德勒、卡梅勒、利特勒和斯泰克尔。一般读者不知道这些名字没关系，很正常。但假如你毕业于心理学专科说自己不知道这些名字所代表的高度，那我给你个建议：复读吧。

顾名思义，周三心理学会就是每周三进行的学术聚会，而每次的会议记录都会发表在次日的《新维也纳日报》上。这种情况一直持续到1908年。从某种意义上讲，这对弗洛伊德本人和精神分析的推广都有着很好的宣传作用。同年，通过一些曾接受过弗洛伊德治疗的上流社会人士的积极努力，弗洛伊德得到了早该属于他的那项荣誉——维也纳大学荣誉教授头衔。这荣誉虽然来得晚了一些，毕竟也还是来了。不过这同今后弗洛伊德所将获得的荣耀相比，却是近乎微不足道。

1900年到1907年，是精神分析理论的逐步推广期。在这期间弗洛伊德与自己的学生们和理论推崇者们（终于不再孤独）不断地完善精神分析以及梦解析重要的组成部分：自由联想。在这期间他还发表了《性学三论》（1905年）。

1907年年初，弗洛伊德见到了前来"朝圣"的卡尔·古斯塔夫·荣格。

荣格是在20世纪的头几年知道弗洛伊德的，同时接触到精神分析以及梦解析。而与之进行思想接触是在1906年，荣格把一些自己的论文以及著作寄给弗洛伊德，从此两人开始书信往来。一年后，也就是前面说过的1907年，荣格前往维也纳拜访弗洛伊德。

在共同的兴趣下，两人一见如故，而且进行了超长时间的首次交流。弗洛伊德非常清楚地认识到荣格具有一种领袖的天分与气质。而面对弗洛伊德的荣格不仅仅是荣幸，也深刻意识到了弗洛伊德在未来几年里将会是自己最好的老师。这次会晤可以说是心理学史上一次极为重要的会晤，因为这标志着精神分析法由此向着更为广泛的领域推进。

1908年的4月，所有周三心理学会的成员们（此时周三心理学会的核心成员已经有包括荣格、布洛伊勒、李克林等十几人了）一致认为这个学会的名字太泛，应该更加精准一些。最后经过商定，周三心理学会更名为"维也纳精神分析学会"。而几周后（当月26日）的那次精神分析成立会议也已经不再局限于小范围学术研讨——参与者来自将近10个国家。至此，弗洛伊德所创建的精神分析学为如今的临床心理学奠定了实质性基础。

当然，反对或者质疑精神分析法及梦解析的人还有不少，很多精神或神经治疗研究领域的专业人士严重质疑精神分析及梦解析的可信性，他们始终认为这是个精心修饰过的科学骗局，是个谎言，是伪科学或者科学神话。这种争论和质疑至今都依旧存在——算起来已有100多年了！

在精神分析学会正式成立后的第二年——1909年8月，弗洛伊德乘坐"乔治·华盛顿号"邮轮，应邀前往美国马萨诸塞州的克拉克大学参加该校20周年庆典并进行演讲。

马萨诸塞州，地处美国东海岸北部，比较靠近加拿大，属于新英格兰区。因为"Massachusetts"这个词曾经被翻译为"麻萨诸塞州"，所以我国曾经习惯将其称为：麻省。而克拉克大学与麻省理工学院齐名，强项专业是心理学和地理学。

1909年9月，当53岁的弗洛伊德站在克拉克大学的演讲台，看着下面屏息倾听的人们时，心中感慨不已。他清了下嗓子，定了定神，开始了他在美洲大陆的第一次演讲，主题是：精神分析。

"女士们，先生们：来到这个新大陆，面对着这么多怀有希望并且学习态度诚恳的听众作演讲，我感到既新鲜又有些不安。我之所以享有这样的荣幸，无疑是因为弗洛伊德这个名字与精神分析学主题的联系……"

在演讲的最开始弗洛伊德就谦逊地强调：精神分析学的诞生，自己起的只是辅助作用而已，真正的创始人应该是布洛伊尔医生，自己最多只是个勤奋的学生而已……演讲的实质内容从安娜·欧病例开始，通过实际病症来逐步解释精神分析的主要构成：潜意识、谈话疗法、自由联想，等等。在涉及性问题的时候弗洛伊德并没对此避讳，只是在措辞上小心谨慎地把所有观点清晰地讲述了出来。而在儿童性心理问题上，最初弗洛伊德还犹豫了几秒钟，但是最终还是决定从科学角度出发，暂时抛弃一些无聊的纠结而进行详解。

当演讲结束后，弗洛伊德略带不安地看着听众们——他担心会遭到像欧洲学术界态度那样的反馈。令他吃惊的是，豪雨般的掌声长时间地将整个会场淹没了。他愣愣地站在台上，看着下面那些充满崇拜及热情的眼神感慨万千。

当他独自在困境中挣扎的时候，从未想过有这一天。

出乎他意料的是，美国这个新大陆对弗洛伊德的热情不仅限于会场，媒体的态度也空前地一致：友好。几乎每一家像样的报纸都纷纷辟出专栏来报道这位精神分析之父以及他的学说，并且毫不吝啬地使用各种溢美之词来赞扬弗洛伊德以及他伟大的成就。

弗洛伊德在美国一共进行了5场演讲，每场都是爆满，并且演讲的内容被详细记录后发行出版、广泛传播。不过，对他来说此行最大的收获是结识了很多新的朋友。也正是其中那些年轻的医师和学者们，为日后美国精神分析学会成为世界精神分析界的中心，贡献了不可抹杀的功绩。

说到美国精神分析界，有个问题一直困扰着我。从写下这章的第一个字起，我就在考虑到底要不要写。大约一个小时前，我再次看到了这本书的书名后，我决定还是写出来。

这个问题就是所谓精神分析资质问题。

在1927年的时候，弗洛伊德曾经出过一本叫《非职业精神分析问题》的小册子，看名字也能猜出这本小册子的态度。而他写这个的原因就在于表明自己对精神分析资质的看法。

在20世纪的20年代，美国精神分析学界已经相当成熟。当时美国的精神分析家们认为，只有经过专业医学训练，有着专业医学背景的人才可以为患者提供精神分析治疗。而欧洲精神分析界以及弗洛伊德本人都反对这个论调——这本小册子就是弗洛伊德对此所持的观点。欧洲精神分析家们认为，实际在做精神分析的时候涉及的很广，例如宗教、哲学、文化、艺术、历史、民俗民风、神话传说，甚至还有可能同人类学及社会背景有关，如果仅仅用医学资质来作为依据，反而会限制精神分析的参考依据和实际效果。但是美国那边认为一个人连起码的医学常识都没有，怎么能为别人做分析治疗呢？为此欧美精神分析家们争论不休。但北美之所以会揪着"资质"这一问题不放也是有其缘由的——我之前在查阅资料的时候发现了这样一个客观事实。

就在1909年弗洛伊德的美国之行后，美国人对精神分析法推崇到了一种风靡的地步，几乎民众都在争相用精神分析法来为自己或者他人做精神分析。很显然，这是一件相当糟糕的事情——直接滋生了很多江湖神棍或者医学骗子——他们利用宗教以及所谓仙术渗透进精神分析学中来推行自己篡改后的"精神分析法"。这种行为使得美洲大陆的精神分析学界蒙羞，同时也给那些本来就反对精神分析的人以口实。所以，美国精神分析学界最终用专业医学资质来限制了使用精神分析法提供治疗的人群——也就是说，其实这么做的最初目的并不是出于知识垄断或学术独裁。

当年美国民众流行精神分析也是有根源的，让我们来对此做个分析：美国从一开始就是个移民国家，很多当初移民到美国的欧洲人多数都不是有钱人或者贵族，90%都是文化层次较低的平民。虽然当时美国已经建国100多年了，但是这种情况还是很普遍的。而且精神分析法似乎看上去不是很难——只要了解一些基础知识，并通过一些小手段就可以做一定程度的心理分析（非常有限）。这点对于就算只受过一般教育的人来说，都是极具吸引力的——医生干的事儿我也能干，很权威的感觉。出于这种心理，精神分析法大行其道也就不足为怪了。如果使用者知识面再广一点儿，并且把自己所专长的东西再加进去，就完全可以弄个别人不懂的精神分析法出来（例如加入大量的宗教元素，借此在文化教育程度偏低的人群中传播邪教并不困难）。当然，美国人喜欢新奇东西的天性也不容忽视，在这里我们就不做过多的分析了，点到为止。

在弗洛伊德启程回欧洲前，获得了一项对他来说意义重大的荣誉：这趟美国之行的邀请人、克拉克大学校长霍尔博士代表麻省克拉克大学，亲自授予弗洛伊德名誉博士学位。

名誉博士，这份荣誉比直接考取难得多。因为你的能力和声望必须超越考取这个学位能力才可以获得——尤其是名校。因为颁出这项荣誉的名校将以你为荣。但这项荣誉对弗洛伊德来说不仅仅是一顶新的桂冠，还有更重大的意义。让我们用他的答谢词中的一段来说明这点好了：

"这是对我们所付出的努力的第一次正式合法承认。"

是的，正是这样。

为期一个月的美国访问后，弗洛伊德乘"威廉一世帝王号"客轮回到了欧洲。他自己对这次美国之旅极为满意，并且在之后的著作中给予了很高的评价。

回到欧洲后，医学界虽然依旧在为精神分析到底是不是伪科学继续争论着。而弗洛伊德则依旧保持着他的沉默，"反正我不沉默你们也继续吵吵个没完，既然你们有闲功夫那就随你们喜欢吧，我继续潜心于研究——毕竟，我的学说已经被认可了。"

所以这段时期虽然反对声不断，但并没对弗洛伊德先生造成任何影响，正相反，追随者和学生越来越多。

5. 分离与捍卫

从1909年到1910年期间，弗洛伊德的著作大量被翻译成英文并出版。

同时他在访美期间的演讲也被辑录成《精神分析五论》后出版，而且弗洛伊德本人也没闲着，著名的《一个5岁男孩恐惧症分析》（也有翻译作《狼人》的）和《歇斯底里发作概论》等知名论文也相继发表（后来一些论文被收集整理成《精神分析短论集》）。

不过，在这一帆风顺的背后，随着投身于精神分析队伍的人越来越多，问题也就出来了。

那是只要有人聚集就一定会出现的问题：权力之争。

1910年3月在德国纽伦堡召开的第二届精神分析国际会议，可以称作是精神分析发展史上的里程碑，但是这个里程碑的树立对弗洛伊德来说却是痛苦和混乱的。

荣格曾经向弗洛伊德表示过，他认为精神分析领域不应该有核心与外围之分，而应该是民主的，这样才能促进精神分析法本身的推进和完善。弗洛伊德也对此表示支持，并且委托自己的忠实弟子——匈牙利心理学家费伦齐对于精神分析全球组织的框架说明进行起草。不过这份框架说明还没公布出去就遭到了部分精神分析协会元老们的一致抗议。抗议的内容我就不转述了，因为其核心问题只有一个：权位之争。弗洛伊德耐心地向大家解释：精神分析之所以有今天的成就与地位，不是我们这一小撮人的功劳，欧洲各国学术界的响应也是不可或缺的，同时为了鼓励其他国家心理分析协会的发展，关于精神分析国际协会的头衔让出去还是有必要的，而且维也纳本身就是精神分析的发源地，作为这个学说的精神圣地是不用任何宣布及从形式上来肯定的——因为无须加冕。

但弗洛伊德的无私并没消除掉一些元老级人物的不满。而随着弗洛伊德在大会上宣布自己让出国际精神分析协会主席的头衔由荣格担任的时候，元老们的不满到达了顶点，以阿德勒为首的一些早期周三协会核心人物怨声载道。

阿尔弗雷德·阿德勒，心理分析协会的骨灰级人物，同时在精神分析学术发展和建设上都有着不可磨灭的功绩。所以对于他的这种做法我不想作任何评价，也没兴趣站在某某制高点去批判。对此我只能说：这是无奈的、人类的缺点。

弗洛伊德虽然为了挽回协会的分裂而尽了自己的最大努力——他表示自己让出维也纳精神分析协会主席的宝座，由阿德勒来担任。但此时他也很清楚，分裂将是不可避免的。

说完这些，我们现在就能总结这届精神分析国际会议的成就了。

首先，通过这次会议所得到的汇报，能够确认精神分析不再仅仅是用于医疗了，它还在艺术领域和教育方法上尝试并获得了成功（如今的应用更广）。

其次，源于这次会议的权力之争，由那些不满的元老们所率领的各个派别开始打出自己的旗号。这标志着精神分析这门学科，已经"成熟"到由于学术见解的不同而产生分支了（哭笑不得的一个里程碑）。

我猜不出就这个问题弗洛伊德是怎样一种复杂心情，应该是痛心大于欣慰吧？

在这次国际会议结束后的不到半年时间，弗洛伊德的预感应验了：阿德勒宣布退出协会，另组建了"自由精神分析协会"，并被推举为主席。

弗洛伊德能说些什么呢？他只能向老朋友及弟子们抱怨下而已。并且同时他也隐约察觉到，分裂也许还会发生。

在他回到维也纳后，写给费伦齐的信中有这么一段：

"……无论如何，那毕竟都不是最重要。最重要的是，我们已经完成了一项重要的工作，我可以这么说：这项工作必定将对未来产生广泛的影响……"

我们的天才问心无愧。

1911年，在德国魏玛举行的第三届精神分析国际会议算是给了弗洛伊德一个小小的安慰。大会在热情洋溢的气氛中顺利进行，没有权位之争，一片祥和。而此时弗洛伊德与荣格的关系也非常密切。在这几年里，荣格曾再次前往维也纳拜访弗洛伊德。而弗洛伊德也应邀前往荣格在瑞士的新家进行了回访。

虽然第三届国际会议很成功并且看上去似乎没有什么分歧，但是这不代表真的就没有分歧。而实质上，学术观点上的分歧有如暗流，只是还在酝酿罢了。

在1913年第四届（1912年暂停一年）德国慕尼黑精神分析国际会议上，因为各派之间分歧的加大，还有弗洛伊德与荣格对于潜意识及梦解析还有性因素分析定论上的各持己见，最终，由维也纳精神分析家们与瑞士精神分析家们的互相排挤作为导火索，导致这届国际会议几乎成了学术战场——各派之间互相倾轧，地域之间互不相让。最终这次会议不欢而散。而在本次会议结束后不久，荣格宣布辞去精神分析国际协会主席一职，紧跟着在"一战"前（1914年）宣布退出协会——这标志着荣格与弗洛伊德彻底决裂。

阿德勒和荣格所造成的这两次分裂，在精神分析学史上是极其重要的，因为阿德勒和荣格日后都分别为精神分析做出了很大的贡献——当然，是率领着各自的流派及追随者还有门徒。其实造成这种分歧的核心是因为弗洛伊德坚持认定"性"的重要性，而阿德勒和荣格认为这个观点过于偏激，认为"性"没弗洛伊德说的那么重要、那么核心。

阿德勒认为自我意识中的"卑劣感"，以及为了消除"卑劣感"所做出的努力而形成"补偿"才算是解释（例如解释"权欲"）；而荣格无论是在潜意识或者梦解析方面都相对开放一些，融入更多因素，涉及更为广泛，并且多少带一点儿浪漫主义色彩——所以很多女性对于荣格的理论极为推崇——毕竟弗洛伊德那些"可厌"的性理论让人很不舒服。

还有值得一提的是：我曾经查阅过不少资料，对于"荣格派"出于某种目的极力强调的"荣格未曾求教于弗洛伊德"的说法表示反对——因为荣格自己都在著作中承认了，所以就这个问题还是要尊重客观事实及史实的。

不管怎么说，精神分析，作为一门学科也的确成长于这两次严重的分裂——这对日后整体精神分析的全面发展起到了不可估量的作用。

但，这对当时面对友谊破裂的弗洛伊德而言是痛苦的，因为他不能理解。作为一个一直被排挤、被轻视的犹太人，弗洛伊德性格中多少有些偏执。"弗粉"们说：那是执着；而"弗黑"们说：那是古板的自大。

对这两种说法我都不同意。

如果深究这个问题，恐怕我得就此写上几万字，所以还是尽可能简短地表达我的观点：弗洛伊德是一个人，作为一个人，有缺陷或者不足是再正常不过的事情了。我们不应该因为一个人的某个缺陷，而抹杀掉他为全人类所做出的贡献；相反，我们也不应该因为这些贡献就彻底把他描述成无缺点的神。

所以在我看来，弗洛伊德是个鲜活的人，有着自己的缺点和问题，但也正因如此，他才是可爱的。

虽然这两次相隔不久的分裂对精神分析运动的扩大有着积极的意义，但是弗洛伊德曾为此痛苦不堪——他不懂为什么会这样。为什么不能延续他的理论和思想，而一定要进行学术分裂呢？

但是，依旧像原来面对排挤和歧视那样——他默默地承受了下来。

令人宽慰的是，以兰克和费伦齐为首，许多他的学生和崇拜者一直都坚定地支持着弗洛伊德——无论是理论还是各种针对弗洛伊德的攻击。费伦齐甚至还在1912年组织起了一个维护弗洛伊德学说及反击谩骂攻击的小团体——那个著名的"指环门徒"组织的前身。对于这种充满骑士风范的行为，弗洛伊德深受感动。他订制并赠送给每位小组成员一枚戒指，上面刻有众神之王宙斯（另有一说是：罗马神话中的主神朱庇特——其实就是宙斯），所以这个守护骑士小组骄傲地自称是弗洛伊德的"指环门徒"。也正是这个"骑士"小队所构建的保护，使得弗洛伊德在之后的很多年都能安全地避开针对他的学术批判风暴而相对安静地潜心于学术研究与论著。

6.　传奇人物的会面

由于"一战"的爆发（1914年），精神分析协会的国际性会议只好暂停了。当时已58岁的弗洛伊德当然不会被再次征召入伍，而且"一战"期间来访的客人和病人都大大减少，所以在这段时期内，弗洛伊德基本都潜心于著作。遗憾的是，很多著作只是通过他写给朋友的书信见到，而并没找到任何手稿。

虽然弗洛伊德本人并没有参与"一战"，但是他的两个儿子都上了战场。后来当他从书信中得知儿子都将跟随部队开往战场前沿时，巨大的恐惧感几乎时刻笼罩着他。来自精神方面的压力，再加上战时后方物资匮乏，所以有相当长的一段时间弗洛伊德患上了严重的风湿——双手颤抖不已。而物资匮乏及通货膨胀造成的经济问题一直纠缠着弗洛伊德到1922年才有所缓和。那几年里他多亏自己的学生、弟子、被治愈的患者们，以及远在美国的精神分析同行以各种形式提供帮助才得以度过。他们有动用关系直接获取军用物资送到弗洛伊德家里的，也有赠款的——美金和英镑，因为奥地利先令和德国马克已经形同废纸了（尤其是"一战"结束后），还有介绍患者跨国甚至跨洲前往维也纳来找弗洛伊德看病。

我认为这些帮助不仅仅是物质上，在精神上也称得上是一种莫大的慰藉。

在艰难困苦的这期间，弗洛伊德亲自参与修订了至今仍被选编为教材的《精神分析引论》，并重新修订了《精神分析短论集》，其中就包括前面提到的《一个5岁男孩恐惧症分析》（又名《狼人》）。这本早在1909年就已成文的书，在内容方面至今都备受争议——从病例人物原型到病理分析治疗。很显然，书里说的不可能是英国南威尔士那个恐怖的民间传说。这本书里主要是通过分析一名叫作"小汉斯"的5岁男孩的恐惧症病史，及其他类似案例中的强迫心理症病例，来讲述并阐明部分幼儿心理症。这本书中提到的案例非常具有代表性，同时也展示了弗洛伊德的文化修养（引述大量西方名著）。而且弗洛伊德对于书中提到的"鼠人"病例的那段分析（强迫症心理），简直可以用精彩绝伦来形容。推荐对儿童心理感兴趣的人找来阅读参考。

同期（1919年初），爱情心理论文的第三论《禁忌的处女秘密》一文发表并出版。也就是这个时间段，国际精神分析出版社在维也纳正式成立。

"一战"结束（1918年）后到1925年期间，弗洛伊德的著作正式并且系统地被多个国家以十几种语言翻译出版，这其中包括中国（是亚洲第二个翻译弗洛伊德著作的国家，第一个是日本；印度是英文版）。

中国最早对弗洛伊德著作进行汉语翻译和出版的应该是成立于1873年的中华印务总局（也许有误，我实在记不清了，请读者原谅我对这个问题的含糊及不确定）。而系统、并且对弗洛伊德著作翻译得最好的出版公司当属上海商务印书馆（成立于1897年）。当弗洛伊德得知这个消息后，表情惊奇地挠了挠头对朋友说："我想那一定很微妙，也许那要比我的原著更有趣，毕竟那是世上最复杂、最奇特的文字。"

1926年的圣诞节期间，弗洛伊德偕妻前往柏林去看望儿孙们。同时还有一个令他充满了期待的会晤：与爱因斯坦见面。其实两人在这之前互相仰慕已久了，但从未见过面（请参考当时的交通发达程度）。

这次巨人之间的会晤是在柏林的弗洛伊德的小儿子恩斯特家进行的，爱因斯坦偕妻专程拜访。我猜那将是相当有趣并且意味深长的一次会面——两个影响到整个世界进程的半神之间的会晤。由于会晤是私人性质的，所以我不得不很痛心地告诉大家：我几乎通过所有途径、所有渠道，找遍了所有能找到的资料，但别说这次传奇会晤的具体谈话内容，连照片都没一张。不过，我们依旧可以通过一些蛛丝马迹来分析一下这次长达几个小时的会谈到底说了些什么。

弗洛伊德在事后表示：爱因斯坦是一个令人愉快并且很有礼貌的人，他对于心理学的了解，就像我对物理学的了解一样多，这是一次令人兴奋的谈话。

通过这段，我们可以确定话题是在两位半神各自从事的专业领域展开的。也许有人会质疑：这俩人各自的领域又不相通，怎能有共同话题？对于这个问题我并不这么看。在我的上一本书中曾提到过，很多领域到达一定的层次后都是相通的。这就好比无论顺着你的左手或右手都能达到你的身体一样。而且从两人的智商（有人会质疑吗？）和种族（都是犹太人）来看，他们话题的后期几乎可以确定会涉及哲学及宗教。不过在这一点上，从爱因斯坦其后的哲学态度上可以看出，这位物理巨人对于精神分析的看法还是抱有怀疑态度的——因为他在后来曾表示："……假如弗洛伊德放弃一些宗教迷信来研究精神分析法的话，也许会更好一些……"还有一个事实就是：爱因斯坦曾婉拒了弗洛伊德对他的精神分析邀请。

所以由此可以判断出那几个小时的谈话内容。

首先肯定是寒暄，然后彼此开始倾听对方在各自领域的描述，接下来话题涉深——进入宗教、哲学领域。最后，爱因斯坦委婉地绕开了一些问题——否则弗洛伊德不会强调那位物理巨人的礼貌及谈话的愉快。

这次会面后两人稳定地保持着通信，直到弗洛伊德去世。

而对于爱因斯坦所身处的领域和地位，弗洛伊德一定是充满了羡慕。在一封他写给爱因斯坦的信中，他这样写道：当你发表自己的学说时，人们承认看不懂但是却赞同你；而当我发表自己的学说时，人们看不懂但却七嘴八舌地批评我。

很显然，这是一句多少带有点儿妒忌成分的黑色幽默，当然，还有苍凉。

7. 病痛

我很清楚这一章对弗洛伊德的生平介绍已经简洁并且压缩到了令人发指的地步，但是我希望读者能原谅并且理解我——因为我别无选择。弗洛伊德这一生实在是太过波澜壮阔，所以我只好挑选那些足够"惊涛骇浪、天翻地覆"的事情来写。假如按照风力级别来比喻，那么"12级风"以上我才会正经说；"10级风"会捎带提下，但不详解；而8级以下风基本没出场机会……总体来说，就是这样。

本节中所要说的是困扰了我们的天才很多年的一件事儿：疾病。

早在1923年的时候，弗洛伊德就发现自己口腔的右下腭部分有些异样———一个肿块。最初他对此并没太在意，以为只是寻常的溃疡而已，但随着时间推移，肿块越来越大，他才意识到这也许不是那么简单的小问题。

最初的手术并不成功，因为手术后的持续疼痛让弗洛伊德几乎到了不服用止痛药就无法入睡的地步。而且没过多久他发现手术伤口旁边又起了新的肿块，这让他开始真正担心起自己的健康问题了。

如果说第一次手术是失败的，那么接下来的第二次手术简直就是惨败。

第二次手术切除勉强还算顺利，但是到了夜里的时候，伤口迸裂所造成的大出血完全可以用喷涌来形容——那是一次几乎要了他命的大出血。我个人观点，如果说真的能有让这位67岁的老人坚持活下来的力量，那一定是信念——因为他未曾低头过，即便是面对疾病。对于这一点，在两天后他即将出院前，答应用自己来做口腔疾病示范病例展示给医生的学生们看，就能说明他那钢铁般坚实的心。

但病魔并没善罢甘休。同年9月，弗洛伊德不得不接受了第三次口腔手术，这是一次非常大的手术。以下段落请擅长联想并且害怕医学外科描述的读者自行跳过。

在局部麻醉后（注意，是局部麻醉），医生先将弗洛伊德的上唇沿着鼻右侧一直到眼眶下面完全切开，然后切除掉癌变部位——这包括部分脸颊、上下腭、部分舌头。接下来用骨凿切削掉已被病变感染的部分口腔软骨、下腭软骨、下腭骨及部分颧骨。切削后用最快的速度测出一个尺寸，用于制作口腔填充模具——以此来替代被敲掉和切掉的部分。当这一切完成后，从弗洛伊德的上臂取一块皮肤用于修补面部。至此手术完成，耗时近4个钟头。在这个过程中，弗洛伊德始终是清醒的，虽然麻醉使疼痛减少到了最小，但是整个手术过程给患者带来的心理压力是极大的。而我们的天才忍受了下来——正如他忍受曾经的磨难那样。

这次手术非常成功，但这不代表病痛的终结。

几个月后，口腔右侧再次滋生出了新的癌变，而接下来的第四次手术只好把弗洛伊德的右下腭软组织完全摘除——手术中再次出现了大出血——弗洛伊德又差点儿因此而死掉。

"死神就站在我身边，他迟疑着不肯挥动镰刀，难道惧怕我为他做精神分析吗？"

"每一次手术医生都会从我嘴里割掉一点儿什么，这让我很惊奇，难道我可以在自己的口腔进行季节性癌症收获了？"

"当然会痛苦！我必须用木凿撬开嘴才能把雪茄塞进去，并且结实地咬住……在我吃饭的时候恐怕你们不会想看到——当食物从鼻子里喷出来的时候，那既不优雅也谈不上尊严……"

从1923年一直到弗洛伊德去世的时候，弗洛伊德的日常生活除了研究和继续发表著作及论文，又多了一项必须的内容：口腔手术。这种大大小小的口腔手术一共进行了60多次。我不敢想象那有多痛苦，但是我可以体会到那有多艰辛。

这期间，他写下了《自传》《关于对精神分析的抵制》《文明及其缺陷》《摩西与一神教》《自我与本我》《焦虑问题》《幻觉的未来》《自我和防御机制》（与女儿安娜合著），并对《图腾与禁忌》进行了重新修订，另外还有诸多论文。

虽然病痛自打沾上弗洛伊德就从未离去，但是，它没能打垮弗洛伊德。这位至今都备受争议的老人当时并未被改变或者屈服，他就像他学生时代那样，始终是一个勤奋的天才。

8. 荣耀

从1926年的4月起，几乎整个维也纳的花店都在忙碌一件事儿：接受预定在5月6日送花到维也纳市区波杰瑟大街19号——那是弗洛伊德的住所及诊所。而到了5月6日那天，整个欧洲的报纸上的主要位置都刊登出一条同样内容的新闻：西格蒙德·弗洛伊德70大寿。鲜花像潮水一样从市区的各个花店涌向弗洛伊德家，而贺电、贺信、贺卡则没那么含蓄，直接把波杰瑟大街19号淹没——对于这点当地邮局功不可没。维也纳邮政局长亲自下令为"弗洛伊德生日邮件"派专车。弗洛伊德的学生、朋友、患者、仰慕者、崇拜者也蜂拥而至，当然，还有记者。

不过这次小规模庆典的核心人物却对此没表现得很激动或者需要感谢谁。相反，他请求人们不要过于热情，同时表示：请原谅一个老人对自己生日的淡漠，因为生日对年迈的老人来说并非喜悦，而是更老。

与这种热忱相反的是弗洛伊德的母校——维也纳大学的态度却是沉默，同时保持这种默契的还有奥地利医学院和奥地利科学院。也许有读者没反应过来，认为那是学术偏见所造成的。在这里我要善意地提醒一下读者朋友们，不是那个原因，而是另有原因。

如果你还记得本章第一节"那些年"中所提到的"……19世纪中后期，由东欧沙俄所掀起的反犹太浪潮又席卷了大半个欧洲，并一直持续到'二战'爆发……"想必你就会明白是怎么回事儿了。是的，就是那个原因：当时欧洲的排犹浪潮。

不过，学术歧视也好，种族歧视也罢，这些都不能阻挡弗洛伊德先生继续获得更多的殊荣。

在 1930 年，弗洛伊德被授予了歌德文学奖——这几乎是与诺贝尔齐名的文学界最高奖项了。令人遗憾的是，由于身体原因，这个奖项是由他的女儿安娜代领的。而弗洛伊德本人当时则在接受另一次植皮手术——弥补下腭的皮肤溃烂。

1931 年，在弗洛伊德 75 岁的那天，他的出生地弗莱堡正式改名为普利堡。改名后不久，市政议会决定：专门把弗洛伊德出生的那栋房子腾出来，并且加上一块醒目的说明大铜牌，以此激励人们，并且引以为荣。由于这件事儿是当地市政议会的决定，所以弗洛伊德也不好反对，他依旧对外展示出了一贯的沉默，只是私下表现出了片刻惊奇后挠了挠头说："我……很荣幸能在自己活着的时候听到这个消息，但愿人们不会在看到那块牌子的时候以为我早已升天了。"

1933 年的 2 月，对欧洲近代史了解多的读者一定知道这代表着什么——阿道夫·希特勒成为了德国总理。几年后，弗洛伊德因为这个原因而被迫离开了祖国奥地利。

1935 年，奥地利皇家医学会正式吸收弗洛伊德为名誉会员。

在弗洛伊德的再三请求下，1936 年的 5 月 6 日媒体没再大肆地报道这位老人 80 岁的生日庆典，但是维也纳花店依旧没能清闲下来。当然，贺电、贺信、贺卡再次把波杰瑟大街 19 号淹没。

在所有的那些贺信中，有两封分量极重。

其中一封是爱因斯坦发来的贺信。信中除了应有的寒暄以及祝贺外，爱因斯坦也第一次表示出对弗洛伊德的学说有所感悟，并且在后面附加了一小段事件记录，以及自己通过那个事件而对"压抑理论"的认同。在最后他说道："……当一个美丽且伟大的梦想被证实的时候，那的确是令人愉快的。"

相比之下，另一封信的分量则更重。

那么，究竟有什么能比一个伟人的贺信更有分量呢？

答案是：一群伟人的贺信。

在另一封信的末尾处约有200多位当代艺术家、文学家、心理学家、科学家的签名，其中还有几位是诺贝尔奖的获得者。如果有人对这份名单的分量还是比较模糊的话，那么我随便挑出几个人名来，想必读者会意识到这是一份多么珍贵的殊荣：毕加索、王尔德、罗曼·罗兰、达利。

弗洛伊德当然也因此而高兴，他面带惊奇地挠了挠头："这实在是太荣幸了……"

在接到这份足以让任何人妒忌的荣誉两年后（1938年），纳粹德国进军奥地利并占领了维也纳。他们闯进了弗洛伊德家中进行了所谓的"清查"——这也使得我们的天才对纳粹的最后一丝幻想破灭。

在两个月后，通过多方人士的努力，弗洛伊德终于被获准离开维也纳，途经法国辗转前往英国（必须一提为此而做出努力的名单包括：美国总统罗斯福、希腊王妃、德国皇室成员、美国当时驻欧洲的部分大使、欧洲各界社会名流，甚至还有希特勒的"亲密战友"墨索里尼）。而这位老人那饱受病痛折磨的身体，恐怕也只能经得起这最后一次"旅行"了。

当弗洛伊德正在旅途中颠簸，还未到达英国的时候，整个英国就已经为此而沸腾。

报纸不计版面地大幅刊登弗洛伊德的生平介绍、学术说明以及从各种途经弄来的照片。还有无数协会和组织宣布打算邀请弗洛伊德为终身名誉会员或嘉宾、教授。而社论和批评家们也罕见地达成一致，对弗洛伊德的学术成就毫不吝惜、花样翻新地推出溢美之词。而以严肃、严谨著称的英国老牌医学杂志《柳叶刀》（至今在全球医学刊物中仍是权威）甚至放下架子，一反常态、热情洋溢地写了一篇赞文，并且把弗洛伊德与达尔文相提并论……至于其他学术杂志则几乎成了精神分析专刊，甚至出现加页、增刊来报道或摘抄弗洛伊德学术理论的现象。

而当弗洛伊德到达伦敦火车站的那一刻，他被眼前的景象所震惊：皇家礼遇……具体场面就不在这里形容了，而我要说的事儿比这还大。

假如，把弗洛伊德在伦敦火车站所获得的皇家礼遇说成是一种象征的话，那么接下来的荣誉则不再是象征，而是真正的加冕。

在伦敦安顿下来仅一周的弗洛伊德还没来得及调养好旅途的疲惫，

就迎来了几位特殊身份的客人——英国皇家学会秘书处的秘书。

解释：英国皇家学会是什么？

英国皇家学会成立于16世纪中叶，全称是"伦敦皇家自然知识促进学会"。学会的保护人永远固定：英女王（或英王）。会员除了部分皇室成员外，例如牛顿、达尔文，都是协会成员（霍金也是会员之一）。至于英国皇家学会秘书所带来的那本签名册，其实还有另一个名字：圣书。

这几位皇家学会的秘书没过多地寒暄，只是简单地表达了下对弗洛伊德的敬意后，隆重地拿出那本厚重的圣书请弗洛伊德在上面签名，并且向他说明，签名之后，他就是英国皇家学会的会员了。

弗洛伊德很清楚这意味着什么，他压制住情绪的激动，郑重地在圣书上写下了自己的名字：西格蒙德·弗洛伊德。

在他签下自己名字的那一刻起，同时也创造了一个纪录——在弗洛伊德之前，只有英王及指定继承王位的王储，才会在英国皇家学会以外的地方见到这本沉重的签名册（不是形容，是真的沉重），当年牛顿、达尔文都是自己前往学会所在地签名的。而弗洛伊德是第一个以平民身份获得此殊荣的人——也就是说，他所得到的是皇族待遇。

这一切来得不算太迟，毕竟，我们的天才在有生之年终于得以宽慰了。

说到这里，关于弗洛伊德为什么没获得诺贝尔奖项的问题，请读者参考当时瑞典与纳粹德国的关系，再联系到弗洛伊德的种族，并且查阅纳粹当权后诺贝尔奖中有没有犹太人即可得到正确答案，我就不啰嗦了（另有一说是：爱因斯坦在早年曾阻止诺贝尔评奖委员会授予弗洛伊德诺贝尔奖。不否认很可能是我资料查阅得不够全，也不排除有那么个事儿，但是我的确没查到相关记载及资料，所以本文对此说法仅仅是在括号内提示下，而不作为正式资料采纳）。

1939年年初，弗洛伊德的口腔癌再度恶化，而此时这位饱经风霜的老人再也承受不起任何手术，只能默默等待死亡的来临。也是在这时候，弗洛伊德才停止了研究与写作，闲时站在窗前看看花园，或者眺望着远方陷入沉思。

半年后——1939年的9月22日，被病痛折磨了一夜的弗洛伊德在接受了一剂吗啡后安静地睡着了。

一天后，那个曾因尿床而被父亲责骂的孩子——那个虽然获得免考却依然刻苦的学生——那个大学期间就已绽露出才华的年轻人——那个孜孜不倦而勤于钻研的诊所医生——那个坚持自己信念并忍受挚友离去的疯子——那个艰辛创建自己学说又因它分裂而痛苦的学者——那个名满天下却生活困穷的丈夫、父亲——那个忍受病痛依旧坚持不懈的探索者——那个终于获得了前所未有殊荣终于得以宽慰的老人，走完了他这坎坷却荣耀的一生。

他从未放弃过，也从未低头过，他默默地面对着打击、叛离，以及赞誉，他坚持自己的理想，直到最后。

他的学说和思想，至今还在被译成各种语言，至今还在各个大学被当作教材，至今还在被无数人研究并且使用，至今还在治愈许多那让人头疼的精神问题，也至今还在被争议。

1939年9月26日上午，按照这位伟大天才的遗愿，他的遗体在哥德尔花园火化。

前来参加吊唁的数千人当中，有被他治愈的患者，有他的学生，有他的崇拜者，也有他的反对者。

弗洛伊德为我们留下一笔不可估量的遗产后离去了。我们这些活着的人，依旧为此而争论不休着，每一天。

如果让我只用一个词来描述弗洛伊德的这一生，我会选择：无悔。

如果再让我选一个词来描述弗洛伊德为人类所做出的贡献，以及他为我们所开创的那一切，我想，只有那两个字才可以表达：不朽。

仅以此章纪念伟大的西格蒙德·弗洛伊德（1856—1939）。

一个人的战争

第二章

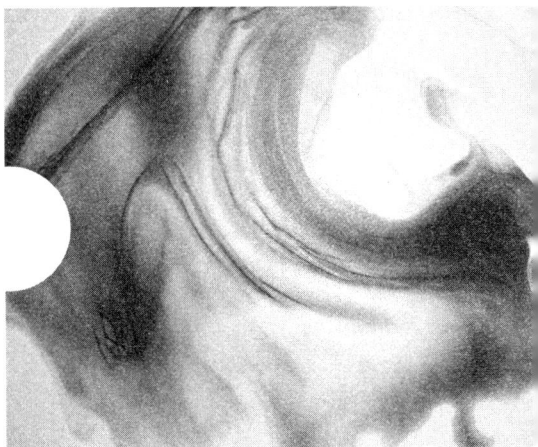

从这章起，我们开始追寻弗洛伊德的步伐，向那个梦世界进发了。不过在这之前还得搞明白一个问题：我们为什么要解析梦？

要说明这个问题，就先得说另一个问题：梦，是什么。

让我想想从何说起呢？

其实自从人类有了明确的文字记载以来，通过那些文字我们得知，人们对于梦一直就充满了好奇与迷惑（实际上非文字的远古时代就有记载，例如岩画）。而梦又是如此地多姿多彩，并无数次向我们展示出它那奇异的特性，所以古往今来对梦的猜想也当然就层出不穷。

好吧，就让我们从这儿说起吧。

//　一　过去怎么看　//

我并不打算从史前文明时期的远古人类对梦的看法说起，因为那太远了，同时也不具有考证依据，所以那部分我们放弃，仅仅从古文明时期说起。

对于"梦到底是什么"这个问题，古代东西方的主流看法是一致的：梦是某种预言。

东方，东南亚以中国为核心，对于梦的"预言性"基本可以从做梦的第二天延续到那个"预兆梦"之后N年。至于这里面的巧合性不说也罢，我真的不想用统计学来说事儿。

另有一种解梦的方式是把梦拆成元素分别解释。比方说梦里出现了小孩——那么这"预示"将来会遇到小人；假如梦中绕开了那个孩子，则

"预兆"未来会躲开小人；如果你在梦中把那个小孩掐死了，则"说明"将来会战胜小人……而梦的其他部分就显得不那么重要了。当然，如果你充分强调梦中其他事件或者场景的话，那么解梦师一定也会有其他说法来解读它，但无一例外都会是预兆。而对于这种预兆的说法我认为其中有一部分还是值得一提的，那就是：暗示。

还是举例说明吧，就刚才那个"小人"的梦来说，假如你非常相信解梦师所说的，那么肯定会把梦中那个倒霉孩子跟现实生活中某人进行影像重叠……而这其中的问题我相信读者能看出来。对于这种暗示我们用个非常好的成语就能说明：疑邻盗斧——就是暗示及自我暗示的结果。说起来《周公解梦》就是一本很好的暗示书籍，例子这里就不举了，有兴趣的读者可以翻翻。

对于上面提过的两种解梦方式，我几乎可以肯定每一位读者都有过这种经历——很可能还是很多次。而中国古代所说的"日有所思，夜有所梦"算是理性的说法了。

至于西亚，其实同东亚相差也不太多，有很多的发音联想及词句双关。对于这点，阿尔弗雷德·罗比泽克及考古学家雨果·温克勒都曾对此有过很深入的研究。而西亚各类文献中很多梦的例子让我很纠结到底写不写，因为我们必须熟悉西亚的语言或者文字才可以理解其中的意义，否则绝大多数读者将面临看不懂、而我也没办法来彻底说明的尴尬境地。经过再三考虑后，我觉得还是用东方的例子来说明吧。拿中国来说，我国古代人认为梦到棺材跟升官有关……这一方面展示出词句发音方面的联想，另一方面也暴露出一种社会心态——做官。而实际上西亚在解梦过程中，对于梦中所出现的词汇联想，跟刚刚提到的"棺材"——"升官"大同小异。而且，第一章所提到过的弗洛伊德"指环门徒"的核心成员费伦齐同学也关注过这点，并且有过相关论文发表。

对于这点，西方也好不到哪儿去，都一样。

通过古希腊各种艺术作品及神话传说中就能看到很多，我相信绝大多数读者对此都不会陌生——大到诸神的战争、生死，小到宙斯浪迹人间找女人，基本都先通过梦做了提示性说明。看来命运之神很厚道，先提醒再办事，你要是不听那就活该了。同样，在西方也有一些对梦理性的解释出现。例如亚里士多德就认为梦是一种精力过剩的产物。他所说的"精力"是一种对白天发生事物的未完结状态所产生的遗憾或者怨念或者牵挂，出于这种情绪，当事人在梦中则会把那件事情继续下去。非常有意思的是——这点和我们后面要说的有些接近。另外，亚里士多德还观察到梦会把一些来自身体上的知觉扩大化，并且在梦里反应出来。例如一个人睡觉时胳膊某些部位有些热，那么在梦中则会扩大为"做梦者整个泡在热水里或者干脆就在火堆旁边"。假如你是个医生想必会在某种程度上赞同这点，因为梦中的确能反映出一些身体上的病灶或者疾病所带来的不适——当然只是一部分情况而已，同时还得强调：这仅仅只代表某一种梦罢了。

总的来说，东西方都对梦的"预兆性"抱有浓厚的兴趣，并且归纳出大致两种途径的解梦方法。第一种是"整体象征解梦法"。这种方法是完整地看待梦，把梦中所说的一些零碎事件作为某个未来将发生事件的场景特征来定义。例如《圣经》提到的约瑟夫对法老某个梦所给出的解释就是这类的，法老梦到："先出现7头健硕的牛，然后又有7头瘦弱的牛出现，它们把前面7头健硕的牛吞掉了。"约瑟夫就对法老解释这个梦说其实它在暗示："埃及将会有7个饥荒的年头，并且预言这灾荒7年会把以前丰收7年的所有盈余耗光。"可以说这是一个相当典型地运用了"整体象征解梦法"的例子。

而另一种是"元素解梦法"。这种解梦的方式是拆分开梦中的各种元素再逐一加以解释——就是说每种元素都有其特定的所指，前面提到的梦见"小人儿"就是这类解梦法中的一个元素。例如有人梦到一间房子里停着口棺材，而一个小孩站在门口挡住做梦者不让他进去。用"元素解梦法"来解释的话，先会进行拆分，然后再组合，那么梦的含义就是：你可能会升官，但是有小人阻挡了你（想必读者对这种说法很熟悉）。

对于前人留下的这两种解梦法很显然并不能让弗洛伊德满意，他曾在《梦的解析》开篇中就明确提出过质疑：

"以上所介绍的这两种常用解梦方法很明显都是极不可靠的。从科学的角度来看，'象征解梦法'在应用上有限制，根本不能广泛适用于所有的梦。而'元素解梦法'的关键在于那个'元素解读词典'是否可靠。正因如此，人们很容易站在一般哲学家与精神科医师这边，认为这种梦的解释是无聊的幻想。"

但梦真的就是无意义的吗？或者像一些人坚持的那样"梦只是单纯的肌体反应罢了"吗？

想想看，我们能接受别人的话里有话；我们能接受电影画面背后的内涵；我们能接受小说、绘画中的深刻意义；我们能接受装扮举止的意味深长，为什么到了梦这里，有些人就突然变得如此狭隘呢？做梦的不就是平时话里有话的人类吗？不就是拐弯抹角的那些人类吗？不就是创造出电影内涵的人类吗？不就是为小说、绘画植入了深刻含义的人类吗？难道不是吗？那为什么到了这里，到了人类的梦这里，有些人却不愿意承认梦有隐藏的意义呢？为什么这个时候就把梦归纳为"肉体反应罢了"呢？但假若梦真的是某种预兆，那为什么不直接表达而充满了谜题式的隐喻呢？难道真的是预言家们所说的"天机不可泄露"吗？假如有人继续坚持"预言解梦词典"的意义，那么，请告诉我，依据是什么？那些对比判定又是怎么来的？

不过，即便对前人的解梦方法不满意或者严重质疑，我们仍旧要感谢前人对梦的重视，感谢他们对梦所做出的种种解释、解读及尝试。因为正是他们充分认识到了梦境的神秘，并且足够重视梦的意义，我们今天才能坐在这里展开这个话题。也许他们所做的那些，到如今并没有能够给予我们一个答案，但毋庸置疑，他们是打开人类心灵世界的拓荒者，没有他们的披荆斩棘，对于梦，我们至今都将一无所知。

但是"天机不可泄露"其实说对了一半，因为不可泄露的不是"天机"，而是"人机"。

梦，并非单纯地是那种"精力过剩"和"肉体反应"。我们的梦，是如此晦涩，它隐藏了太多东西，也的确暗示了太多的东西——也就是说：梦，是通往一个神奇世界的大门。假如你对此好奇，那么，让我们迈出第一步吧。我也许不是个完美的"导游"，但请相信我，这将是非常有趣的一趟旅程。

// 二 让我们从一个梦开始 //

从上一节我们确定，梦并非神谕或者纯粹肉体反应，那么最可靠的方向只剩下——精神产物。就这点来说，"日有所思，夜有所梦"的观点很靠谱，只是有些含蓄，尤其那个"所思"，有些泛。所以要想说清梦到底是什么，就必须面对一个问题：究竟是什么促使了梦的产生。

在第一章弗洛伊德的简略传记中，我想有些读者已经看到了弗洛伊德的观点：梦是让我们窥探到潜意识的一个窗口，是我们可以了解并且分析一个人内心深处的途径。想要解释这点看来我只能用自己的一个梦来说明了，否则就算再引用理论写上一万字恐怕也不见得说得明白。这就好比形容某些场景：再精彩绝伦的文字也远远比不上几段视频更能打动你。

在描述及分析这个梦之前，请允许我多说几句。

这个梦，透露了我的隐私，也透露了一些我所不为人知的想法，但是在写下这个梦的时候，我并没有为到底要不要隐瞒什么而纠结。因为一旦有所隐瞒，那么这个梦的分析将大打折扣。所以，这点献身精神还是要有的。因为我深知自己绝不是第一个不顾隐私而进行自我剖析并且展示的人，同样我也相信自己绝不是最后一个这么做的人，所以……那么来吧。

1. 单车训练的梦

这是我在2010年7月初做过的一个梦。有必要说明的是，在做梦的当天发生了几件事，就是这几件事构架了当夜整个梦，并且填充了一些实质内容。

（1）接到我妈打来的电话，她提到了那个令我倍感不耐烦的话题——"你该找个女孩结婚了"。

（2）一个朋友跟我聊了会儿《疯狂的赛车》那部电影（宁浩导演，轻喜剧，讲的是一个倒霉的单车赛车手）。

（3）另一个朋友跟我提起了韩寒，并且说到了他博客所刊登的杂文。

虽然那一天中有很多细碎的事情发生，但是以上这三件事主导了我当晚的梦：

在梦中我是一名单车赛车手，隶属于某个小团队，而我的搭档是韩寒。（关于韩寒成为自行车手这一点，请允许我保留在梦中有胡乱给他人定位、定岗、定职的权利。）

我和韩寒之所以必须搭档，是因为我们从事着一种"技术型"的单车运动：就是在一个并不大的封闭圆形赛道内，我和韩寒要并排、并且很紧密地保持着动作上的一致来骑车，同时还要有速度。但是在训练期间我总是出问题，不是骑得东倒西歪就是慢了，反正乱七八糟的，甚至还撞翻韩寒。在多次配合失败后，整个车队（维修和技术人员）都很沮丧，而我和韩寒都对此莫名其妙。最后韩寒提议，在一定的时间内由我们俩分别在跑道内骑，看看问题到底出在什么地方了。大家表示同意，然后我们就开始照办。

在规定的时间内（梦里没提具体时间），韩寒骑了85圈。轮到我的时候，我只骑了20圈（相比较对时间概念的模糊，这两个数字在梦中倒是非常清晰）。

当我们分别骑完后，韩寒无奈地对着车队其他人员发牢骚："看见了？这样下去没法配合。"车队人员表示同意，而我很沮丧，并且表示压力很大。

由于面子上过不去，于是我开始假模假样地蹲在自己的单车面前找原因。这时候我留意到，我的单车是一辆很破的车，不但许多零件松了，而且车胎根本没气：瘪瘪的深陷在轮圈内——也就是说，我一直在用轮圈骑车——请不要问我为什么之前没发现，我也不知道。

于是，我找来车队的工作人员帮我修理这辆几乎散架的单车（我没用错词，在我们修理的时候那车很"体贴"地表现出快散架的样子）。我一边修理一边抱怨："这我能骑好吗？车都这德行了。"这时候我注意到一件事儿：在给轮胎充气的时候，轮胎不是像普通车胎那样均匀地膨胀起来，而是非常不均匀地膨胀起来，凸一块凹一块的，呈现出一种很奇怪的曲线——那曲线很眼熟。这个场景给了我极深的印象。

最后，我的车修理好了。我骑上去试了试，非常轻快。于是我叫来韩寒继续训练。而这之后的训练一帆风顺，我们并排骑行的配合几乎是天衣无缝，这让我们所有人都很高兴。

梦到这里，我醒了。而且是在一种非常满足并且愉悦的状态中醒来的。爬起来后跟趷着走向洗手间的时候，我还在微笑……像个喝醉了但是心满意足的酒鬼。

这个梦就是这样了，让我们来分析一下这个梦究竟有什么地方能让我醒来后脸上还挂着笑意（千真万确，我对此印象深刻）。

首先值得注意的是做梦的时期——做这个梦的前一个月，也就是2010年的6月，我的上一本书销量很好，并且得到了各方面的一些赞许，这让我多少有些飘飘然。根据这个，再融入那天现实中所发生的几个元素，于是我很清晰地知道了这个梦的意图：

我和韩寒一起训练其实是一种隐喻，暗指我和韩寒同样具有一定的影响力（在梦里）。在当天朋友向我说起韩寒博客的时候讲过："韩寒凌晨更新的博客，但是一小时后点击率超过3万！"听到这个我很感兴趣，因为对于这种影响力，我内心非常向往——希望我也能具有这种影响力及公众关注性。当然，这点是在我的潜意识里，或者说被我有意地深埋。

而在梦中我那破单车的问题所造成的"最初我并不能和韩寒很好地配合"，其实就是一种推卸——我之所以不能像韩寒那样具有影响力，是客观原因，而不是我的问题——零件坏了，螺丝松了，车胎没气……诸如此类，反正不是我的问题，是那辆单车实在太破。当技术维修人员跟我一同修车的时候，那辆车还就很争气、很善解人意地变得更破——几乎散架啦——同时我也在维修过程中通过抱怨来表达出我的借口："这辆破车让我怎么发挥出实力呢？"

而当单车修好后，我就可以和韩寒在赛道上配合得很好。注意梦中的那个配合形式——并驾齐驱。这其实就是在说：我的能力不亚于韩寒，假如排除了客观原因，我能和韩寒一样具有相当大的影响力。

假如你还记得我在写下这个梦之前说的第一个元素：我妈打来的电

话，那么你会发现这个梦并没有就此分析完——不是那么简单。

我对梦中"车胎充气时那膨胀起来的奇怪形状"印象极为深刻，甚至在几天后我都清晰地记得那个凸一块凹一块的样子，那究竟代表着什么呢？为什么我对这个会有那么深刻的印象呢？这个问题困扰了我好几天，不过在当我试着把它画出来的时候，我立刻就发现，车胎膨胀起来的那个奇怪曲线，很明显是女人的身体曲线。

我猜那些对弗洛伊德以及弗洛伊德理论一知半解的人一定开始往性方面想了。

对此我只能很惭愧地说明：不是。（不可否认，很多人提到弗洛伊德立刻会想到性的问题，对于这种程度的认知我不大好直接反驳。我希望抱有这种观点的人先读一下《性学三论》再说，因为那会纠正很多错误概念及印象。）在这个梦中，我用车胎膨胀起来的奇怪形状来代替女性，是有别的因素在干扰着的。至于究竟是什么因素的问题，也是当我看明白那个奇怪的形状是女性身体曲线的时候才明白。

首先，我可以确定那是女性的身体曲线；其次，那只是泛指女性，而不是专指某位女性。因为自从我独立生活后，女性就在我生命中扮演着极为重要的角色。在我的生活中每一次重要转折及关键时刻，给予我帮助的差不多都是女性。虽然我也没搞清楚为什么会这样，但是可以确定我对于女性的好感除去性别原因外很自然地还有其他成分——也许是期待，也许是感激，也许是放松……反正我对女人的好感度非常高，无论是工作还是生活或者交际。

另一个构成因素是：在做梦的前几天，我曾经和一位朋友闲聊时说我应该找个老婆兼秘书型人才，因为这样她能帮我打理很多事情。假如我找一个完全跟我兴趣爱好没有交集的女人一起生活，那一定会是非常痛苦的一件事儿。

除联想外，还要请读者同时留意一个小常识：单车骑行的时候，唯一接触地面的部分是车胎。转换过来的含义就是：我专心做我喜欢的事情，关于生活上的琐碎和一些工作上的帮助——车胎接触地面——我会交给那位老婆兼秘书型人才打理；还有，当时在说到这件事儿的时候，我想到了另一个朋友。那位朋友是好多年前就认识了的，他是一个非常有灵性的人。可惜的是，他老婆是个非常市侩的女人，并且对他可以说是"管教甚严"。不久前我再次见到那位朋友，他眼睛里已经没有那灵性，他的生意做得好不好我不清楚，不过他开口闭口都是"能挣多少钱？"——我知道他日子过得有点儿紧。这些年来，他被自己那位市侩的老婆带得只盯着眼前的那点利益——而得到的也就只有眼前那一点点了。

以上这些联想都是由当天我妈打电话催我结婚而引来的。

至此，这个梦才算基本元素都齐了。

这个梦分为两层，一层是大家显而易见的，而另一层恐怕除了我自己外没第二个人能对此分析得出来——因为没有人比我更了解我自己的经历。这个梦的整体构架是由我的虚荣心而起，里面深埋了我的一个期待，基本就是这样了，但还有必须强调的几点。

第一，韩寒在这个梦里只是一个象征性的目标，并非是我就希望完全成为韩寒那样的人，或是和他具有旗鼓相当的影响力。假如在当天有人跟我说起鲁迅或者李白，那么恐怕当晚跟我组合骑车的就是周先生或者青莲居士（当然了，也有可能会换个形式，不用单车，而用别的元素来构架整个梦）。

第二，这个梦第二层所隐藏的含义并非是我很期待结婚，而是由于我妈打来了电话，造成了我这方面的深入思考——假如我必须结婚的话，那么恐怕我要找个自己所期待那样的女人，而不会随便找个女人——即便对方很漂亮也没用——那不是我所期待的全部。

第三，这个梦中明确出现的那两个数字：85和20，我想是一定也有特殊含义的，因为它们在我记忆中也是如此的清晰。不过到目前为止我还不知道这两个数字跟什么事儿能联系上，但愿我在这本书写完后能有所发现。

分析完我这个梦之后，我认为再笨的读者也能看懂了：梦，似乎是为了"愿望的达成"。很明显，这是弗洛伊德梦解析理论的核心部分。记得当年弗洛伊德刚刚综合前人的各种理论和观点并且明确提出这个论调后，立刻就把自己连同这种看法推向了学术界的风口浪尖，并且至今都备受争议。对于反对的意见，我认为我们必须重视。

例如在弗洛伊德的《梦的解析》中第四章开篇就对此进行过描述：

"有两位女士——韦德女士与哈拉姆女士——曾统计她们自己的梦，用百分比表示出梦失望沮丧的内容偏多。她们发现58%的梦是不如意的，而只有28.6%才是愉快的内容。除了那些带入我们梦境中的痛苦感情以外，还有一些令人不能忍受而惊醒的'焦虑的梦'。也就是这种梦也是令孩子睡觉时吓得大哭大叫惊醒的梦魇，不过也只有在小孩身上，才最容易找到那种很明显的愿望达成的梦。因此，所以梦未必全是千篇一律的愿望达成。"——选自武汉大学出版社2010年版《梦的解析》。

不过，对于"梦是愿望的达成"这句话，我觉得还是有必要强调：这句话仅仅是一种形式上的概述，而不完全代表着核心部分。

假设，一个从来没有见过火车的人问你火车是什么样，而你告诉对方："那是在铁轨上行进的一大串铁皮屋子。"我想基本没人会认为你说错了（当然，没见过火车的那位懂不懂另说）。但是，火车存在的意义就仅仅是在铁轨上跑吗？肯定不是，火车的核心目的是运输。而对于"梦是愿望的达成"或"梦用来满足某种愿望"这句话，仅仅揪住字面不放很显然是不够的。其实"愿望达成"是个非常复杂的问题，而且那的确只是部分梦的表现形式，而实际上很多梦是充满了焦虑或者痛苦的。但是我们必须认清一点：梦不会是简单、单纯地展现，梦会把很多有趣的东西汇集到一起，用梦所特有的表现形式来演绎。关于这个问题，从刚才"单车训练梦"中我们就可以看出，梦中的两层意思分别代表着我两种不同的期待。

而"单车梦"表层的含义，只要是对我有一些了解的人都能轻易地分析出来（熟悉我上一本书的销售情况，熟悉我的部分生活情况）。而深层的含义——有关找个什么样的女人结婚的那层，恐怕也就只有我自己才能分析出来了。所以说，只有自己才能够完全地解析自己的梦，换个人就很难彻底地解析别人的梦。这一点，就是这本书的书名所表达出的观点：人人都能梦的解析——解析自己的梦。当然了，我没咬牙跺脚强调只能自己才可以，假如一个人能够透彻地并且完整地把很多带有隐私性质的生活片段和感受（制造梦的元素）告诉给解梦人，同时那位解梦人的临床心理专业知识和解梦经验也足够丰富的话，那他也能够解析别人的梦。只是，我并不认为绝大多数人能做到这点——暴露自己的大量隐私，而让别人来解读梦。

另外，我还要说明：包括弗洛伊德本人，都不会强调只有自己能解析自己的梦，实际上正相反。因为某种程度的精神分析门槛较高、较难，因此很多人很难进入自己的潜意识，只有在专业人士的帮助下才能发现一些问题。并且这么做的实际目的也不是为了分析做梦者是怎么想的，而是要分析出做梦者梦到这些是出于什么动机，借此解决做梦者的心理问题。而至于看过这本书之后是否能真正地解析自己的梦，我对此没有把握说"放心吧没问题"，因为还有一个"解析深浅度"的问题。

其实我认为最重要的是：解析后真的就要告诉别人吗？真的要把大量隐私发布出来吗？我相信很少有人能同意，不过这也正是"自己才能够彻底解析自己的梦"成立的原因，因为我们都处在某种社会规则下，我们都藏着不说，就如同社会交际中的"虚伪客套"一样。

说到这里了还要再说明一下：这种自我解梦的方法，很明显采用的是"自由联想法"。而这也是很多人反对"自我才能完全梦的解析"理论的一个重点。对此我非常理解，因为一定会有人质疑："会不会自以为有关联而联系到一起？会不会出现生拉硬拽地把不沾边的事情牵强附会到梦境场景的情况呢？"我认为这个问题根本不值得担心，也并未构成足够的反对理由。

让我们打个比方来说吧。

你看《指环王》的时候不会认为这是一部纪录片对不对？虽然那些角色也说人话，也吃饭睡觉走路，但是你看过这片子后绝对不会说："这是一部神奇的纪录片！"你能够清晰地分辨出这是一部魔幻电影。而且除去电影之外，还有各种其他形式的文艺作品也是如此的。大家都能清晰地看懂整个片子说的是什么，但是你同时也没把那片子跟现实混为一谈——四处疯狂地找戒指挨个尝试。理由就是你有足够的辨析能力解释清什么是你身边的真实生活，什么是故事——即便某些故事让你落泪，让你感慨，让你唏嘘或者让你充满期待和幻想，但你也绝对不会把那些情节跟生活混淆到一起。而梦的自我解析其实就是这样。当一个人分析自己梦的时候，不会生拉硬拽地把一些跟梦中场景无关的东西扯进来，也不会必须有完全重合的场面才能想到这代表着某个现实部分。所以，对于梦的自我分析中"牵强附会"的担忧，我认为成立的可能性极小——尤其是在仅仅出于自我剖析而并未打算告诉别人的情况下。

　　作为作者，这本书里我所讲述和解析的自己的梦，我确定可以做到毫无保留地彻底地进行分析，而且不会有所隐瞒。所以我在对于梦的摘录上是花了很大的心思的——有些梦，我恐怕不会告诉任何人，即便有人产生共鸣我也不会说出来——因为那涉及太多我的个人隐私了。所以，就这一点，请读者们原谅，原谅我有保留自己部分隐私的权利，谢谢。

　　前面提到的关于《梦的解析》原著中两位女士的统计数字及焦虑和痛苦梦的问题，这本书里稍后章节中会有更多的例子来说明并且加以分析及解释。假如你有兴趣并且足够好奇，那么请看下去好了。

2.　本质

　　经过上一小节的内容，我们先暂定梦产生的原动力为：达成某种愿望或表达出某种含蓄的期许（现在说似乎有点儿过早了，不过后面会有足够的论证、梦例为此做更多、更详细的解释）。同时读者们还能通过那个"单车训练梦"看出，梦是各种各样的素材所交织出来的结果——有些很复杂，有些简单到一目了然。现在，我们更深入一步，来了解下为什么会这样，梦为什么会有这种特性。

　　这个问题，其实也是"梦是愿望达成"至今仍被争议的问题。

＊＊＊＊＊　＊＊＊＊＊　＊＊＊＊＊

　　在正式开始说明前，我首先要强调以下几点：

　　第一，我并不是为了让读者们都相信："啊！原来梦的确是为了达成愿望！"我只是阐述《梦的解析》这本书所表达的一种解梦观点。假如你更喜欢荣格对于梦的解释，并且深信不疑，那么请继续保持着自己的态度，同时把这本书当作一个批判对象好了。

第二，前面我提到过了，"梦是愿望的达成"仅仅是核心问题上的一个形容，并非代表着梦的全部实质描述。所以假如有人针对这句话揪着不放的话，我只好对他的理解能力除深表同情之外不会再做任何解释。

第三，这不是一本学术辩证集或者科学导论，也不是学术论文、心理学教材，也就不存在误导。所以我有表达自己观点的权利，正如任何一个读者都有表达自己反对的权利一样。而对此，我的态度假如套个比较主流的说法就是：即便我不同意你的观点，但是我坚决捍卫你有表达自己观点的权利。

★★★★★　★★★★★　★★★★★

好，现在我们进入正题。

很多人一定都有过吃咸了口渴，而梦中喝水解渴的经历吧？或者是尿急，跑到厕所畅快淋漓的排泄；再要不就是闹钟响起，人没起床却梦到自己刷牙洗脸精神抖擞地出了门（也有另一种：梦到自己有足够的理由不起床——例如生病了、当天是休息日，甚至闹钟响了只是错觉，等等）。无须多说，这种梦本身就是愿望的达成。很有趣的是，这种愿望的表现有时候在梦境中却是相反的——梦中无论如何找不到厕所；梦到渴得不行了就是没水……这种梦的目的其实是促使自己醒来，而不必再忍受饥渴或者尿床……显而易见，这都属于满足肉体愿望的梦。那么假如没有肉体愿望驱使，我们的梦为什么会有愿望达成的特性呢？我认为，这将面临着那一个很严肃的话题：我们每一个人是自私的、贪婪的。

这是一个注定会极具争议的观点，从古至今。

自私这个话题太深远了，我不想在这里纠缠不休解释个没完，简单说吧：自私是一种生存本能。

假设一个人走在街上，渴了肯定就买瓶水，饿了肯定去餐馆或者急着忙着回家，累了困了就得找个地方休息下，热了就得想办法凉快下……这些都是本能，而且大家都能接受。现在让我来换个尖锐些的例子：如果两个饥渴的旅行者在无人的沙漠中迷失了方向，他们只有最后一点点水了，此时会出现什么样的场景，礼貌的谦让吗？我对此表示怀疑，尤其是当一个人亲身体会到干裂的唇舌、精疲力尽、沙漠反射的热浪、空气中滚烫的风的时候，而那一口清澈的水……谦让吗？我说了，我对此表示怀疑。这种极端的例子，我举一个就够了。而生活中更多平淡的例子我相信根本不用我多说，最简单的就是婴儿对于食物的态度问题——我相信这是一个让很多人讨厌的例子，并且会有相当一部分人告诉我：那是生存本能。没错，是生存本能，那么，生存本能就不是自私的吗？我想再顽固的人也会承认：获取和占有更多的生存资源，就是自私且贪婪的，而这就是我们的生存本能。

在最基本的生存需求得到满足后，人类才有可能开始追寻其他东西，例如理想。

现在说回来——我们这里说的自私，其实指的就是某种本能。我们都希望自己能够心想事成，但是现实生活并不会让我们的愿望都得以满足，出于一种"期待更好"的本能，我们在梦中实现这一伟大"理想"，这就促成了梦的愿望达成特性（如果还有读者没能转过这个弯儿来，我就来提醒一下吧：在你的梦中，谁是主宰？谁创造出你的梦？）。

不过，梦很复杂，很多样，不是所有的梦都能让我们笑醒或者一夜醒来心情愉快，但那些痛苦和焦虑的梦不见得就是代表着我们都是受虐狂，或是说"梦里我们自虐得很爽"。正相反，那是梦的奇特的表达方式之一，用那种方式我们同样达成了愿望（关于这个问题，在接下来稍后的章节中我会有梦例来单独说明）；另外还有一些梦莫名其妙，令人不知所云……其实那都只是假象而已，梦是个不折不扣的捉迷藏高手，似乎正像一些对弗洛伊德梦解析理论的强烈反对声音说的那样：假如弗洛伊德梦解析学说成立，难道说我们的梦都拐弯抹角地把一些肮脏和猥琐甚至邪恶的想法表达出来吗？

若我们不在乎这句话用词的苛刻，那就可以承认：是这样的。但请记住，梦所表达出来的那些"肮脏"的东西，不见得本质就是像"看上去"的那样"肮脏"。反过来，那些看似纯洁的梦，也不见得就是"纯洁"的想法，（还记得前面"单车训练"的梦吗？）许多东西被扭曲、伪装后重新展示了出来。所以，我们仅仅看梦的场景而不去分析，是什么也得不到的。或许，解释梦之所以被人排斥，是不是我们已经隐隐感觉到梦里潜藏了什么，而因此才不愿被他人所了解呢？尤其是那些"肮脏"的和"下流"的梦。

上面这句话很可能会引起一些读者的强烈抗议（尤其是女性），但是，请注意：那些采用拐弯抹角的方式来隐藏"肮脏"愿望的梦，其躲避的也正是做梦者本人的自我审查——也就是说，我们时时刻刻都在扮演着天使或者恶魔，我们不停地在和自己斗争着——即便是梦里。

我记得几年前在跟一个朋友说到这里的时候，她瞪大漂亮的眼睛看了我半天："你什么意思？你想说每个人都精神分裂了？"我先不回答她的这个问题，而是借用她的这个问题直接切入下一章好了。

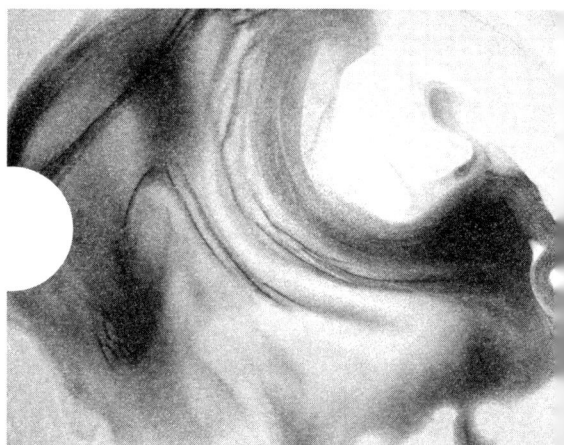

三位一体

首先要说的是三元论，也有叫作三联论的。这一理论的构架对人们理解心理问题有着极大的帮助——对其精致化了。

人类的意识（当然包括潜意识）并非是一个密不透风的完美体，实际上它是由许多部分组成的，而且这些组成部分是互相合作，互相支持，互相制约，甚至互相抵触的。也就是说，我们每一个人都时刻处在一种挣扎与自我辩证的状态下。还记得在迪斯尼动画片中，当主人公面临抉择的时候，脑袋两边出现的那俩小人儿吗？一个代表善良，一个代表邪恶。这两个家伙会不停地对当事人唧唧歪歪展开小规模的辩论，目的是诱导或告诫当事人，各自企图影响当事人做出倾向于自己的抉择……虽然看上去很蠢也很片面，而实际上还是比较接近三元论的。只是在绝大多数情况下，我们能够飞快地完成这一抉择，而不是花去好几分钟站在那里犯傻。

但是，真的存在那两个小东西吗？

是的，存在。而且不止两个，是三个。

// 一　本我　//

本我，是一个名词。

我曾经在一本书上看到过这么一句话：本我，是带着原始欲望意味的意识……对于这句充满小资情调并且拗口的说明，我可以很负责地告诉你：是错的。本我，可不是什么"带着原始欲望意味"的东西，本我就是原始的欲望。

例如前面提到的饥渴、困顿等这些本能，都属于本我的需求（其实本我的需求还可以扩大到几乎所有领域）。本我没有善恶的概念，也没有耻辱感或者负罪感，它只是纯粹的欲望罢了，例如食欲、占有欲、性欲，等等。（记得有一种观点说本我是邪恶的，我认为这就是典型的"杀了人责任在菜刀"的说法。对于持"本我＝邪恶"这种观念的人，我至今都不明白他究竟是看书没看懂还是压根就没看。）

本我，没有好坏之分，本我就是以"快乐原则"为目的——追求纯粹的快乐。至于其他的事情，不在本我考虑范围之内。实际上人类能发展到如今可以说基本都是由本我来作为驱动力的。用比拟的方式来说：本我就是汽油。假如你把汽油四处乱泼弄得到处都是，遇上火星那肯定会熊熊燃烧或者干脆爆炸。那你说，汽油是邪恶的吗？明显不是，汽油是重要的驱动燃料之一，如同汽油驱动汽车一样，本我，就是驱动力。

不过本我是被控制住的驱动力，它被我们利用着已经创造出了很多匪夷所思的东西（甚至是社会制度）。这方面的例子我不举了，假如你现在能抬起头环顾下四周并且想上那么一分钟，你就会发现的确是这样的。不过有时候本我也会挣脱束缚。

例如：记得我曾经有次自己一整天没吃东西，开车回到市区后，我带着一种疯狂的表情冲进饭馆一个人点了一桌子菜，弄得服务员直往门口看，以为我还有很多同伴没进来。这个就是典型的本我失控状态——很明显，我吃不了那么多东西，但在极其饥饿的状态下，本我被彻底激活并且释放，所以我当时的行为是一种非理智行为——本我行为。除此之外还有其他情况也会不同程度地释放出本我，例如激怒、性欲，等等，都属于本我爆发状态。或者说，那是一种受压制后的反弹。

说到这儿，问题也就出来了：那么平时到底都是什么在抑制着本我呢？

// 二   超我   //

超我是个非常有趣的存在。

对于超我的主流观点是：超我是人类后天受到的规范、理想、价值、教育、伦理等外来因素融合后所形成的。这个说得没错（虽然不够深刻），超我的确是后天形成的而非先天。但是，请记住，这不代表超我就是高尚的，或者超我就是一种最接近"神格"的意志。正相反，超我也仅仅是一种单纯的生存意识而已，超我并不存在明确的善恶是非观念，超我和本我一样，具有盲目性。

也许有人会认为这是非主流观点，所以我想强调一下：这是事实……这么说起来很枯燥是吧？那我试着用更简洁更明了的说法来说明吧：只要是群居的高等动物，就存在超我意识现象。

海豚救人的例子想必很多人都听说过，我知道假如用动物行为学来解释会说很多什么超声波探测、海豚的互助习性，等等。但是问题没那么远，只是问：海豚为什么要那么做？其实海豚会群体性地去帮助生病游不动的成员，深究其原因其实就是源于群体生活。帮助群体中的成员，就是在维护群体本身；维护群体本身，也是在维护自己的存在——存在于这个群体（关于这方面更多资料请参考理查德·道金斯先生所著《自私的基因》一书）。而人类的很多超我现象其实就是把这种群体维护性质的范围扩大化了。同时，人类的超我，也是社会规范的内化现象（把集体规则内化到个体）。

超我的规范化同本我的放任一样，都是盲目的。超我并不会指引你怎么做，只是根据自己所处的社会规范标准，不停地告诉你："你不能这么做，这是不对的""这是不道德的""你很无耻""你太坏了""你要帮助他""你要纠正他们""你要微笑""你要承受"，等等。那么超我的这些评定标准参考什么呢？参考当事人所处的集体环境规则。这个"集体"，往小了说就是群体，往大了说就是社会。

看到这里，我相信读者都明白了动画片中那两个小人儿的原型：恶魔一样的小人儿是本我；圣徒般的小人儿是超我。虽然这两者都很盲目地坚持着一些理由，但是那些被本我和超我所各自坚持的，只是一些不确切的概念。因为无论我们完全依照本我生活还是完全按照超我生活，都将导致个体的灭亡，也当然会导致人类社会的灭亡。"超我圣洁论"的朋友们先别忙着反对，让我说完你就明白了。

超我，是一种绝对服从的集体规范意识，甚至超我对于"非群体"的念头都会毫不留情地加以抨击并且压制。而且超我对于集体性的服从是没有任何条件的——想想看德国纳粹的高压统治，日本军国主义愚忠统治……而更贴近生活的例子则是邪教组织：要求教徒无条件服从——这不够可怕吗？而且超我对于所谓的"善"要求是绝对的，而我们都知道，这是不可能的。也正是因为超我在某些时候的过度膨胀，反而导致了一些极端化性格的产生。比如一些女性会认为"性"是"邪恶的""肮脏的"，这也就导致了一方面她们虽然有性需求，但另一方面却又排斥自己的这种生理需求。假如此时具备条件的话，那么性爱的过程中受虐则成为了一种宣泄口：一方面在体会性的快感，另一方面因为被体罚而获得超我上的释放感——这是相当一部分性受虐心理的成因……这个话题即将超出本书内容范畴了，所以我们就此打住。

现在我们都清楚了本我和超我的存在，但是在实际生活中，完全"本我化"和"超我化"的人极少，少到可以忽略不计，为什么呢？因为在本我和超我之间还有另一个存在。

// 三 自我 //

三元论中的最后一位登场：自我。自我的存在目的就是对本我和超我的建议给予判断后进行取舍，以及为行为赋予"合理化"标签——这可不是件轻松的事情。

先说判断。

《三国演义》想必读者都不陌生。书里常会出现这样的场景：某位主公面临抉择，这时候一群谋士争先恐后七嘴八舌，最后主公的一个决断导致惨败或者胜利……而自我，就是那位主公。

刚刚说了，判断不是个简单的事儿，需要审视很多客观因素，明察主观因素后才能做出决定，同时还要保证这个决定是利益最大化、代价最小化的。要是用四个字来概括，那就是"现实原则"——任何一个决定都需要分析现实情况——这也是本我的主要工作——权衡。我相信在看这本书的一些读者都有过失恋经历，但是曾因此而严肃地写下遗书准备自杀的一定极少（也许你有过那种想法，但仅仅一闪而过）。为什么？因为经过本我、超我、自我判断和分析后发现，这时忍受并且熬过这种痛苦才是最好的选择（虽然选择极端行为代价过大，但是假若压抑到一定程度，那么超我的防范以及自我的权衡都将失效，就会表现出一种系统崩坏现象——极端反应）。这就是所谓：权衡后的判断。所以在现实生活中，一些情绪失控后极端的事件并不常见（假如一个社会频繁出现这种极端现象，那么就证明这里有很大的群体性问题——也就是社会问题）。

说完自我好的一面，再来说不好的一面，那就是"合理化"。

也许有朋友会问："合理化不好吗？"

从某一点来说，不好。

因为这里所提到的合理化，是指从自我角度出发的，明显带有个人色彩，而非真正的合理化。

"你为什么要打人？"

"因为他瞪我，他骂我，他……"

真的是这样吗？不见得。例如那些恶劣的、经常打孩子的父母就会说："我这样是为了他（她）好。"肯定不会说："我就喜欢打孩子。"这也是所谓的"合理化"。

再有，当我们去批评别人或者斥责别人的时候，有时候的确是出于纠正和谴责，但也有时候是为了那种快感，也就是我们常说的：站在道德的制高点。这很明显就是超我在发挥其作用，而自我对于这种行径只要没有特别的难度都会乐于直接执行，并且从中体会到乐趣。对于这点想必每一个读者都有这方面的经验，当然也包括我自己。因为在斥责别人的同时，本我也获得了快乐——这很重要。也就是说，本我和超我，并不是绝对对立的，它们在条件允许的情况下会合作得相当愉快——一方面满足了超我"站在道德制高点"的虚荣，另一方面也满足了本我对于那种斥责本身的快乐，而自我甚至可以不用去分析就直接加以实施了——毕竟这连判断都不用，因为超我、本我都已经完美合作了。所以说，对于超我的一些问题，我们还是要正视的，而不能片面地就划分一个善恶界限。

为了让读者们能迅速看明白问题所在，以上我举的例子都是一些具有极端性质的，如果用小问题举例则更多，例如：旷课、翘班、不负责任、玩忽职守、贪污受贿、违法乱纪，这些都是一种透过自我"合理化"实施出的行为。

根据前面提过的"自我的判断"，再加上刚刚说到的"自我的合理化"，我相信读者们已经对此了解得很清晰了。

说起来，虽然三元论看上去好像是三种人格特性，但是请记住一点：那依旧是三位一体的、不可分割的。也正因此，在人格及三种意识健全的情况下，依旧会有犯罪及各种错误发生——因为某些权衡的偏差或者主导问题上的失误——人类就是这样的。至于更深的问题，例如人类自私、神格人格一类的话题就此打住，因为那会扯得很远很远。

就三元论而言，即便是写个几百万字都不为过，值得研究和探讨的问题几乎没有尽头。并且想要了解弗洛伊德《梦的解析》中那套解梦理论，就必须明白什么是三元论，因为本我、自我、超我，就是潜意识的主构架。

水面之下

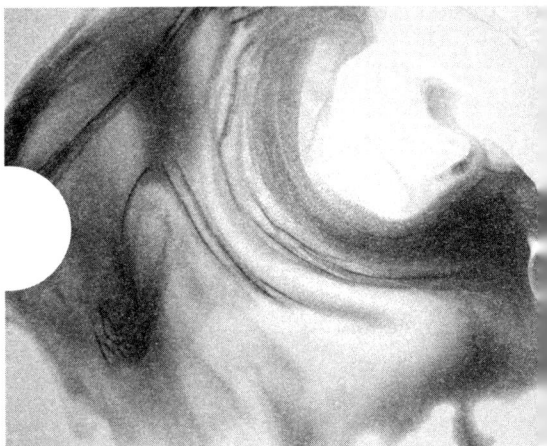

第四章

潜意识，看字面意思就是潜藏的意识。

你是否还记得在第一章中有这么一段：

"……弗洛伊德所指的就是彻底改变心理学进程的：潜意识（关于'谁发现潜意识'这个问题的争议我会在后面章节加以说明）。"

潜意识到底是谁发现的，这个没法考证。因为古今中外有太多哲学家和艺术家都曾提及并且研究过潜意识了。本来我还想列个名单，但是当我列到第50个名字的时候我决定放弃了，对此持有旺盛好奇心的读者也不用再查了，单挑"古希腊哲学家"和"欧洲文艺复兴艺术家"这两大块的名单看，仅仅"提及"潜意识问题的都不算，那些深入写过或者研究过潜意识的，就占了前面这两个时期哲学家和艺术家名单的大半。但是非常有趣的是，在弗洛伊德之前，没人真正重视过潜意识的重要性，也没人认真地坐下研究并分析潜意识是如何影响人类行为的，而弗洛伊德，是第一个（重视程度及详细文字说明）。也正是如此，导致了很多人误以为是弗洛伊德发现了潜意识。

// 一　什么是潜意识 //

在正经说潜意识之前，必须强调的是：潜意识不是一种固定的状态，而是一种进程。潜意识也不是很多人认为的那样：我们无法意识到自己的潜意识……这是一个错误的观点。实际上部分潜意识曾经是意识，当到达某种条件后转换为了潜意识；而一部分潜意识也会浮现出来，成为意识，然后再沉回去重新成为潜意识（当然了，也有不再回去的）。

拿冰山理论来说吧，这样对于说明意识与潜意识还是比较容易理解的。泰坦尼克号的沉没几乎让"冰山理论"妇孺皆知，所以对于这个理论就不具体说明了。简单说就是：露在水面之上的部分叫意识，水面之下的则是潜意识，这就是弗洛伊德在早年提出的心理学二元论（注意同笛卡尔所提出的"精神、物质二元论"区分，那是哲学二元论）。即：心理是由意识和潜意识组成的。虽然这个观点现今看来并不完善，但这也的确是现代心理学的重要奠基。实际上我们的心理更为复杂，仅仅二元论是不能解释许多心理现象的，所以后来有了"前意识"及"下意识"理论的建立（也是弗洛伊德提出的）。

深究起来，有些潜意识就是惯性意识，这有点儿像下意识。甚至部分潜意识可以通过暗示来促成。在耶鲁大学的心理学导论开放课上，保罗·布罗姆博士（Dr. paul bloom）就曾当堂做过一个有趣的小示范。

布罗姆博士请一名学生平伸双手，掌心向上站好，然后把一本沉重的教材重重地扔到那名学生的手上。而书落到这名学生手掌的瞬间，他的手臂向下沉了一下，不过那名学生很快地就把手臂恢复到原状。在这之前，布罗姆博士并没有要求学生托住教材或者在接到教材后保持原本姿势，他只是叫学生伸直手臂而已。而学生自己在接到教材后迅速恢复到了原来的姿势——在做这个动作的同时可以看得出，这名学生并没询问或者思考到底该怎么办——这个，就是通过暗示达成的惯性潜意识行为（额外一提：催眠其实就是采用"给潜意识以暗示"的方法）。

我知道很多人对于下意识和潜意识并不能完全地区分，这要"归功"于很多文艺作品对于这两种概念的混淆。仅从心理学意义上讲，下意识就是人不自觉的行为趋向，而潜意识则是人心理上潜在的行为趋向。如果有人看不懂这句话，那让我们来简单地说吧，下意识更趋向于本能化，而潜意识则更个性化。

但是我们怎么能更明确地区分潜意识和下意识呢？相信读者都看过灾难影片吧？在影片中遇到突发灾难——像外星人（怪兽）入侵、大海啸、火山爆发等情况，很多人会本能地向反方向逃跑，这就是下意识中的趋利避害在起作用——本能。也就是说，假如不存在潜意识，都是下意识，那么面对突发性灾难，现场全体都会百分之百地选择逃跑。而事实上，不是所有人都会选择逃避，部分人会被这突发的灾难吓得当场愣在原地——这就是潜意识出了问题。因为也许是一些曾经的经历让他们的潜意识中留下了"保持原地凝固姿势或者装死更能躲避危险"，也许是潜意识中对于"躲避"这一本能行为进行了某种原因的削弱或干脆彻底地压制。

还有，比方说我们会对自己的名字都比较敏感。若你看一份人员名单的时候，见到与自己同名的人你一定会多看几眼。哪怕就算你事先知道自己肯定不会出现在这份名单上，但遇到同名的名字，你还是会多看上几眼。名字不是天生的吧？之所以多看就是潜意识主导着你——即便你很清楚那几个字并不是你的人类社会编号。再有，如果有人抬手准备打你的时候，你的直接反应是躲避或者抬起胳膊阻挡，这也是潜意识在引导你的行为，因为被打的痛楚是后天经验，而非先天的。记得在动物行为的纪录片中出现过这么一幕：几只未成年的狮子对于豪猪和乌龟倍感兴趣，来回尝试着怎么能吃掉眼前这个奇怪的东西，而成年狮子对于豪猪会漫不经心地绕开，对乌龟则根本无视——因为在它们的潜意识中，这些动物已经不等同于食物了，还是斑马和羚羊更让它们感兴趣。假如有一只狮子找到撬开乌龟壳的办法，那么乌龟对它来说依旧代表着食物，而不是徒劳无功——它的潜意识会直接把乌龟和羚羊、斑马划归一类：可食用。这，就是经验。潜意识的很多组成部分就是从经验中得到的印象。举例至此，重看前面那句"下意识更趋向于本能化，而潜意识则更个性化"，相信读者会对此有更深的领悟。

前面强调过：潜意识是一种进程。这种进程不会自己往前，而是一定有其推动力的，这个推动力也许是由本我主导，也许是由超我主导……看上去似乎是"政权频繁更替"的样子，总之很没谱。但，仅仅是看上去没谱而已，事实上潜意识的每一次方向性推动，都是经过一系列反应后而得到的某种结论，所以自我在对行动力方面的控制其实还是进行过权衡的（需要强调的是：这个权衡不见得就是最好的，这跟个人经历、经验等有关）。假如你还记得前面说到的"自我的特性"，那么则很容易理解这点。而且潜意识本身并非固定的状态（进程），潜意识可以成为意识（浮现），也可以重新回到潜意识层。

好像现在社会上流行某种"潜意识强化训练班"，对此我不做任何评价，只是我想说明一点：潜意识不是深层记忆。深层记忆是另一个问题。这就好比深层记忆是你电脑里存的一部片子，而潜意识是一种播放器。只有这一种播放器可以播放吗？肯定不是，有很多选择，潜意识只是这众多"播放器"中的一种。所谓的开发潜意识，只是个商业噱头而已，实际上是挖掘深层记忆罢了。对此我再次强调一下：潜意识是进程。它频繁地同意识不停地碰撞着，并且交换着信息，而且也在不停地和意识在相互转换着位置——一部分潜意识浮出，成为意识；而另一部分意识沉入"水面之下"，成为潜意识。还有另一点要再次强调：探究潜意识的目的并不是想知道"潜意识到底是怎么想的"，而是"潜意识为什么要这么想"，这，才是目的。

对于梦的探究也一样，无论是仅从心理学角度看还是扩大到艺术、社会科学、人文来说，也同对待潜意识的目的是一样的：不是为了玩味梦的场景，而是要知道为什么会这样，即：动机。

//　二　香菜恐怖事件　//

从刚才那段可以看出潜意识其实被神化了，因为许多人把潜意识搞得很神秘。不过说实话，潜意识的确很神秘。

之所以神秘的原因，是因为我们在一般情况下很难察觉到自身的潜意识活动（注意用词）。这就好比一个身体健康的正常人虽然拥有肝脏，但是却无法感受到肝脏在工作；虽然拥有胆囊，却无法感受到胆囊储存胆汁一样。这不仅仅是个比喻，也包含着某种实质问题的"巧合"。虽然我们感觉不到肝脏在工作，但是一旦肝脏出了问题，我们就会知道这个脏器的存在了——肝脏病变会让人疼得死去活来的（脂肪肝不算，那算内分泌紊乱引起的内脏脂肪堆积）。不过要注意的是：同肝脏病变一样，假如没有受过专门的医学解剖训练，我们就算肝脏疼得不行了也分辨不清到底是哪个脏器出问题了，我们只能含糊地指出这里疼，或者那里疼。潜意识也一样。当有些问题出现后，我们才会感受到似乎有什么问题，但是到底是什么问题，我们并不清楚。举个事例吧，这样能加深读者对此的理解，毕竟潜意识不是肝脏。

我不吃香菜，因为我讨厌香菜的味道。对这个问题我也曾莫名其妙过，后来深究的时候发现，似乎是我对香菜的气味不能接受。而更具体的原因是：那味道仿佛会带出一种让我不安的感觉，但为什么会这样我并不清楚，直到几年前某次跟家人聊天的时候我才揭开了这个谜底。

在我三四岁的时候有次在厨房看到一小捆香菜似乎在动，然后蹲在那里认真看，结果从里面爬出一只蚂蚱来（当时所有农副产品都是绿色食品），这把幼年的我吓得鬼哭狼嚎魂飞魄散，转身跑的时候还摔了一跤……所以，之后每当我闻到香菜的味道就直接联想到那种受了惊吓后的不愉快（对爬出蚂蚱的那个场景我隐约有印象，但是细节记不起来了），就是这个"事件"使我至今都不吃那"鬼东西"。

由于幼年时期的"香菜恐怖事件"给我的潜意识中留下了一个恐怖和不安的印象，所以导致我对无辜的香菜有着心理上的排斥，而对蚂蚱却没所谓。假如读者还没明白，那么我进一步可以这么说：正是由于香菜这个该死的东西造成了那只讨厌的蚂蚱有机会吓到我，所以为了安全起见，我的潜意识直接让我远离香菜（至于今后香菜里面有没有什么东西爬出来，已经无所谓了，反正我远离香菜了）。而香菜最具特征的则是它散发出来的味道——所以我深刻记住了那个让我受惊场景的味道——就算现在，哪怕想起那个味道我都会觉得恶心。这种厌恶的转移现象，简单地说，其实就是一种"经验扭曲"或者叫"印象扭曲"，经历者会对当时最鲜明的特征加以重视并且以此定下标签——情绪标签。搞明白这点，对于后面谈到的一些弗洛伊德梦解析方法有着很大的帮助。

好了，通过"香菜恐怖事件"，我们能看明白前面说过的：当潜意识造成了一些困扰后我们才会意识到潜意识的某些问题，因为潜意识就是一股暗流。在潜意识中，很多深埋下的印象会直接影响到我们之后的行为、举止及语言、气质。

　　不过即使我分析并且了解到了发生于自己幼年时期的"香菜恐怖事件"，我依旧不吃那东西——它的味道的确让我不舒服，而且我会每次看到香菜都再次联系到幼年的那次不愉快经历——这个意识在大部分时间里重新回到了潜意识层（偶尔会浮出），并且继续发挥着它的功效：让我厌恶香菜（啊，辩证得好累）。

　　前面说过了，潜意识可以读取一些深层记忆，而原因就是那些曾经的记忆、经验给我们留下的印象，成为了潜意识的某种标准。但至于这种标准究竟是由本我、自我、超我中哪一个来得出结论的，就不在我们这本书深度讨论的范畴了（很可能是本我的自我保护本能）。也许后面章节中有机会我会用一些实际的梦例对此来拆开做详细的探讨。

//　三　被抑制　//

　　潜意识虽然主导着我们的各种行为，但是潜意识却是被抑制的。非常有趣的是：抑制潜意识的，也正是构架出潜意识的那三位一体：本我、自我、超我。

　　其实我们可以这么看：自我、本我、超我，是凌驾于潜意识之上的，它们既构架了潜意识，同时又在压制着潜意识浮现。为什么会这样呢？说起来这也是没办法的事儿。在人类社会生活中存在着很多虚伪的客套和礼仪。虽然人人都清楚那只是一种表面行为，但无论你喜欢还是不喜欢，即便是对此感到疲惫不堪也必须承认：我们都在这种虚伪的客套中受益——因为它在限制了你的同时也限制了别人，所谓社会生活就是这样的，这就是规则。作为群体性动物，我们深知自身想要存活于集体当中，必须保证一个"常态"。这个常态，就是一种为了生存于集体中的平衡（前面提到过"自我，遵循现实原则"）。

　　由于远古时期的势单力薄，逼迫着人类聚集在一起来提高生存机会，而为了生存于集体中，就必须承受一些来自集体的压力。假如你对"集体"这个词比较迷茫，那么不妨把这个词替换成更为直观一点儿的词：社会。也正是随着人类社会的发展（文明），人类的超我意识也在紧随其后地膨胀起来，所以我们对于本能的管制原来越严格，禁忌越来越多（关于这个理论及更多事例、观点、论述，详见弗洛伊德所著《文明及其缺陷》，本书中就不再过多地详述）。而面临这种社会生活所造成的压力，人类自身的很多习性也有了本质上的变化，同时社交能力也得到大幅提高。而社交的重要部分就是礼仪和客套，在这种情况下，本我被超我所压制——你必须舍弃部分个人利益才能融入社会。但是超我的无限膨胀又将会导致人类个体的生存危机（也就是并不人性化，而是集体化——像蚂蚁那样无条件绝对服从），那么自我则作为最终决策者，同时肩负着压制超我及调节超我和本我之间均衡的责任。但超我、本我、自我之间的那些经权衡后被淘汰掉的东西并不会全部被删除掉，而是遗留了下来，并且继续影响着我们的行为——这就是潜意识的主要构成部分。（很像电脑硬盘的储存与删除原理。当你删除了电脑中一些文件和程序后，其实它们并没被删除，只是改变了读取字头，使得那些文件或程序不再被读取到。但实际上被删除的文件依旧在你的硬盘里，直到那部分硬盘空间被重新写入新的文件或程序才会被覆盖——这个覆盖是随机性的。而所谓的"恢复硬盘数据文件"，只不过是用某种方式重新提取那些曾被"删除"的数据罢了。值得注意的是：不能把这种恢复方式看作是"对电脑的潜意识的挖掘"，因为电脑中被删除掉的数据虽然还在硬盘中，但是基本已不会对电脑速度有什么影响。而我们那些被"删除"掉的念头，不但会依旧存在，而且也同时在影响着我们的行为本身。）

　　比如说，我在某次聚会上新认识了一个人，那家伙在和我还不是很熟的情况下就逼着我吃香菜，那么我会在心里留下一个"这人很讨厌"的念头。虽然之后的实际生活中我不再深接触这个人，但是每当有人提及他的时候，我就会"不由自主"地想起那次聚会，然后"理所当然"地对那个人没有好感，并且很可能还会把这种情绪带到我的言谈中去，并且暗示我的其他朋友：你们说的那家伙是一个很不靠谱的人。而深究起来，那位逼我吃香菜的人并不清楚我有多讨厌香菜，很可能当时他的所作所为仅仅是喝多了后的一种迟钝的思维状态。就算这个人日后没做任何损害我利益的事儿，但是在我心里已经给这人贴了个并不客观的标签：讨厌。之所以当时我因为"虚伪的客套"和"社交规则"而没有纵容"本我"爆发去跟逼迫我吃香菜的家伙干一仗——遵循"现实原则"。那是因为我的权衡：假设当时自己发作了，别人会怎么看我？不过即便没表示出来，但是我对那家伙的反感情绪却深埋了下来，并且影响着我日后的行为。

综合本节的小标题"抑制"，我想读者们应该清楚这是怎么一回事儿了。

但是，要知道，抑制仅仅是一种临场解决方案，并不代表能彻底解决问题，因为被抑制的部分还是有着自己的进程，并且对我们的行为施加影响。假如这个影响过大了，大到让我们的行为不能保持"常态"，那么这种不成功的压制就会为我们带来更大的问题——在不应该出现宣泄口的地方进行宣泄——这就是所谓的精神问题。关于这类精神问题的深入探讨很显然不在这本书的讨论范畴，那么我们就把这个话题打住，契合这本书的另一个主题来说，那就是梦。而梦，就是一个"正常"的宣泄出口。

写到这里回头看了下，我认为前面所提到的单车梦在某种程度上还是不够深刻，所以我决定用自己的一个仿佛恐怖电影的梦来做个说明好了，这就是下一节的实际内容。

// 四   一个恐怖、诡异的梦   //

在看这个梦之前，请胆子小的读者做好足够的心理准备，因为我曾对几个人讲述过这个梦，而他们对这个梦的评价都是"阴冷的恐怖"。

我还是先说自己做这个梦时所处的时期吧，这样在解析的时候会省去很多额外的说明。

做这个梦的时期大约是在2010年的6月份，那期间我正在编译《梦的解析》。《梦的解析》属于公共版权的经典著作，很多出版社都出了各自的版本，所以我当时手头用于参考的版本大约有10本。其中有些大社的还好，个别小社或者文化公司编译的质量相当差，错字错词都不说，仅仅是语句不通的地方就多到令人发指。由于很多时候没有足够的参考和对照，所以在我编译的过程中将不可避免地独自面对一些严峻的问题：既要写明白，又不能偏离原义。虽然我在多年前就曾读过几遍《梦的解析》，但是轮到自己编译时则完全不是一个概念，不但要顾及语句通顺，还要考虑到措辞及专业说明，同时时间上还比较紧。另外在对照一些词的时候我发现很多编译者的不负责任——这让我痛心不已：明明是好东西，被糟蹋了。编译本身的艰辛，加上正经能用上可参照的版本少得可怜，所以那段时间我不得不痛苦地彻夜工作。

这是其一。

同时那个时期也是我的上一本书出版后的第4个月。虽然书销得很好，并且加印了不少次，但是我却很希望它能销得更好——必须承认，这点出于我的虚荣心——我希望更多的人能读到我写的东西。

于是，当时处于那种情况下的我，在某天凌晨睡下，并且做了这个梦。

最初的我似乎是一个高中生（或者大学生），在和一些同伴郊游回来的途中迷路了，而临近夜晚的时候都没能回到市区。在天黑的同时开始下雨，于是我们找到了一所废弃的屋子，临时在那里躲雨准备天亮再动身找回去的路。

我们所住的这片废屋非常大，而且是一种连绵不断的盖在一起的屋子，甚至不用出门，直接通过其他屋子能走很远，有点儿像迷宫。我们当时一致认为这里很阴森，感觉很不好，所以我们也就没往里走，只是在最外面那间连门都没有的破屋子里过夜（标准鬼片规格的铺垫）。

这是一间到处都是灰尘的屋子，有些破烂的家具和倒塌的墙，也许是没有生火的工具，所以我们各自找相对干净的地方倒头睡下了。

在我们睡下之后，从这片废屋的深处有个什么东西出来了。

这时候大家都睡得很熟，似乎只有我是半清醒的状态。对于那个来自废屋深处的东西我多多少少感到有些恐惧，但是当时认为自己不要动，就这么保持着装睡的状态最好。而那个来自屋子深处的东西，在每一个人（包括我）身边似乎都停留了一会儿，最后就莫名地消失了。

天亮之后我们都无声地起来，准备回去。这时候一个同伴说自己的东西丢了，而具体丢的是什么始终也没说清楚，只是含糊地表示丢的是笔记本电脑或者手机或者数码相机，要不就是其他什么电子产品（在梦里始终没说过丢的是什么）。

这个时候，我的身份发生了转换，而且时间地点也有所变化。

在一幢什么教学楼的门口，一个看上去是高中生模样的女学生说，她昨天和好几个同学一起在郊外的一栋很大的房子里住过，结果遇到怪事儿了，一个同学的什么东西莫名丢了。这些话她不是对我说的，而是对一个老太太说的，那个老太太看上去似乎是个神婆的样子。神婆听完这些后表示：自己有办法。接下来就让女学生带路去那个地方看看。而我作为旁观者，虽然对神婆很不屑，但是莫名地主动跟去了。同时不知道哪儿来了一些看热闹的人，也都跟着一起去了。

我们所去的地方就是我在转换身份前躲雨的那片废屋。

这是我第一次从外面看到这片废屋的样子：那是很多很多连在一起的平房，有点儿像简易房的样子——就是工程施工队住的那种很破很脏的简易房。看到最外面那间没有墙的房子的时候，我依稀记起自己好像在这里住过。当进去后，我才发现那屋子很大，到处都是一些破烂似的东西，并且到处都是尘土。这让所有的物件看起来都是灰色的，似乎没有任何鲜艳的色彩。那些看热闹的人声称要找线索，就各自散开在屋里乱转。

这时候神婆环顾了一下后，说："有问题。"

接下来，我、神婆、女学生脱离了人群继续往里走。我们穿过最外面的这间大屋，来到一条很窄的走廊上。

走廊很长，看上去很像是那种日式木地板走廊。两边没有任何规则地散落着一些破旧的木板门。此时神婆似乎在跟女学生说着些什么，我认为那都是扯淡所以并没留意（女学生似乎很信），而是独自跟在她们后面东张西望。

这时候，我看到有一扇镶嵌着玻璃的推拉门（日式）。我隔着落满灰尘的玻璃看到里面是个非常小的小屋（最多3平方米，比一张双人床大不了多少的面积），而这个小屋的角落似乎有什么东西在蠕动着（隔着尘封的玻璃我看不清）。当时我并没怎么害怕，只是叫来那个神婆看里面是什么。

神婆很费劲地拉开门进了那个小屋。屋里有灯光，是那种暗淡的白色日光灯效果。由于小屋是处在一大片连在一起的房子中，所以没窗户。

我和女学生跟进去后（我并没有完全进去，只是一脚门里一脚门外地站在门口看），终于看清了那个在动的东西是什么：那是个人形，很小，大约就到人的膝盖那么高。身体被很多破布包裹着的样子，头上也缠着破布，看不到脸，只有一只手是露出来的——我能看到那是一只干瘪的灰色小手——我倒宁愿称那是爪子。也就是这个时候，我感到了恐惧。

神婆的胆子似乎很大，她开始做一件让我抓狂的事儿：从那东西的脸上一层层地绕着剥下包在那怪东西身上的布条。

当彻底剥完后，露出一张灰色的、阴森的脸，而且是个干瘪老太太的样子——那怪东西的整个身体是灰暗干瘪的，看上去似乎是微缩的干尸。与干尸不同的是：它是活的，并且开始缓慢地在地上走动着（我到现在还觉得这个场景很诡异恐怖，敲下这些字的时候自己汗毛都竖起来了……）。

就在这时我听到身后有喧器声，原来是那群看热闹的人也来到了这条走廊上。于是我远远地招呼那些人来看，告诉他们找到了，就是这个东西在作怪（我很坚决地就认为是这个东西在作怪）。但那些人似乎并不怎么感兴趣，只是东张西望磨蹭着往这边溜达。而此时，等我回过头的时候发现神婆已经揪着怪东西的身体用力踩着它的脖子，并且把头踩了下来（这一幕让梦中的我魂飞魄散）。那个头虽然掉下来了，但还活着（我没有看到头在动的任何印象，只是这么认为）。

接下来，神婆说为了消除什么，正在整吞那个东西的身体——那一幕让我印象极其深刻：灰色的身体被吞到一半的时候还在蠕动。而此时女学生说：这回可以解决了，不会再有怨气了。但我并没搞懂她说的是什么意思，不过我认为她说的有道理（用个新词就是"不明觉厉"）。

当神婆把那个怪物的身体完全吞下去后，突然间，小屋里的一切都恢复了色彩，不再是灰色的了。但是门外走廊却瞬间变得更灰暗了，那些看热闹的人不知道什么时候全消失了。此时，整片废屋就剩我们三个人，而神婆和女学生都愣愣地看着我，虽然她们什么都没说，但我明白了，也想起来原来丢东西的其实就是我，我在这里住过，并且自己就是遇到麻烦的人……外面那些看热闹的人，也许根本就不曾存在过……神婆和女学生之所以这么做都是为了帮我……我看了一眼小屋门外的走廊，发现自己明白得似乎有些晚了，外面走廊上到处都是那种矮小的灰色干尸缓慢地在游荡着，我们出不去了……

这时候，我在惊慌和恐惧中醒来了。

好，梦描述完了，让我们来冷静地做个分析吧。

首先，我猜那些快速回过神来的读者一定会质疑：你不是说梦是愿望的达成吗？难道说你很喜欢被吓得死去活来？

别急，我说了梦是个狡猾的家伙，它很少直接演绎出我们的愿望，而总是用它奇特的方式来把我们潜意识中的东西用隐晦的手法宣泄出来。但它并不能做到滴水不漏完美无缺，总是会有小线索和小把柄。现在让我们看看潜意识在这个梦都玩了什么把戏，同时也看看我到底有什么不愿说出口的，而在梦中宣泄了出来。

由于这个梦本身恐怖和诡异的气氛，虽然最初我就企图对这个梦进行分析，并且尝试着用好几种分析梦的方法来对号入座，但都没能有任何进展，这让我很沮丧。大约两周后，有一次偶然在半睡半醒之间，我突然抓住了这个梦的核心问题，那也是一直被我忽略的重要问题——梦中遇到问题的是我，而不是女学生。没明白？好，让我们说得更明白一点儿吧。

这个梦最吓人的部分，就是焦点的转换。整个转换过程在梦里用戏剧手法，或者说恐怖片手法表现出一种颠覆性——本身没我什么事儿，但是突然变成了我的事儿。而这种"转换"其实是非常重要的，是真正的问题所在，也是这个梦最核心的部分。

好了，在正式解梦之前，我们先回顾一下做这个梦的时期。

假如你还记得我提到过的做梦时期，你会明白一些的：那段时间让我痛苦的事情只有一个：编译《梦的解析》。

回顾完时期，接下来把角色都列出来比较清晰一些。

角色名单如下：

鬼（就这么称呼那东西吧）——整个梦境核心

女高中生——引介者

神婆——几乎无敌，还能生吞活剥鬼……

我——先是旁观者，然后变主角

一群看热闹的闲人（最初我也是闲人之一）——跑龙套的

现在让我们逐一来看看，这些角色背后的演员到底都是谁。

鬼

整个梦里最麻烦的就是这个"鬼"了，它是这个梦所有事件的源头，没有它的存在，这个梦将不具备任何恐怖成分。那么，它代表着什么呢？

经过反复分析后，我认为所谓的"鬼"，并不是鬼（当然也不是什么"小人"），而是我所痛苦和惧怕的——其实就是编译《梦的解析》工作中令我痛苦不堪同时又无穷无尽的一个个难点。虽然在梦中情节的转折前神婆吞掉了一个，但是在梦的结尾处，那依旧遍布于走廊的鬼——我知道后面的日子里，我将面临的让我痛苦的编译问题还有很多很多。

女学生

梦中女学生其实应该算是个空壳，只是借用了当时给我印象比较深刻的一个人的身份而已——那是我的一个读者：女高中生。在那段痛苦的编译工作时期，我通过网络和她聊了很多。在和她交谈接触的过程中，我发现她是一个非常聪明的小孩，并且我个人认为她智商应该也很高。比如说她平时在学校基本不认真听讲，在课堂上不是半睡半醒就是神游四海（至少给我的印象是这样的），但是她在家会自己看那些功课，以及各种资料习题什么的，同时还阅读英文原著，并且还看一些没有字幕的英文原声电影来练习口语……总之，一副漫不经心的样子。但是，她的成绩非常好，考试基本稳定在年级很高的名次……我几乎可以确定她是一个非常聪明并且很有灵性的人（因为我并不具备那种天赋所以我非常向往那种天赋），所以她给我留下了很深的印象。正是因为她给我留下了很深的印象，所以梦就就近取材，采用了她的身份来作为引介部分进入情节。还有，由于我们基本都是通过MSN（一种即时聊天工具）来交谈的，并没有见过面，所以梦中的女学生没有实际容貌，只是一个空壳而已。随着情节的推进，梦的企图明显了起来。它借用了这个女学生的空壳，把《梦的解析》其他译本那些"不负责任"的编译者都塞了进去。

其实解释出来是这样：按理说在编译的过程中我手里有那么多版本可参考，所以应该没什么问题。但是由于其他版本那些编译者的不负责任，搞得我在编译过程中有很多地方没有资料可查，有时候甚至必须到海外的相关网站查询一些资料和说明才行——最夸张的是有时候我伏案将近6个小时只能编译不到1000字。这期间虽然我也很想抄几段其他版本上所翻译的随便糊弄过去，但是我的性格不允许我这么不负责任（这种事情上我很较劲），所以我就不可避免地承担了一些问题——那些编译者不负责任的态度让我没有现成的内容可对照，只好自己四处苦苦搜寻——本应该是可以很轻松做完的编译工作，但由于那些不负责任的编译者使我没有什么参考，所以造成了我（编译中）的痛苦——本不是我的麻烦，现在却成为了我的麻烦——这就回到了前面说过的那点：转换。用一句话概括就是：本来没我什么事儿，最后成为了我的事儿。

而关于责任感，也能从其他地方表现出来：梦里女学生遇到鬼了，跟我本身没有关系。看她年龄不可能是我恋人，也不会是我的孩子，也没有任何暗示表示出她是我亲戚或朋友（连具体容貌都没有），甚至干脆也没表示那是谁，只有一个含糊的身份：女学生。但是，在这种情况下，我还是跟去了。其实这算是某种程度的自找麻烦（关于我主动跟去的问题在后面还会有更详尽的解释）。

神婆

神婆其实是个复合型人物，虽然在梦中是以一个人的身份呈现出来的，但是实质上她"不是一个人在战斗"。

　　神婆的出场非常有意思，没有介绍，没有说明，没有来龙去脉，也没提怎么找到她的，就这么生硬地出场了。但是在我分析这个梦的时候，我几乎是一开始就知道她是谁。

　　神婆所代表的，就是我上一本书的出版社。

　　你还记得吗？神婆出场的地点："在一幢什么教学楼的门口……"出版社本身就是某大学出版社，所以神婆出场所在的位置，根本不是女学生的学校，而是对神婆这个角色的定位（所以我一开始就能确定神婆的身份）。那为什么出版社会是个老太太的样子呢？这恐怕就是我的抱怨了。前面说过"……但是我却很希望它（我的上一本书）能销得更好……"所以，我通过梦来扭曲了一些问题——我的书之所以不能销得更好，是出版社的问题——因为他们古板、保守，所以梦把他们的形象直接表现为"老太太"。说到这里请注意：抱怨完全来自于我的私心。人类的本质都是很自私的（自然生存），把所有问题和责任都推卸给了别人——凡是不好的地方都怪别人，而自己总是正确的（即便有错，自己也是无辜的），所以在"销得不够理想"这个问题上是我在梦中找借口。

　　而"神婆"这个职业定位（应该算是职业吧？），也是"就近取材"。做这个梦的前不久，我听到一个朋友说起过神婆"拿尸"的事情，大概是说让尸体跟着自己走……虽然对此我将信将疑，但并不影响我的梦就近取材，把编译的痛苦转换成了"鬼"，然后跟这事儿扯到了一起（梦中的鬼是个矮小的灰色尸体样子，很像尸体，也就是那个让我将信将疑的话题：拿尸）。那么在梦境的后半段，神婆干掉了一个鬼，并且把它的尸体吞了下去是怎么回事儿呢？

　　首先来说"解决一个鬼"所代表的含义。

　　由于出版我书稿的这家出版社本身就是以出版社科类读物为主，所以在最初的时候，他们就给了我一些他们书库中的各版《梦的解析》作为资料。这其中有一个版本的编译质量非常高，为我在编译过程中提供了一些非常有用的参考价值，所以解决一个"鬼"的场景是从这里产生的。

　　而梦中解决的方式很独特：踩断鬼的脖子……这是一种生活中我们极其罕见的做法，在短暂的困惑后，我明白了它的含义：做梦前的一天，有家报纸对我进行了采访……在梦里，采访是以一个谐音方式出现的：踩——采。

说到这点也许有人会对此质疑：牵强了吧！

其实没牵强，因为那次采访给我的印象很深刻，面对那两位搭档的记者我说得比较多，整个采访最后成了朋友之间的聊天（还是很愉快的那种），而且时间长达5个小时，也就是说他们采访了我整整一下午。我刚刚说了，梦是就近取材的，而且梦的确也是一个出色的"杂烩饭厨子"。它很喜欢把各种记忆、经验以及印象深刻的事情混在一起甚至进行某种形式的"合体"后再表达出来……关于这点在这里就不多说了，本章的"凝缩作用"那节中将详细地来对此加以说明（其实这也是梦有趣的地方）。

接着就是那个恶心的场面：吞掉鬼那无头的尸体。

这个其实不用说明都能看出来——那是我面对痛苦编译工作的一个直接定义：恶心。对于这点，梦并没有进行什么隐藏，只是很直接地用画面表达出来了——在"在神婆吞掉'无头鬼尸'的时候，那灰色的身体还在蠕动……"现在回想起来我都会觉得恶心——对照此处的是《梦的解析》第六章。当那章编译完成后我算了下字数，13万字，那种痛苦与折磨非常恐怖！

我

梦中我扮演了两个角色（假如读者们能认真回忆下自己曾做过的梦，你会发现自己在很多梦中都曾"身兼数职"）。

我的第一个角色是事件目击者之一。这个角色的最大特征就是：早就知道这是怎么回事儿——我在承接这个编译工作之前就很清楚这不是一个轻松的活儿，只是后来的艰辛程度超出了我想象而已。

梦中我的第二个身份是主角（最初是旁观者），后来问题全部转换给我了……关于转换我们前面说过了就不再重复。而重点要说的是另一件事儿：丢了什么东西，最后我发现是自己丢了东西。这代表着什么呢？

在敲下上一段的同时我犹豫了那么几分钟——纠结于到底说不说。不过纠结之后我很快决定还是毫无隐瞒地全部都说出来的好，毕竟，我已经选择了解析这个梦，假如我对一些事情有所隐瞒的话，那么这个梦的分析将变得不完整，同时也违背了我最初的承诺，所以让我们继续。

其实"丢东西"这个梦境情节，也是表达了我的某种不满，那就是编译《梦的解析》的酬劳。

《梦的解析》是公众版权，即：没有版权所有人。而公众版权的书籍编译工作，出版社当然不会付版税，只有稿费作为酬劳。凭良心说，我的编辑已经为我争取到社里最高的稿费了，而在编译的过程中，我认为自己所付出的努力远远高于那份酬劳，所以对此有些不满（实际上我私下曾半开玩笑地跟编辑表示过：你们赚了，我这么认真负责地干活，就拿一点点稿费，你们真的赚了）。所以在梦中，象征着让我畏惧的编译工作的痛苦——鬼，偷走了我的什么东西（到梦的最后才揭示出这点）——那影射着我认为自己应该获得更多的编译《梦的解析》工作的酬劳。假如更详细地说下去，你会发现，其实我梦中所丢失的东西并没有说清到底是什么，也就是说没有具体的价值概念。其含义就是：我对于稿费到底提高多少也没有明确的概念，只是认为我所付出的，远远高于我所得的。

前面先说了出版社像个"老太太"，现在又说"稿酬低"，我不知道我的编辑看到这段的时候会怎么想。不过我相信出版社和编辑会对此表示理解的——那是在梦中。

说起来我在梦中的不满另有原因（后面会说），对于"报酬不足"的那份私欲和贪婪只是借题发挥罢了……好了，让我们接着往前走吧。

那群闲人

很明显这群闲人是泛指一个群体。而所指的是：采访过我，并且知道我当时在编译《梦的解析》的记者们，以及所有那些知道我在做这件事的人。

大多数人知道我在做这份编译工作后，并没有表示特别的关注，只是象征性地、客套地说了一些"不容易啊"之类的勉励后就再没多问。这让我有些郁闷——我认真做了那么多，但却无人关注，我很失落……其实这点是我矫情了，或者说是因为那段时间的心理不平衡无处宣泄而迁怒了，最后把一群人都定位在：看热闹的闲人，什么都没帮上，只是瞎起哄，最后当出现遍地小鬼的时候（编译中的困难），他们一下都没影了，只留下我来面对（没能得到任何帮助）。

补充

至于梦中一些身份和定位还有更多的细节部分，则是梦在选材的时候把最近印象很深的一些记忆加了进去作为构成元素。例如：神婆的身份，女学生的身份，等等。以下就是对这个梦的零碎部分所做的补充，其实都是最近印象。

梦中说丢失的可能是手机或者数码相机或者笔记本——那段时期我比较关注一款新上市的智能手机，以及一个对电子产品行情不了解的朋友委托我帮忙代购了一台笔记本电脑。

梦中我主动跟去——在最初的时候编辑对我接受编译《梦的解析》并没抱有太大的希望，她认为我不会做这个事儿，而另有人选。不过在跟那个人说之前，编辑带着试试看的想法问了我。她没想到的是我几乎立刻就答应了这个事儿。因为在多年前看《梦的解析》的时候我就对一些版本的疏漏有所不满，同时幻想着假如是我来做，会如何如何……所以，我很直接地就表示出了对这份编译工作的兴趣（很显然那会儿过于自大了，并没意识到后面所面临的将是"痛苦"和"恶心"，甚至还做了恐怖电影般的梦来发泄下）。

梦中的废屋——市政在离我家很近的地方准备开通一个地铁站，当时已经圈地开工。在围墙围起来之前，我看到里面搭建起了很多工棚。

梦中废屋深处的日式走廊——我曾经在翻阅装修杂志的时候看到一组很漂亮的图片：日式的装修效果展示。

好了，至此，我认为更多的细节就不用再多说了，因为那也没有更多的实际意义了。现在我们回过头来看这个梦并不复杂——或者说在解读后觉得并不复杂。我相信绝大多数读者已经看懂了这个梦的含义，细分一下的话，可以分成两大块。

第一，明显的宣泄：

"这该死的痛苦的编译过程——别的版本的编译者都在糊弄事儿——能让我参考的极为有限——这恶心的工作——出版社在之前那本书的发行上如此保守，像个守旧的老太太——他们给我的酬劳是如此的低！"

这部分是在形容编译的艰辛和痛苦，而那种痛苦在梦里被压缩成了恐惧因素——毕竟当时我还没做完这工作。另一方面则通过我在编译工作中的认真态度隐隐地衬托出我是如此"光辉、伟大"。

第二，毫不吝啬地自我表扬：

"看看，我是多么的认真负责啊，拿这么点儿酬劳居然干这么'大'的事儿，别人对此不帮忙就算了，居然还都不关注，让我一个人彻夜埋头干活……看来我是一个很了不起的人，不计报酬，任劳任怨……"

而这部分则是本我和超我的又一次合作：一方面满足了虚荣心，一方面高调展示出我认真负责的态度。

如果读者仔细想一下就会发现，这两块内容其实是有着很大关联的——越是艰辛、痛苦，就越是显得我多么的了不起。这充分满足了我的虚荣心并且极大程度地进行了自我安慰——其目的是给予自己高度评价。假如更深入地分析则会窥探到我这个梦的终极愿望："就算那些读者没能看到我的辛苦，而出版社和之前那些'不负责任'的编译者在看到这本书的时候，也肯定会看到我是多么认真负责的。"

现在我们可以说，这个看似很诡异的梦，其实就是一种愿望的达成。

回过头看，梦为了强调出我的"认真负责"，甚至不惜把莫须有的罪名加给出版社，以此来让一些问题看上去有关联："出版社保守又吝啬，但是在这种情况下我依旧是那么的尽心尽责，不计报酬……"这点现在想起来很搞笑，梦为了满足我的虚荣和贪婪，在推卸责任方面是不遗余力的……总之，这个梦的主要功能是疏泄了编译《梦的解析》这本书的压力，同时充分进行了自我表扬。

那么这个梦，就此全部解完。我承认在敲下上面这些文字的时候，自己曾纠结过有些解析到底要不要说出来，但是现在我可以坦荡地告诉每一位读者："对于这个'恐怖诡异的梦'，无论描述还是对其解析，我均坦诚之至，绝无隐藏。"

//　五　伪装、显意、隐意　//

通过上一节，我们看到了潜意识中的一些念头用拐弯抹角的方式绕过了自我的"现实原则"审查，以一场"惊悚悬疑恐怖片"的形式来表达出了一直被压抑的个人观点和情绪，让我们认识到了梦的一大特性：善于伪装。

不过在说"伪装"这个问题之前，我们先得搞清楚另一个问题：潜意识在梦里为什么还要伪装？难道说我们的"自律"也存在于睡眠之中吗？

是的，的确是这样。在睡眠状态下，在梦中我们依旧只能有限度地"无法无天"而已，极少能随心所欲。至于为什么，现在就让我们来分析这个问题好了。

在本章前面几节中我们说过"常态"这个词。这个常态就是人类群体生活后对于群体状态的一个维系——因为每个人都是不一样的。面对这种不一样必须达成一个共识才能够进行交流与合作。请想想看，假如没有这个"常态"，我们的社会会是什么样？法律和制度肯定最先分崩离析了，那么安定和生存自然也必定很快沦为空谈了。所以，无论你是否喜欢，"常态"还是必须维持的，因为它的存在直接影响到我们的生存。在这种情况下，本我、超我、自我不用协调就能达成共识：生存当然是第一位的。例如我国近几十年的政经改革口号就是"生存、发展"。这个顺序不能乱，先得活下来（生存），才有可能活得更好（发展）。不具备生存条件那发展只是空谈。

而维持群体性的"常态"，就代表着生存率加大，那么我们心里也自然就认定：这个"常态"的维护也必定是正确的。所以公众意识会对此达成共识并且下达很多定义来维护这个"常态"。我们会说：那是道德、秩序、礼仪，那是美好，那是善……反之，就是错误和恶。由于牵扯到生存了，潜意识肯定对这些欣然接受，并且潜移默化着我们的行为举止——一直存在并且延续到梦中。也就是这样，梦里违反"常态"同样会被我们的意识所抑制——因为那不利于我们生存。所以说，"无法无天"的念头，即便在梦中依旧是被压制的。

但，自私的念头也同样与生存有着直接关系，那么就必定产生了冲突。但这两股冲突的力量又都必须同时存在，任何一股力量被消灭都将不利于我们的生存（完全放弃个体利益无疑是降低了生存概率。但若完全放弃集体利益，造成集体的解散也等同于降低了生存概率）。在这种现实客观条件下，最好的解决办法不是你死我活，而是妥协（假如你对政治有所了解，那么你一定会飞快地理解这种妥协的含义）。那么妥协的办法是什么呢？

伪装。

我们会在生活中伪装，我们在梦中也一样会伪装，因为背后那个"生存"的驱动力大于一切。这就是为什么要伪装。

看上去这一段好像很兜圈子，其实这是捷径。因为我们在弄明白伪装的成因的同时也理解了另一个词：审查机制。我们的梦，绝大多数都是由这个审查机制来检验的。这个审查机制很有意思，它就是人类社会审核体制的一种浓缩。

比方说吧，几乎所有国家都禁止在黄金时段电视节目中出现赤裸裸的性爱镜头，因为那不合乎某种标准（所谓"限制级"）。我们的审查机制也一样，那些反"常态"的"赤裸裸"画面是被禁止的。但若要深藏不漏，隐晦地拐弯表达则是可以的（例如我那个单车梦和恐怖诡异梦）。写到这里一定会有人跳出来抗议："那我梦到做爱和杀戮的那些场面怎么解释？"

其实不难解释，因为那就是妥协的结果。

通过前面梦例我们得知，梦是有双层含义的。一层是梦的显意——最表面的那些：单车梦看上去是说赛车的，而恐怖梦讲了个惊悚鬼故事；而另一层含义就是隐意——那是深藏的：单车梦并非是说我喜欢骑车，恐怖梦也不是我给自己演个鬼片看。梦中的做爱或者杀戮，不见得就是真的想表达那些场景，其中一定是有深意的。假如有人还对此表示嗤之以鼻的话，那么我直接举例好了。

我们每个人都曾做过春梦（这个跟性别无关），梦中的交媾对象有时候会让做梦者莫名其妙：明明对方是现实中没什么感觉的人，或者是很讨厌的人，要不干脆不是人。为什么会在梦中跟他（她）有那些暧昧的举动呢？难道说，自己潜意识喜欢那人？或者自己喜欢非人类性行为？对于这点我可以相当肯定地告诉你：当然不是，那只是梦的显意罢了。梦中的人物、物体，不见得就是那个形象的现实本体，而通常只是借用了其外形而已（例如上一小节提到的女学生还有神婆的外形借用）。所以对于一些春梦中那匪夷所思的暧昧对象，根本不必大惊小怪。

那么，假如春梦中的对象正是自己喜欢的，难道是因为审查机制的放松，直接达成了愿望吗？

不完全是，因为梦的潜意要表达的也许更复杂——这个问题放到后面说，我会用自己的一个梦例来做详尽的解析和说明。

审查机制的目的不是禁止，而是帮助我们把那些"肮脏的"和"邪恶的"念头换个形式表达出来。也就是说，审查机制其实并非是刁难我们的，而是在帮我们"伪装"。于是在这几方的通力合作下——原始欲望制造了梦的核心，超我进行初审及润色，自我负责复审及根据现实原则来加工，最后浮出水面的东西（水面之下的一切都是潜意识行为），早就面目全非或者冠冕堂皇了。等我们"看"到梦境并且回忆起来的时候，而本我、超我、自我此时对梦的隐意不是躲躲闪闪就是刻意回避，死活不把那部分拽出水面。所以，面对那些浮出来的"假象"冰山，如果它是平淡的，我们很快就会忘掉。如果它呈现出千奇百怪的样子，我们顶多也就是表示下惊叹："多么不可思议的梦啊！"然后随着时间流逝忘掉大部分。而更加令人感到震撼的水面之下的那些东西，我们毫无察觉。但梦已经圆满完成了它的工作——释放出潜意识的那些隐意。

然而，这一切并非滴水不漏，只要了解架构梦的那些机构以及那诸多极具艺术性的表现手法，我们就可以追寻着那蛛丝马迹深入潜意识那无边的迷雾中，找到梦的真正含义。

素 材 从 哪 来

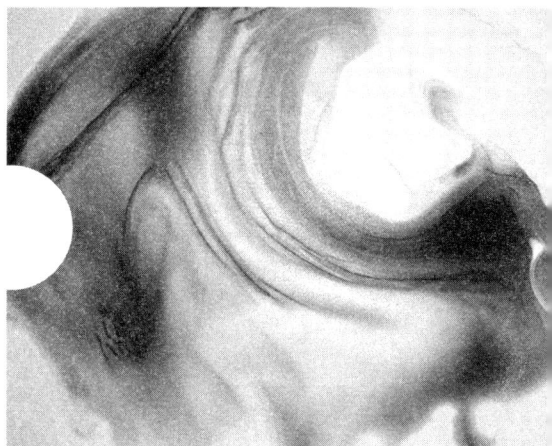

　　前面我曾提到过的两个梦的主要部分，都是就近取材。而实际上梦的取材千奇百怪，有些甚至可以追溯到做梦者的童年时期。不过那些遥远的记忆并非真实还原，而是曾经的经历给做梦者留下的印象——也就是说，必定是扭曲或者变形或者加上某种定义的。例如我曾梦到过自己小时候的生活环境，而当我对照那些梦中场景的现实照片时，发现其实偏差很大。

　　首先是视角问题，儿童的视角肯定低于成人，视野范围、观察角度、透视及物质外观认知上也就都会有很大的不同，所以哪怕仅仅是这一个"视角高低的变化"就足以造成印象与现实的巨大差异了，更何况不可能只有视角问题。比方说你记得小时候家门口的一棵树，并且对此留下了印象（当时视角的），日后听到别人对这棵树的描绘后极可能会在印象中进行了一些个性化修饰。这样，当你再次见到童年印象中那棵树的时候，你会发现印象场景和实际场景完全不同……我想了下，关于印象问题写个半本书都不见得写得完，所以我建议为了不影响进程，在客观原因造成的记忆、印象扭曲问题上，我们领会精神，能理解这点就足够了。所以接下来本书中对于这种"客观原因造成的印象与现实的差距"就不再深入探讨，而只作引用。

　　梦在素材选用上，会首选那些最近发生的、印象深刻的，同时还会融入其他不重要的因素并在其中进行"加工"。假如最近印象深刻的事情很多，那么梦则会用压缩及混合、类比的方式来呈现一些场景及物体。比方说在"恐怖诡异梦"中出现的那连绵不断的废屋的"门脸"，还有大部分外观取自我在做梦前不久看到的工棚，而细致的部分取自我曾经见到的拆迁废墟（见图1）。

图1

　　这张照片是五年前从一个俯视角度拍下的，当时并没在意，只是随手一拍。后来拷贝到电脑上的时候，那些残垣断壁及厚厚的尘土让我多看了几眼，所以梦在废屋内部取材上重现了这一场景（这张照片是做梦前几天在整理旧移动硬盘的时候找到的）。还有，同在这个梦中神婆出镜时的教学楼外观，如果我的记忆无误，那栋教学楼的影像来自于一部日本动画片（片名我想不起来了，只是隐隐地有概念）。也就是说，梦在这些无关紧要的部分的选材上很随意，只要合乎要求的就可以，并不需要特殊含义（我坚信梦是有其含义的，但是并不认同梦复杂到可以从一根草的形状上分析出点儿什么来，除非那个梦里只有这根草没有任何其他物体）。

　　写到这要停一下，打个岔。

　　我还记得有一种观点认为：梦之所以会产生，完全是因为白天一些事件对大脑所造成的刺激。这个问题之所以放在这里来说，是因为想让读者们认识到这观点的片面性需要大量的篇幅。在这本书最初的时候假如写那么多，恐怕读者会对许多理论过于陌生，因此在前面我并没有提到。而现在把这个观点展示出来的话，想必读者已经具备独立辨析能力了。所以对于这个问题，放在这里最为适合——因为已经不需要我去着重说明了——很明显，那观点的确过于片面。

让我们回来继续关于素材的问题。

梦对于素材的使用具有一种强制性，强行把一些印象"合并表现"，也就是弗洛伊德在《梦的解析》中所提出的："原本精神步骤的凝缩作用"。但值得注意的是，梦不会随机地组合，而是有其目的性的。同时那些看似无关紧要或者看似没有联系的事物，也是为了一些目的而被采用并且组合起来。想说清这个问题，还是用我的一个梦来进行说明吧，这样最直观（不是前面提到的春梦，那个在后面的章节中）。

//　一　请家长的梦　//

这个梦大约是一年前做的，因为我第二天就把这个梦告诉给一个朋友，所以才会印象很深刻。

梦中我似乎回到小学时代，而我所讨厌的一位中学老师（我没写错，是中学老师。至于这位老师的名字、性别、所教授科目一律隐去，以避免不必要的麻烦）正跷着腿神气活现地坐在一把可以旋转的电脑椅上（很明显，在我上小学的年代没有这种东西）。这位老师还是用ta惯有的那种傲慢表情看着我，同时用手敲着桌子以显示出我是多么令ta不耐烦，以及我又浪费了ta的时间。

沉默了一会儿后，ta严肃地告诉我：你的问题很严重，必须请家长。然后又摇头说：你不可救药了。

紧跟着，门被推开了，我的"家长"进来了（梦在这方面很简洁，直截了当）。而此时我惊奇地发现，进来的居然是我的助理。老师开始对我的助理倾诉自己是多么无奈，多么无辜，并且多么辛苦，而这一切完全是我给ta带来的。最后老师表示，我是一个不可教诲的学生，并且用了那句几乎所有学生都耳熟能详的定义：朽木不可雕。

此时梦中身为我"家长"的助理开始说一些反驳的话。回想起来很搞笑的是，助理所说的完全穿越了时空——她在说我的工作能力多强，带领团队怎么怎么厉害，都是有关我工作"先进光荣事迹"的。接下来的场面就变得很有趣：老师反复强调这不可能，并且说小时候假如不上进或者不听话，长大也不会有出息。而我的助理则不屑地告诉ta：事实证明你错了。

看着他们争吵我突然觉得很惬意，并且掏出香烟点上，悠闲地看着他们吵架。这时候，不知道从什么地方传来一声似乎是礼花那样的爆裂声，我醒了。

这个梦非常直接，直接到很多读者恐怕现在在笑，并且轻易就能推断出：作者小时候一定学习成绩不好，并且被老师N次请过家长。这个梦的显意明摆着就是在报复，并且通过让助理出场来强化这种效果，以此来达成让那位老师亲眼见到自己预言的失败。

是的，没错，就是这样。所以在梦的后半段我会感到惬意。

对于这个梦的显意和部分潜意我们就不再做分析了，大家都看到了。像辩论、公然在老师面前抽烟的反叛及不屑等都是很表面化的。而我要说的是这个梦所隐藏最深的东西，同时那也是我前面提到的"梦不会随机性地组合，而是有其目的性的"。

梦中所呈现出的穿越时空现象不仅仅有我的助理以及"工作先进光荣事迹"，还有我的中学某位老师出现在小学时代。很显然，在中学时期大多数老师不会选择"请家长"这一"教育方式"，即便有也很少，而小学时代这种事情则比较常见（至少我的小学时代是这样）。回想起来，在我小学时代最担心的就是老师告诉我："明天请你家长来学校一趟。"因为老师这么说的目的，绝对不会是找来我家长后热情洋溢地夸我一顿，而是会向我父母告状：这孩子怎么怎么不好，怎么怎么恶劣。

梦里的那位中学老师，是我非常讨厌的一个人。源头是：在初一的时候，年级组的老师们不知道想起了什么，搞了一次当时我所在年级的全体学生的投票调查，调查的目的是看看哪位老师最受欢迎，哪位老师最不受欢迎……梦中出现的那位老师，不幸当选了最不受欢迎的……这其中有我的努力……我猜这位老师是通过字迹认出我的那张投票的（我字迹比较好认），然后ta把我叫到办公室，连挖苦带损地足足"教育"了我一个多小时（我猜那次投票也许跟奖金什么的有关），最后，这位老师高声宣布了ta为我下的定义：你，这辈子完了。

ta说这句话时的语气和腔调，我至今记忆犹新，所以我更加厌恶ta，而ta也在这之后经常无故找我麻烦。

于是，梦里我把自己小学时代所最惧怕的事，和中学时代最厌恶的那位老师组合到了一起。但是这组合没完，还有一件道具：那把可以旋转的电脑椅。

前几年我看到条新闻，说的是劣质电脑椅的气压阀爆炸致伤致死事件，所以直到现在我对那种气压阀升降的电脑椅还心存顾忌。也就是说，那也是我所担心的。

就这样，我的梦把三样曾让我心神不宁并且担忧的事情组合到了一起：身处在请家长的小学时代，而面对着中学时代总是找我麻烦的老师，同时ta还坐着那种气压阀可能会爆炸的电脑椅。

说到这里，想必所有读者们都明白了吧？

看上去，这个梦只是穿越时空把我的助理弄到我的小学时代，替代我面对那位我所讨厌的中学老师用事实来反驳ta曾给我下的定义。而实际上，梦把那位让我厌恶的老师安排到了电脑椅上，同时还让ta处在最得意的状态下，嘴里说着我曾经所惧怕和厌恶的"请家长"。

现在无须我再多说就能知道，这个梦这么做的目的是想让电脑椅气压阀爆炸，而这种事故将发生在我所讨厌的那位老师身上。同时，也在ta正向我"家长"告状的时刻。也就是说，这是一次"收拢对象后的集中打击"。而且，假如你还记得，这个梦是以一声巨响结束的……我承认，这是一个恶毒的梦，充满了报复心理。

这就是伪装性。

把更深层的报复，隐藏在一个"浅显的报复"中。由于这最深层的"愿望"过于"肮脏"，所以审查机制并没有让它通过，只用了一个带着悬念的爆裂声来满足我的报复心理，然后借此就让我醒来了。

　　老实说，在写下这个梦的时候我一如既往地纠结了下，因为这再一次暴露了我那不为人知，也不愿为人所知的想法——哪怕它是一闪而过的。但假如我不写或者有所隐瞒，那么这本书则必将失去其意义，成为满纸空谈和纯理论描述；若是我仅仅只采用《梦的解析》原著中弗洛伊德的梦例，恐怕首先是读者们对于一些梦例的亲近感和理解会大幅下降——毕竟那是一个世纪前的欧洲。无论从时代、政治、环境、人文方面看，都有太多太多的不同之处（前面说过，超我的价值界限与所处社会及人文的价值观是有着直接关联的），而且那肯定也没有现身说法的讲述"人人都能梦的解析"来得清晰、明朗。

　　通过这个梦，我们可以清晰地看到梦是如何把看似无关的事物，有目的性地组合到了一起，并且还玩了一把超现实主义。其实这个梦还有其他的构架元素，只是相比较之下那不太重要，我就没必要为此浪费篇幅逐一说明了。例如梦中我助理的人物构建在发型和语气上，也融合了一个客户公司副总（女性）的形象——当时那位副总在与我们公司的某个项目合作上，从最初接洽、制定方案，到中间执行的时候都十分善解人意，从不刁难，并且还拿出了很多自有资源来帮助我们等等。总之，给我留下了非常好的印象。简而言之就是：梦在元素选择上，就好比我们用一些看似零碎的积木，搭建出漂亮的玩具大楼一样——有其目的性。

　　那么关于"深刻的印象"和"看似毫无联系的印象为什么联系到一起"的问题，没必要再在这里举更多的例子了（后面会有弗洛伊德所收集的，及我所收集的梦例来展示给读者）。我相信这本书的读者们的理解能力不会差到依旧没看明白的程度，那么让我们接下来说构建梦的其他主要元素吧。

//　二　最初的烙印　//

　　想必读过弗洛伊德著作的读者都会比较熟悉"受童年经历影响所形成

的梦"这一理论。不过为了照顾那些并未读过弗洛伊德任何著作的朋友，让我们还是从基础说起吧。

很多人都有过"在清醒状态下忘记的童年经历重现于梦境中"的情况，但由于审查机制的原因，很多梦在人醒来后就会快速把梦的大部分细节完全忘记——假如你还记得前面所描绘过的审查机制，那么你一定很清楚为什么我们在醒来后会快速地忘掉一些梦。简单地说，因为梦的核心内容之所以出现在梦中，是因为它们无法通过审查机制而在最初就被干掉了，成为了潜意识。而梦为这种被压抑的念头提供了释放口（当然经过了伪装）。释放达成后，那部分达成的"愿望"又重新回到潜意识中（不见得是被再次压制，很可能仅仅是储存），但此时这种被压抑的情绪已经不那么强烈了，毕竟那是曾经得到满足过的——在梦里（也正是这样，我们所承受的很多压力都得以宣泄，而保障了我们精神状态的健康，即：稳定在常态）。而梦的很多素材又都取自于童年经历，所以要想确定这些童年经历进入梦的频率，那是相当地有难度。

在《梦的解析》中弗洛伊德曾举过一个例子：

"一个30多岁的医生告诉我，他从小到现在常梦到一只黄色的狮子，而那形象他甚至可以清晰地描绘出来。但后来有一天他终于发现了'实物'——一个已被他遗忘的瓷器狮子。他母亲告诉他，那是他儿时最喜欢的玩具，但他却一点也记不起来这东西曾存在过。"

为了强调这种现象，我特地收集了更多的例子，如下：

1. 我曾有很多次梦到自己站在一个白色的地方，然后什么东西冲了过来撞到我的头上。那个疼痛感每次都能把我从梦中弄醒，当醒来后那个疼痛也就立刻消失了，也就是说——疼痛感仅仅出现在梦里。

后来我妈告诉我，在我两岁的时候，我曾在一大块倾斜的冰面上摔倒，头磕在一个水泥台子上流了很多血。至今假如细看我的额头仍能看到那个伤疤。但这件事我不记得了。

2. 我一个朋友说他有那么一阵会梦到个很阴森的场景：那地方墙很高，并且仿佛有很多张人脸排列在墙上。几年前他终于明白这个场景的出处了，那是一个停放骨灰的地方。而家人说在他4岁那年爷爷去世后，家人曾带他去过某公共骨灰停放处（假如读者对北京很熟悉的话想必对"八宝山"这个地名一定不会陌生——就是那里）。这个经历令他很惊讶，因为他没有丝毫自己曾去过的印象。

3. 前不久一个记者告诉我，她曾梦到过被一群纸巾盒那么大的黑色小狗龇牙咧嘴地追着咬——这是源于她那喜欢恶作剧的哥哥：在这记者很小的时候，她哥哥曾用一只会动的黑色玩具小狗吓唬她，而当时她真的被吓着了，甚至哭号到背过气去（她哥哥因此而挨了一顿狠揍）。

好了，我认为不用再说更多的例子了，这些都可以证明梦能够还原很多曾被我们所遗忘的事物。而最重要的是：为什么会这样？

在说清这个疑问前，先要请求读者们原谅我另一个问题。在《梦的解析》中弗洛伊德曾强调，很多成年后的梦所满足的是来自于童年的愿望，并且还举了一些例子。而在这个问题上，我除了"请家长的梦"之外再也没有找到更多的例子来证明这点，所以我必须承认我对这个观点是有些质疑的。在没弄清楚这个问题之前，我不想搬来《梦的解析》中的大段文字来糊弄事儿。同时我认为：假如自己都不能信服，那么更不可能清晰地讲解出来并且让人信服。如果今后我有了足够的梦例来说明来验证这个问题，并且有足够的理论支持和详尽分析的话，那么我们再来就"大多数梦是满足童年愿望"这一理论进行讨论。所以目前在这个问题上，这本书——也就是我的态度是：暂时有所保留。

现在让我们回到那个疑问：我们为什么会遗忘掉很多童年的经历和景物，而梦又为什么会那么清晰地把它们还原？

关于这点，请读者们允许我暂时超越出《梦的解析》中所说的纯理论部分，从现代解剖学和脑神经外科说起。

也就是近几年的事儿，脑神经医学领域内最新发现，我们大脑灰质内部的海马体，有记忆储存的功能。但是这个记忆储存体是没有任何辨析能力的。给对了指令就能提取，至于提取的是什么，是否就是我们所需要的，完全跟海马体无关。假如我这么说你还不明白的话，可以打个比方：海马体就相当于电脑的硬盘，你想搜索自己电脑上的某一个图片文件，输入编号"9"，那么所有文件名中包含"9"这个数字的文件都会被搜索出来，但至于那是个图片文件还是程序文件，或者文字文档还是视频文件，就不是硬盘的事儿了。

而我们的大脑皮质层记忆部位属于缓冲区，相当于电脑的内存条，它把你正在做的和即将做的一些工作预存进去，分批根据你的需要进行处理。也就是说，不是所有的储存（记忆）都会涌现到内存上，而是有选择性的。至少在我们清醒时刻是这样的。

好了，现在我们回来说梦。

梦，可以说是一种超级电脑模式的存在。梦为了挖掘出自己想要的素材甚至可以用数倍于清醒时刻的状态去资料库（海马体）搜索已有的任何记忆资料。我估计有的读者会很兴奋：原来打开大脑记忆潜能的钥匙就在梦中！先别激动，让我说完。但是这种搜索模式会令我们的缓冲地带发生混乱，就如同你往一个杯子里倾倒一整壶水那样：肯定会溢出来（假如有读者对这点有质疑的话，那么请回忆下自己的梦，有多少是清晰明朗并且逻辑合理、顺序分明的）。也就是说，梦在选材方面只会有一个目的，并且会忽视其他问题，而那目的就是：满足愿望。至于是否穿越时空及衔接情节、定位人物就不好说了（大多数时候是这样，不是绝对，有时我们还是会做那种清晰并且有"秩序"的梦的）。关于这点，请参考我前面几个梦例中提到的一些"乱弹"场景。例如"恐怖诡异梦"中我角色的转换，"单车训练梦"中单车只有到检查的时候才显示出破烂的样子，还有刚刚那个"请家长的梦"中穿越时空的组合场景，等等。这些都是梦无视任何其他因素，而直接抓取所需造成的（部分因素，另外一些因素在后面的章节会重点提及）。

我们的童年是认知能力的高速发展期，在那期间我们几乎每天都会接触到大量的、对当时的我们来说"新鲜"的事物——也就是所谓的"第一次"，那对记忆来说是极具冲击性的。这个"第一次"的震撼会随着频繁的重复接触而被淡化，最后逐渐被掩埋。那些印象部分成为了潜意识，而"第一次"的那个场景则成为深藏的储存记忆（今后是不是部分记忆会被"删除"的问题请不要问我，我不知道，我估计在目前的科技水平下也没人知道）。前面提到了，梦在选材的时候会倾向于最近发生的，及印象深刻的……童年那些"刺激性"的记忆无疑是个极好的选择。再综合上一段提到的"梦的超级提取记忆"功能，我们就可以明白梦中那些童年记忆为什么会如此清晰，为什么会重现那些被"遗忘"的部分了。

好了，我们来继续进行下一节的内容。

// 三 肉体反应所带来的梦 //

这个标题完全是剽窃自《梦的解析》第五章第三节的标题。

在本章的一开始就说过，有一种观点认为"梦就是纯肉体反应，根本就和思维与潜意识没有任何关系"。在持这类看法的人群中还有少数更为偏激的人干脆就不承认潜意识的存在，只承认本能的存在，并且表示：精神分析及解析梦都是胡扯、伪科学、谎言。对于这些说法，我不想在这里做任何评价，只是单独说肉体反应的梦而已——的确有一部分梦是直接由肉体反应所带来的。那么，在我们的梦中，这种肉体反应的梦占有的比率有多少呢？在《梦的解析》第五章第三节中，弗洛伊德曾引用了卡尔金丝小姐（Mary Whiton Calkins）的一项数据统计来对此说明："卡尔金丝小姐曾用6周的时间对自己的梦，及另一实验者的梦，进行了一个统计，目的是得到一个初步的梦与外界感官所刺激之间的关联，通过实验看出，她们两人的梦与外界刺激的关系分别只达13.2％和6.7％，在她们所收集的所有梦中，只有两个梦可以与器官感觉扯上关系……"

以上可以看出，这个比例并不高。

而我个人也曾花了两个多月的时间（8周）进行了同样的统计，肉体刺激所带来的梦在全部我所记得的梦中，所占比例略高一点儿，但也只有15％左右。所以，在这个问题上我们就不再纠缠不休，而直接切入主题来分析这类梦。

根据我自己的另一系列统计，我发现在睡眠中能够让我们做出反应的梦大致可以分为三类。

第一类，轻微的刺激。

这类外界对肉体的刺激，并不能使得我们的神经系统对此大动干戈或有什么强烈的反应，只能引起下意识的动作反应而已。例如在我们睡眠时蚊虫的叮咬，绝大多数情况下我们会本能地挥手轰开或者拍打，而意识还处在睡眠中（当然，我不排除有因蚊虫叮咬而让睡眠者醒来的例子）。说白了就是这一类的刺激只能激活我们的下意识动作而并不能惊扰到我们的意识。

好多年前我曾经对一个朋友做过实验（其实是恶作剧，只是如今放到这里才冠冕堂皇地说是实验）。在他睡着的时候，我用一根浸过水的细线轻轻滑过他的脸。假如细线接触他脸时间很短的话，他并不会惊醒，只是抬手随意地挥动几下而已（以为是蚊虫），这就属于第一种情况。但如果那根湿线在他脸上游走的时间够长，他必定会因瘙痒难忍而醒来——那么这就属于第二种情况了。

第二类，足以让我们立刻醒来的刺激。

这种外界对肉体的刺激比较强烈，能够非常直接将我们从睡梦中唤醒。例如我有那么一段时间睡觉的时候很不老实，经常是突然从梦中醒来后发现自己躺在（或趴在）床边的小地毯上——是落地瞬间的疼痛感把我弄醒了。这种情况下，绝大多数时候我都记得自己刚刚所梦到的。说实话，那些梦的内容基本跟肉体刺激没什么关系。印象最深的一次是：我梦见自己在跟谁说着什么事儿，然后就醒了，醒后我看了好一会才明白过来，自己是趴在床边的小地毯上（掉下来的）。当时我愣了大约一秒钟，然后张嘴把梦里没说完的那句话继续说完……这也就是说，我的梦境与在醒来之前都与摔下床是没什么关系的。而这种类型的外界对肉体的刺激，被我们的神经机制认为是有一定危险性的，所以立刻激活我们的意识，并且无情地打断了梦境。

我觉得绝大多数读者在这方面都有足够多的经验或者印象，所以这两种情况我们就不再反复说明了。

第三类，肉体刺激所带来的梦境。

这是本节的核心内容，其实也是最有意思的一种梦。

这类睡梦中所受到的外界肉体刺激，对我们的神经有着一定的干扰影响，但是又没强烈到那种激活意识的程度，所以梦就非常贴心地把这种刺激直接反应到梦中去，而让我们继续保持着睡眠。简而言之就是：外界对肉体的某种刺激被梦选来当作素材使用了。下面我将花点篇幅用几个梦例来讲解下梦是如何选用外界刺激作为素材的。

我有一个朋友曾在英国留学。她在留学的时候有那么一阵学习和生活的压力都非常大，不过即便如此她依旧很刻苦地用功。这个梦就是在她求学期间压力最大那阵所做的。

来自闹钟的音乐

那天她上床的时候是晚上十一点多，在睡前她给自己设了个凌晨三点钟响起的闹钟，也就是说，她只有三个小时多一点儿的睡眠时间。那个闹钟是一个很特别的音乐闹钟——起床铃声是音乐而不是刺耳的铃声。定好闹钟后她就疲惫地睡下了。

凌晨三点，闹钟准时地响了。与此同时，伴随着闹钟的音乐铃声，她做了一个很短的梦。

梦中她仿佛回到国内家中，在自己房间内听着音乐并把CD机声音开得很大，这时林志颖（前偶像歌手，现赛车手）不知道为什么突然出现了，于是她很高兴地跟林志颖在屋里又唱又跳地折腾。这是她父亲猛地推开门冲了进来，几乎是吼着告诉她："太吵了！"说完狠狠地关了CD机。梦到这里，她醒了，同时发现自己的手就放在闹钟的停止键上——闹钟是她自己关掉的。接下来在挣扎了好一会儿后，我这位刻苦的朋友还是战胜了睡意继续起来准备功课。

这个梦就是这样，很短。下面让我们来分析。

通过前面几个梦的分析，想必读者们都有了一定的解梦基础，那么对于这个梦，就把啰嗦的部分略去，让我们直接说吧。

1. 做这个梦的时期是在她学习和生活最艰苦的时候，所以梦中她借助闹钟音乐声让自己回到了国内，而免于承受独自在海外求学的压力。这也就是梦所选择场景的原因——无压的、轻松的场景。

2. 本应是叫她起床的铃声，为什么在梦中却变成一个很快乐的背景音乐呢？我们都有过在睡得正香的时候，被闹钟所吵醒的经历，那是极为不爽的。假如恰好那段时间睡眠不足的话，则闹钟吵醒美梦的那铃声很可能会让人为之恼火。而梦的这种"把讨厌的吵醒我的声音变为快乐时刻的背景音乐"，是为了让她能够继续睡下去，不被闹钟声所打扰，所以就很贴心地把那令人讨厌的铃声转换成为一个快乐时刻的背景音乐——那么既然这是快乐的，就无须再为那个声音烦恼了，继续睡吧。其实这也是这个梦的核心愿望：继续睡。

3. 虽然已经把讨厌的铃声转换了性质，但是它毕竟还在响个不停，而此时关掉闹钟是最好的办法（只须按一下停止开关），但假如关掉闹钟也就失去了定闹钟的意义——起床。所以，梦再次发威，让她父亲突然出现在梦中（冲进门），并且愤怒地关掉音乐（闹钟）。关于"她父亲在梦中的那个情绪"，是很微妙的一个设定：如果父亲愤怒地关掉了音乐，那也就代表着不能抗拒——必须关掉。而且，假借父亲形象来关掉了闹钟，也就没她什么事了——不是我关的，是我爸关的。于是，梦非常轻松地就把"关掉闹钟而不遵守自己定下的起床时间"这个责任推卸掉了。不过，此时她醒来的原因恐怕也正是如此——那毕竟不是一个很微小的动作。并且她的梦虽然为她做了一切维系继续睡眠所需的铺垫，但"闹钟响就起床"这个暗示还是很强烈的——自己在睡前所定下的，于是，她还是挣扎着起来了。

4. 梦中林志颖的影像不见得就是林志颖，实际上她并不是林志颖的"粉丝"。对此我那位朋友也曾莫名其妙过：为什么梦让林志颖出现而不选择个她更喜欢的偶像人物。实际上，她梦中的林志颖形象只是个被借用的空壳而已，里面注入的很可能是别的男人的性格与特征。不过这个话题就牵扯到她的个人隐私，所以在这里我们就不再继续对这个"看上去是林志颖"的人物做更多的分析。

那么，除了隐私的部分，这个短暂的梦基本也就是这样了。通过这个梦，我们同时还看到了另一种有趣的现象，这也是在前面章节中我并没有刻意提过的一个现象。对潜意识的抑制，实际上可以分为两种。一种是前面说过的"直接淘汰掉的念头"，那种潜意识之所以不能浮现到意识层，就是因为它们同自我的"现实原则"的冲突过于明显了，所以直接被压制了下去，只能在梦中才有机会呈现出来，而这种抑制行为本身也属于潜意识，也就不会被我们察觉到。而另一种抑制则是由意识层决定的——我们有意压下了这种念头。因为这种念头相比较而言，同自我的"现实原则"冲突要小得多，所以这种念头会频繁地沉浮于水面之上或者之下（在意识与潜意识之间徘徊）。比如在这个闹钟音乐的梦中，梦在忠实地实现着我们的愿望：继续睡。而"我要清醒过来学习"的意识在不停地和"想睡"意识冲突着，并且最终战胜了"想睡"的意识。这种情况，就属于"有意地去压制某种潜意识"。像这类的情况在我们生活中并不鲜见。

关于"压制与否的标准"，如果根据我的个人经验及我所收集的例子分析，我认为对于是否压制这种"沉浮于意识和潜意识之间"的意识，是由环境来决定的。我们的意识会通过所处环境来进行决策：压制，还是释放。大多数时候，在孤立无援、独自奋战的环境下，这种压制现象会比安逸及确保后援的环境中多得多（某方面表现出的高度自律性）。但是这不意味着我们就战胜了什么，仅仅是一种"改道"而已——在其他方面，我们对一些潜意识的压制会放松并且放宽限制，例如：性。说起来这个问题就复杂了，我也很想在这里继续说下去，但这并不是一本专门说"意识与潜意识冲突"的书，所以在这个点上，我只是点到为止，让读者们有所了解就可以了，不在这里做更深入的讨论。

让我们进行下一个梦例，这是弗洛伊德在《梦的解析》中所记载的。

教堂的钟声（选自《梦的解析》第五章第三节）

"在一个仲夏的清晨，当时我住在蒂罗尔（Tyrol，在阿尔卑斯山中）的别墅里，醒来时我只记得梦到'教皇死了'。面对这短短的、并且毫无影像的梦，我竟然完全无法解析，唯一扯得上关系的是在几天前，我曾在报纸上看到有关教皇得了个小病的报道。但那天早上我妻子问了我一句话：'今天早上你听到教堂的钟声大作了吗？'事实上我完全没听到这钟声，但却因这一句话而使我对梦中情景恍然大悟。那些虔诚的蒂罗尔人教徒所敲击出的钟声，使我由睡眠的需要产生了如此的反应：'教皇去世了，所以钟声才会这么吵闹地鸣响，仅此而已，继续睡吧。'为了报复他们扰人清梦，我竟构成了这种内容的梦，并且得以继续沉睡而不再被钟声所打扰。"

弗洛伊德对这个梦的解析已足够清晰明朗，我就不再啰嗦了。

讲述并且分析完这两个梦，想必读者们一定对这种"肉体刺激所带来的梦"都有所了解了（其实我认为绝大多数读者对于这类外界刺激所带来的梦一样也并不缺乏相应的经验和经历）。不过既然我们已经在说这个问题了，那么不妨就说得更深入一些。

刚刚所说的"来自闹钟的音乐"这个梦，只是梦在选取外界刺激作为元素的一种情况，而实际上还有很多种因素可以导致梦在选材上会采用这类元素。因为我们不能忽视一点：在睡眠情况下，我们的肉体对外界的刺激在有些时候并不能够正确地加以认知。但是这种刺激同时又有足够的强度来干扰到梦，这也就造成了一些极为含糊的梦境反应。假如我睡觉的时候没能盖好被子，整个上半身露在外面的话，在梦中可能则会用一种含糊的方式来对此做出反应，甚至有的时候会提供出很多可能性作为选择。我就曾经梦到过自己冬天趟过一条很宽的河流去追什么东西（那是个关于打猎的梦），而河水过于冰冷让我醒了过来。醒来后我发现是由于当时自己采用了一种奇怪的睡姿而把左腿压麻了，而并不是梦中所感受到的寒冷。这就是梦对某种肉体刺激的含糊性所导致的。还有另外一个例子是一个朋友做的。在一次午睡中，他梦到自己领导部分贵族去镇压欧洲的民主革命，最后镇压失败他上了绞刑架。而吊在绞刑架上的时候他虽然觉得脖子有些不舒服，但是依旧能照常呼吸，只是吊在空中晃来晃去的令他头晕。此时醒来后，他发现并没有任何东西压在脖子上，只是外面风刮得树叶晃来晃去的使得阳光时有时无地在他脸上扫过罢了。

还有一种情况我认为可以直接忽略过去不说，那就是渴醒、饿醒、被大小便憋醒的梦。这种情况过于普遍且直白，所以本书中就不再另立章节说明。

　　写到这里本章即将结束，而一些反应快的读者恐怕会提出个疑问：既然是这样，为什么梦不做个统一性的模式来容纳相同的肉体刺激作为梦境呢？这个问题我在多年前第一次看到《梦的解析》这本书的时候也曾经有过（我真没变相夸自己反应快的意思）。对于这个疑问，我认为《梦的解析》原文中，弗洛伊德借助一段比方所做的解答，无人能出其右，故摘录原文如下：

　　"当一个鉴赏家拿一块稀世宝石，请工匠镶成艺术品时，那工匠就必须视宝石的大小、色泽以及纹理来决定镶刻成什么样的作品。假如不是宝石而是材料普通的大理石、岩石，那么工匠就可以完全依照他本身的意念来决定其成品。就我看来，只有以这种比喻才能说明为什么那些几乎每夜都发生的较平凡的肉体刺激，并未日复一日地构成千篇一律的梦。"

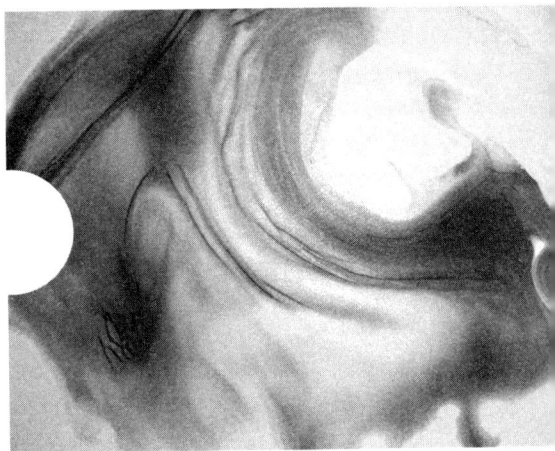

匪夷所思的艺术大师

〡 第六章 〡

我们经常会为一些电影的表现手法惊讶、赞叹、震撼，或者唏嘘不已。那些编剧、导演所展示出来的画面及镜头、剧情的跌宕起伏、演员们精湛的表现，为我们演绎出一个个或催人泪下，或慷慨激昂，或诙谐幽默的精彩故事。

但是，就在我们坐在银幕前赞叹那些大师名作的时候，我们当中的大多数人一定不会想到，其实自己，就是艺术大师。当然了，有个前提：如果你能领悟到自己梦的表现方式及手法。

事实上，我们的梦是如此的具有深意：浪漫而不媚俗，诡异又绝不做作，深远而又不会假深沉。编剧们在梦的面前只能算摆弄文字的写手，而导演们在梦前面只有自惭形秽；至于那些艺术家们，在梦面前都无一例外会用充满崇敬的目光仰视……这不是我在夸张，实际上我的形容还远远不能表达出梦那几乎没有尽头的创造力、无穷无尽的表现手法以及无微不至的细腻。

估计有些人会对我这种观点产生质疑："梦很强大，但是，真的到你说的那个程度了吗？"

还是让我来举个例子吧。这是一个看似与死亡有关的梦。看完这个梦及对其的解析和实际情况，我们再开始进行本章核心内容也不迟，而且，我认为有这个必要。

爱情故事

一个与弗洛伊德熟识的年轻少女不安地问弗洛伊德："你记得我姐姐现在只有一个儿子吧？

弗洛伊德："是的，那是小查理，我记得。"

　　少女："嗯……那姐姐的大儿子奥图你还记得吗？"

　　弗洛伊德点了点头："当然记得，那个可怜的孩子在很小的时候就夭折了。"

　　少女："是的……那时候我还住在家里。你知道的，我很疼爱姐姐的那个孩子，而且几乎可以说奥图就是我带大的，没人能想象到奥图死去的时候我有多伤心……当然，这并不是说我不喜欢查理，我很喜欢查理，只是，我总觉得比起来，奥图更加惹人疼爱。"

　　弗洛伊德："请相信我，我能理解你的心情，我也知道那是多难受的一段记忆。"

　　少女："我的姐姐更伤心……但是，我要告诉你的是别的事情，那是我昨天晚上做的一个梦。"

　　弗洛伊德前倾着身体好奇地问："是一个什么样的梦？"

　　少女纠结了好一阵，咬着嘴唇慢慢地说出了这个梦："我……我梦见查理两手交叉放在胸前，僵硬地躺在小棺材内，棺材周围插满了蜡烛。那样子就仿佛当年奥图葬礼时的情景。弗洛伊德先生，请您告诉我，这个梦是什么意思呢？你说过，梦是为了愿望的达成，难道说，我这个梦的愿望是让小查理也死去？那是我姐姐唯一的宝贝儿子了……或者说，我很讨厌查理，而想让查理死去换回奥图的复活吗？我真的是那么狠心的人吗？请您告诉我吧。"

　　弗洛伊德沉吟了片刻后，抬起头看着少女的眼睛："我可以向你保证，你刚刚说的这两条都绝对不会是你的愿望。"

　　"那么，是什么呢？"少女急切地追问着。

　　弗洛伊德对这位少女的过去有着很深的了解。

　　这少女是孤儿，从小被姐姐带大的，所以她最初所接触的社交圈子，大多是那些常来她家拜访姐姐的亲友。在那些人当中，有位令她一见倾心的人物。而且那位绅士也深爱着她，以至于后来有一段时间他们几乎已到了谈婚论嫁的阶段。然而，这段良缘却最终因为她姐姐的坚决反对而宣告结束。也就是从这以后，那位绅士就尽量避免到她家来。不久后，姐姐的长子奥图夭折了（少女承认曾把那破碎爱情所带来的热忱和温婉体贴转移到奥图身上），少女因此而伤心地离家远行，独自生活。然而，她却始终无法忘记那位让她倾心的绅士，但她的自尊心使她不愿主动去找那个男人，即便是身边有无数追求者她都不曾为之所动。

那位令她心仪的男人是一名文学教授。自从他们被迫分手后，无论那位绅士在任何地方有学术演讲，她都会是忠实的听众。因为她不想放过任何一个哪怕仅能偷偷看到心上人一眼的机会。弗洛伊德还记得在做这梦的前一天，少女曾告诉弗洛伊德，那位绅士隔天将有个发表会，而她一定要到会场——也就是说，在这发表会的前一个晚上，她做了刚刚说到的那个梦。

弗洛伊德只是考虑了一会儿就明白了这个梦的真谛，他问少女："你还记得在奥图的葬礼上，发生了什么事情吗？"

少女飞快地给出了答案："当然记得，我记得很清楚，在奥图的葬礼上，我又再度和他有着那么近的距离……那是和他分开之后好久都没有过的重逢了。"

弗洛伊德淡淡地点了点头，因为他早就知道了。于是，他告诉少女："你这个梦的愿望，是爱情。你很清楚假如姐姐的另一个儿子也夭折的话，在葬礼上你肯定会再度和那位绅士重逢——在很近的距离内。你是如此强烈地想再见他一面，好好看看她，为此你几乎一直在内心挣扎着，因为那是一个今后依旧会令你永不得安宁的愿望。我知道你已买了今天发表会的门票，这个梦是一种焦躁的梦，哪怕再有几个小时就能见到他，都会令你如此地迫不及待。"

此时，那位被爱情折磨的可怜少女默默地点了点头。

——选编自《梦的解析》第四章第二节

这个梦及解析就是这样的。我相信很多读者一定会对下面这段感到无比熟悉。没错，就是这个。

有一段时间，网上曾流传着一份据称是美国FBI警员的申请试题（也有说是CIA的测试题或者其他神秘机构的）。而其中某一道题，与这段精彩绝伦的分析竟然是如此的"相像"。最初我对这份"高级测试分析试题"仅仅一笑了之，并没在意。但是直到有天一个朋友发邮件给我，让我做这份"神秘的试题"时我才意识到：原来FBI招收的不是警员或者侦探，而是读过《梦的解析》的读者！

之后不久从另一个朋友那里听说，这个桥段也被搬到一部香港连续剧里面了，并且被弄得很神秘很诡异，这让我哭笑不得。在此，我引用一下我在编译《梦的解析》中对于这段的注解：谣言，止于知识（有个朋友看到这句后问我："假如FBI真的用了这段做试题呢？你怎么说？"我当时就笑了："那太简单了！知识改变命运！"）。

接下来请允许我为这一小段做个总结，然后正式开始本章的内容。

我们都能看得出，这个梦例中的少女为了把自己的愿望做个周全的伪装（梦的伪装这部分内容请参考前面章节），在梦中她甚至故意选用了最悲哀的气氛——葬礼，借此以掩饰自己那与此气氛完全相反的狂热爱情。就是说哪怕在她最疼爱的侄子的葬礼时刻，她依然无法抑制自己对那心爱之人的炽热之情。所有这些被压制下来的感情在梦中则以一种非常态的方式爆发了出来，并且掩盖得几乎不露痕迹，然后得以顺利通过审查机制。

现在，想必读者一定能理解前面我对梦的表现力、创造力为什么用那么多溢美之词了。那么，接下来让我们来看看这位集超级导演和超级编剧于一身的大师都用了什么手法来"制造"出那些梦。

//　一　超级资源整合——凝缩的艺术　//

在稍早一些的章节中提到过了，我们的先祖对于梦的隐晦与复杂十分着迷并且对其含义的探究，可以称得上是趋之若鹜。而梦也的确足够复杂，足够隐晦——因为梦把许多原材料整合后浓缩，并且展示的是浓缩之后的最精华部分，所以许多梦乍看上去，就算没有过多地伪装也会令我们觉得不可思议。而这种精华中的精华，在梦中可以说比比皆是。大多数的梦都会被我们忘掉，而记得的那些梦，无论是否印象深刻、清晰，几乎每一个画面都含有极大的信息量。如果说仅仅讲述一个梦需要一千个汉字的话，那么想彻底解析这些压缩凝聚后的真实含义及选材，恐怕一万个字都打不住。因为梦中所隐藏的含义是梦中那些"镜头"表现出来的十倍以上内容。

我想你一定还记得那个把"闹钟声作为音乐"的梦，因为涉及朋友的隐私，所以我并没有把这个梦的所有元素分离出来并且展示，我只是想强调其中一点：还记得她（做梦者）和林志颖正在屋里唱歌跳舞的时候，她爸冲进来关掉音乐的那幕吗？那个画面不是简单来的。详细拆开的话我们会很明显地看出，她爸是个很严厉并且很霸道的人。因为我们可以想象一下，一位父亲可以不敲门就冲进即将成年女儿的房间，同时，房间里还有客人（林志颖）……事实上，我猜这种事情曾经发生过，而我那位朋友很可能也对此不满，所以也用这个"冲进来"的场景发泄下自己的怨气："我爸就是这么一个霸道的人，有时候甚至不够尊重我。"

而现在，再回顾一下"她爸冲进来关掉音乐"的几个表达要素：

1. "我爸不够尊重我，即便是在我有客人的情况下。"

2. "我爸一贯地如此霸道。"

3. "既然是他以那种严厉的态度关掉的，那么我更没有什么责任了，是他关的而不是我。"（是他讨厌那个音乐声）

4. "是他冲进来关掉音乐（闹钟）的，而不是我关掉的，所以我继续睡吧。"

由此可见，梦就是这样把一些极为隐秘或复杂的情绪，以及有关的记忆、经历都融合到了一起，并且用一个简单而直接的方式表达了出来。

不过，我并不打算就用这个梦来彻底敲下定义，我认为还是需要更多的说明、梦例，以及分析。因为在这个梦中场景所剥离出来的潜意（上面那4条）都是同梦的显意（她爸冲进来）有着最简单的联系的，那么除此之外其他类型的梦场景中，会出现什么样的凝缩呢？对此我觉得还是要跟读者有个交代的为好。因为解析梦很忌讳牵强附会，这就像一个朋友评价一本所谓解密古文明的著作时所说过的那样："我想到那些声称'解读'了某种古建筑规则的研究。实际上那种采用卫星图并且导入几何学，借此来企图分析任何古建筑的做法，都一定会得逞的——因为这种事情即使不用古建筑为元素，哪怕随便找一块岩石来作为定位目标，再通过几何学的一些构架并且绘制，也一定会得到某些'神秘'规则图案。如果顺着那种解秘思路来看，仿佛很有道理。但实际上，只是一种无用的分析罢了——因为只要花一些时间，再熟悉下数学和几何学，基本上人人都能做那种解密。只要你愿意，你甚至可以把上海金茂大厦和你自己家连同玛雅遗迹联系到一起，并且声称这都是外星人干的。"

所以，还是让我们继续吧。

在这本书所分析的第一个梦中（单车训练的梦），就有许多明显的凝缩部分。例如梦中的单车作为素材虽然取自于看过的片子，但是梦之所以用单车还是有其目的的。"我用单车和韩寒并驾齐驱"，这也就意味着我是靠自己的努力、自己的力量所获得的成就；"充气时车胎那膨胀起来奇怪的曲线"——我在前面解析过了，"奇怪的曲线"代表女性，同时这点还牵扯出"女人给予过我很多帮助"的经历。而"女人和车胎之间的联系"前面已经说过了（我希望有人帮我处理生活琐事），但这个念头的成因就复杂了。

做梦期间的那几个月我一方面要忙于自己的工作，一方面还要顾着编译《梦的解析》（同期我也在记录着自己的梦并且分析），而且那段时间还因为一处房产的问题在和开发商打官司……同时，还要接受一些来自于媒体的书面、电话及直接面对面的采访，总之非常忙。那时候我无比地希望有个人能帮助我。但是，找个那种立刻就能上手的人可不是件说有就有的事儿，所以，找个帮助我的人，在当时属于奢望（关于为什么找个女人来帮助我的问题，前面已经说过了，所以这里就不再重复）。这些因素以及前面提到过的那些原因，形成了"车胎充气时那奇怪的形状"。像这种浓缩、组合的"镜头"，我几乎可以断言：在任何一个梦中都会出现，并且很多。

接下来我们再说一个女孩曾经告诉我的梦。

她问我是不是梦中的那些场景并不是自己所期待的？我想了下告诉她：显意部分很没准儿，而潜意一定是一种愿望的达成。然后我问她为什么要问这个问题，她踌躇了好久告诉我，她在前几天做了一个梦，梦到自己在跟一个她所讨厌的男人做爱。醒来之后她因此而觉得很恶心，甚至有点儿抓狂：为什么不能换个自己所喜欢的人物？反正是做梦！

其实，有相当一部分这类梦的目的，就是为了让自己更加讨厌对方（经常发生在女性的梦中）。而当我追问一些细节的时候，她说那个自己所厌恶的家伙在梦中的体形、皮肤、气味都很让她厌恶，甚至想起来真的会有生理上的恶心反应……对此我没好意思问更多，只是问了一些情景描述后向她说明："其实那个梦里让你讨厌的家伙也是个复合形象，他直接代表了一些你所不喜欢的东西：糟糕的皮肤，浓重的男用香水，不注意饮食而造成的肥胖臃肿的躯体……梦把那些浓缩到了一起，采用了一个形象表达——就是你最近很无奈地接触过的某人。除此之外，这些令你厌恶的东西之所以用这么个形象，还有个原因：你很清楚那个讨厌的男人非常渴望得到你的肉体——那也是他讨好你的全部动机。而这个梦的愿望也就隐含在其中："'所有让人恶心的东西'都集中到了他身上，那么既然你和他已经做爱了，他得到了你的肉体后也就不会再纠缠你了——那些令你恶心的东西也就全部因此而离你远去了。"

当我说完，那个女孩沉默了好久后告诉我："是这样。"而且接下来她还告诉了我另一个重要的原因。那阵她和自己男友关系有些危机，她曾经对男友说过，你对我甚至不如某某（那个她所讨厌的人）对我好。虽然那是一句气话，但是她男友因此而跟她大吵了一架（事实上这种类比是绝大多数男人所厌恶的，但有趣的是，女人很喜欢这么干。不过通常女人只是随便那么一说，并非认真地对比，甚至都没想过进行这类对比）。就是在跟男友吵架之后不久，她就做了这个"恶心的做爱梦"。

在这里，我们可以清晰地看到，梦的凝缩是有着自己的原则的（虽然这个"凝缩组合原则"很难轻易被察觉），它会极其高明地把一些看似无关的事情联系到一起，并且在适合的场景或者环境下，非常精准地表达出来。而这种能力恐怕只有一流导演和编剧才能勉强与之媲美。这也就好比当我们看一部电影，面对一些纷乱或者无厘头的零碎镜头不知所措的时候，一个始终贯穿、隐藏的细节突然鲜明出现在我们面前。一瞬间，前面所有不合理的、凌乱的、看似毫无价值的、甚至荒诞的，都构成了一个严密、严谨、逻辑鲜明清晰的整体。这时我们才恍然大悟：原来如此！

这种片子很少。因为很牛的导演和编剧很少。而这种梦很多，因为每个人的梦都是整合凝缩的高手，并且"阴险狡诈"与"老谋深算"。当然，想"看到"这些的前提是：必须解开这些梦才可以明白那"杂乱无章镜头"的真实意义。

有趣吗？请记住，这些都是在一个多世纪前，那位看上去古板而严肃的弗洛伊德在一本书里写下的，书名叫《梦的解析》。

好了，凝缩的问题就说这些吧，让我们继续下一节。

// 二 明修栈道，暗度陈仓——漂亮的转移 //

假如说凝缩是一种艺术行为，那么转移则是彻头彻尾的手段了，而且技术含量相当高。

例如说我那"恐怖诡异的梦"看上去仿佛是部"鬼片"，而且伪装得很成功，以至于我在醒来后，面对梦中那恐怖的场景甚至觉得无从分析。而且还在接下来的好几天里，对于解析这个梦一直处于停滞状态。其实，造成我那种困扰的主要原因就是转移作用。

在分析"恐怖诡异梦"的时候我曾经说过，那梦的最显意部分就是恐惧，深挖的话会找出恐惧的根源（当时的编译工作），除此之外再林林总总地加上一些抱怨——出版社不好，大家都不关心我，记者们没重视……当然，那些都是莫须有的罪名，是我为了显示出自己多么的痛苦及无助。但是继续深挖下去我们就会发现，这依旧不是梦的真实含义，这个梦的目的不是抱怨及诋毁（那些都是道具罢了），而梦的真正愿望是想告诉出版社及"以前那些不负责任的编译者"："看看，我是多么的伟大！在出版社这么'抠门'，周围人没一个人'关注'的情况下，我'主动'且认真负责地独自面对这份'令人恐惧'的编译工作，可见我是多么的了不起……"然而，这个核心愿望在梦的显意及显意之后的那层"伪潜意"中丝毫没有表现出来，可以说在掩盖真相方面这个梦几乎做到了滴水不漏。其实这就是转移作用在发挥自己的专长。

为什么会搞得这么复杂呢？前面我们已经"解剖"过这个"恐怖诡异的梦"了。现在，让我们来更深层地分析一下原因。

很显然，梦中最深层的自我吹嘘是绝无可能通过审查的，那么就把它伪装一下好了。然后经过一层伪装之后，那些自夸的必要元素——别人不好，出版社不好之类的抱怨依旧无法通过审查机制。因为这些都是自夸所必需的"零件"，这是不能在梦中直接表达出来的，太露骨了！所以，原始的核心愿望又经过了二次强化性质的伪装，并且成功地转移了整个梦的焦点：自我吹嘘经过初次伪装，变身为抱怨及指责，再经过了转移+二次伪装后，展示出来的就是一些暗喻性的情节设定和场景设定：我失去了什么（和我的工作量对比而显得"很低"的报酬），恐怖及压抑的场景（面对这份工作的郁闷程度总和），鬼（令我恐惧、恶心的编译过程），古板的神婆（出版社），女学生（其他版本的那些编译者），一群出事儿就消失了的闲人（不关心我的那些家伙），吞掉鬼（恶心、厌恶的情绪），等等。就是这样，第一次伪装之后的那些想法及念头全部被粉饰成为了具体的人物形象，而整个梦的性质也完全被转移成了一场恐怖诡异电影。最终，审查机制顺利放行（这审查机制的口味还真重）。当我们坐在这里看这部大片的时候，潜意不露痕迹地通过暗喻手法，把一些人和出版社挨个泼了一遍脏水，并且借此为衬托自我吹嘘了一番。

所以说，伪装是个技术活儿。不但会伪装，还移形换影，武功十分了得！

正因为如此，我们的大多数梦显得如此地扑朔迷离，令人捉摸不透那到底是什么。但是，这种梦的转移作用并非次次都灵，也有转移焦点失败的时候。

比方说有一种梦我们都曾做过：梦中从某些场景突然就跳到另一个场景去了，而且两个场景中没有任何关联，直到这个梦的最后才会出现细微联系（或者干脆没联系）。这种场景的跳跃就是源于转移的失败。而我们的审查机制对于场景跳换的合理与否完全没兴趣，它只关注内容并且加以限制。而且深入探讨这个问题的话，我们会发现很可能是审查机制强行停止了某个进程的发展，而梦的原始欲望转移失败后被迫改道，进行了场景无缘无故的切换。

例如我在一个梦中，就有过这样的经历：最初是一个我很喜欢的女孩和她的很多兄弟在一起（现实中这个女孩是家里独生女），接下来当我跟这个女孩说话的时候，场景突然就换了，换到一个很浅的墙洞中，而我们打算做爱……这个梦我后面会详细说，现在就这点先来说这个迅速切换的问题。

这个女孩是我曾经很喜欢的一个女孩，记得在几年前认识她后我曾对她表示过：做我女友吧！而她对此的回应是模棱两可。我知道她有着很多追求者，我只是其中之一，所以她这种模糊的态度我完全理解（条件比我好的不少），但我并不能接受（反感她这种模糊的回应）。

几年后，有次吃饭的时候，这个女孩很突然地告诉我：咱俩生个孩子吧！我记得当时自己半天没反应过来，接下来的情绪是反感。为什么会反感呢？因为我曾经从她那里得到过一个明确的信息：女人到某个年龄就该结婚，无论对方是不是自己所喜欢的，结了再说。

她的这个观点我不接受。

而当时她对我的那种暗示，在我看来是一种侮辱：你对我说这些是因为你到了自己独身的心理年龄极限吧？不是因为感情吧？实际上后来我还私下跟一个朋友表示过我对她这种"因年龄而迫不得已结婚"的态度：我不会为你的青春埋单的。

更实质的问题在于：我认为她曾经同时跟很多男人保持了很密切的关系（注意，这是我瞎想的），所以在梦中，她那众多的"兄弟"其实就是我对她那胡乱且不负责任的瞎猜进行了场景实现。而在梦中"她许多兄弟"的这种设定过于露骨了，所以这个画面被审查机制直接否决掉，而被迫进行了场景的切换。

这是典型的转移失败。

当然了，在多数情况下，梦的转移都是极为成功的，而且转移手法可以说是千奇百怪，并且花样翻新。

例如在我那个"请家长的梦"中，看上去似乎是我在发泄对老师的不满并且羞辱ta曾对我的错误预言，而实质上这个梦的原始愿望更为恶毒。但为了掩饰这恶毒的报复，梦用了一种似乎很过分的报复方式（当面羞辱）来转移焦点，隐蔽了真正的愿望。但是，"羞辱"那位老师为什么能顺利通过呢？因为那位老师在我的记忆中已经是年代久远的一个记忆了，同时梦营造出了一个穿越、乱弹、无厘头的整体结构——不可能出现在那个年代的椅子，中学老师操着小学老师的腔调，还有我那穿越时空而变身成家长的助理，等等。这些年代混乱的画面就是为了渲染出一种"虚构"的气氛，目的就是为了审查通过。而审查机制对于那种年代久远的记忆和混乱荒诞的内容还真就放行了。这样，转移功能发挥威力成功：用混乱的闹剧形式来表现出较浅的报复心理，以此来掩盖住深藏原始愿望——恶毒的复仇。

如果用拳击来形容这种转移方式，那么就是：以刺拳先虚晃一枪，藏在这之后的是重重的上勾拳！

梦的转移很重要，同梦的凝缩作用一样是通过审查机制的必要"技能"，假如没有这两样的存在，恐怕"无梦"则会成为普遍现象了。其实这也很正常，在绝大多数电影中，血腥屠杀场面通常都会被"血喷出来""痛苦表情""影子""别人的恐惧表情"所替代；而做爱场景则被"风吹动窗帘""镜头摇向模糊的反光物体（通常都是不清不楚的反光物体）""两人深吻后慢慢倒下去，而镜头依旧保持原位""被子下俩人在蠕动"等所转移。不过正是因为这种转移，电影审查部门才会对这类片子放行（或者进行影片分级）。梦的转移与此唯一不同的是：电影的转移手法基本上成人都能一眼看懂，而梦的转移手法，则需要细致的分析及足够多的了解（个人背景）。

好了，转移作用我们就说到这里了，接下来我们看看别的——毕竟仅仅靠"整合凝缩"及"焦点转移"是不足以构架出梦的，我们还需要表现更为具体的东西——表现手法。

// 三 出神入化 —— 表现手法 //

写在本节之前

在本节的内容中，我们多多少少会讨论一些梦的成因（与本书前面所说的并不冲突，只是更深了一些）。而熟读弗洛伊德著作的读者也许会对我下面要说的某些观点提出异议：弗洛伊德在《梦的解析》原著中不是这么说的！

没错，弗洛伊德不是这么说的。但请注意，在这本书的第零章中，我就说明了本书并非完全照搬《梦的解析》，而是基于《梦的解析》及弗洛伊德精神分析理论的一些论点，来构成此书的核心部分。其中我会采用很多现今心理学理论（主要是100年前还未发现的部分和现代临床心理学部分）及现代精神分析学来对《梦的解析》加以补充或解读。而其中有些最新的学术视角、学术理论甚至是2010年上半年才发表的（部分内容在大陆地区还没来得及汇集并正式出版）。但是，我并不认为把这些"新内容、新观点"加入书里是对弗洛伊德本人的不敬，同时我坚信如果弗洛伊德在世也一定会表示赞同。而且我认为，并且希望我们每一个人都应当以"先驱们所追寻理想"为目标，而不是把"踩着他们的每一个脚印"本身作为目标。

好了，书归正传。

1. 不按牌理出牌

通过前面所描述过的一些梦，我们发现，很多梦会完全运用一种"不按牌理出牌"的路数来表现梦中的场景和隐意之间的关系（例如我曾列举过一个女孩梦到和自己讨厌的人做爱就属于这种情况）。而这么说起来，梦中的性欲，似乎跟我们现实中的性欲没什么关系（并非绝对）。但梦中用来表现性欲的部分，又是看上去完全和性无关的场景，正因如此，才有了那著名的"所有的梦都是以性为出发点"的理论。

看上去这个是不大好辩驳的观点（相当有趣）。因为我们刚刚说过了，有些跟性无关的梦境其实跟性有关，而那些看上去属于"赤裸裸性行为的梦"，你要说跟性无关似乎很难说服别人。于是，要想反驳这点的话，我们好像陷入了一个悖论。

但其实并没有任何悖论，因为"赤裸裸的性爱"镜头，其潜意不可能是以性爱为原始愿望。要说明这个问题不复杂，首先请回想前面说过的几点内容，它们就是解开这个悖论的关键所在。

（1）审查机制的严格性：如果仅仅是为了表达性欲的话，恐怕审查机制会对此加以限制（想想看为什么在一些男人的遗精梦中对象会是非人类）。

（2）伪装作用：伪装作用对原始的欲望加以伪装后，那看上去还会是原始欲望吗？如果还是，那么何必伪装呢？通过前面我们得知，伪装是肯定存在的，为什么存在的问题，参看上一条就很明显了。

（3）凝缩作用：凝缩本身就代表了大量的信息及印象融合，所以我们的梦看上去是如此晦涩，令人捉摸不透，并且还充满了各种光怪陆离的"装饰物"。假如"赤裸裸的性爱"不具有任何含义仅仅是直接表达，那所凝缩的应该都是性经历或者某种性印象吧？这些性经历和性印象中难道就是纯粹的性而不包含任何"杂质"吗？假如我说"正是因为那些性印象中存在的'印象杂质'，所以梦才会选中这个元素而加以利用，而不是性印象本身"，那该怎么解释呢？

（4）转移作用：上一节中我们都知道了转移失败的结果是直接断掉某个场景而进行"画面跳跃"（后面还会有更多的梦例来说明这点），那么"赤裸裸的性爱"呈现出来，就意味着转移失败，也必定会"被跳跃"，而不会继续下去。可是，那"赤裸裸的性爱"场景依旧在梦中呈现了出来，为什么？

以上这四点说明，就足以推翻"赤裸裸的性梦"所带来的问题——究竟那是不是指性？很显然，不是。但是我们也必须承认一点，在那种"赤裸裸的性爱梦"中，许多素材来源于我们实际生活的性经验和性印象（例如一个色情笑话或者听来的什么性经历）。说到这里，本节的核心问题也就出来了：梦在材料的选择上，肯定是根据梦境中所要表现的来决定的。说白了就是梦想表现什么，就选取什么材料（这个标准是严格符合前面那四条的）。写到这就引出了一个我曾经留意很久的问题，那也是在许多有关梦的学术著作中都极少关注的一个问题。

既然我们目前的主流说法都认同梦产生于原始欲望，并且基本也都同意是本我作为主导而发起的，那么我们就不应该忽视本我的特质——简单而原始的。所以在这种性质核心的驱动下，许多曾令我们纠结的问题自然也就迎刃而解。

例如我们前面说过的"一个女孩梦到和自己讨厌的人做爱"，这个梦似乎是根本没道理的，借用那个女孩的话："那么恶心的事儿……"的确，很恶心，根本不用考虑。但是，假若做爱就能解决掉很多麻烦，那么是不是要考虑一下呢？若你用道德、社会标准、人类制定的那些制度来权衡这个问题，恐怕一定会是"不做爱"。但如果从本我的角度来看这个事情，我认为将一定得到相反的答案。

本我，所遵循的是"快乐原则"，对于麻烦的事情所采用的态度是尽量避免或者逃开的，而梦又通过凝缩把所有当时导致不开心的"麻烦的""讨厌的"事情全部放到一个人身上，同时意识还很清晰地明白那个男人（在这个梦中不仅仅是借用了躯壳，同时还具有象征意义）的最终目的（做梦的女孩的肉体），那么，就用做爱来结束这一切吧，这能终结掉所有麻烦和讨厌的事情。

但是，这不代表着就是本我完全占了上风，还是要区分开一点的：在这个梦中所呈现出的做爱，同做爱对象一样，也仅仅是一种象征罢了，象征着终结、完结。其目的就是结束掉那些讨厌的、恶心的东西（事、物、人）而并非是性欲的那种做爱。回过头来再说那个梦，其核心潜意我在前面章节中所说的：远离麻烦。如果你能搞清楚这点，就很容易自己分析判断"所有的梦都是以性为出发点"这理论到底是真实的，还是片面的（如果此时你还把肉体论搬出来说事儿的话，那我除了对你的理解力及智商深表同情外，就再也没有别的办法了）。

你看，梦的表达方式很出乎意料吧（其实也并非是不按牌理出牌，而是换了个角度而已）。那么，现在就让我们来看看梦对于其他细节方面是怎么表现的吧。

2. 角色

先来说梦在人物定位上的标准。

在这里请允许我引用自己在编译《梦的解析》时所写下的一段注解：

*****　*****　*****

请读者设身处地地想一下，假如你想写一本历史小说，并且里面涉及公众耳熟能详的人物，那么你一定会为那位历史人物设计对白。比方说你想写三国时期，若你让刘备说出张飞那种类型的人物台词很明显是不恰当的——即便你不遵循那个时代的语言方式，你也一定不会让刘备暴跳如雷地大吼"那厮"一类的语言。原因很简单，这不符合人物形象——尤其这是大家都公认的形象。其实我们的梦在塑造人物的时候也是这样的，同时还很强调梦境中的环境影响等，否则严肃历史题材电影就成了搞笑电影。所以梦都会以一种"模仿""接近""类似"的方式，把实际人物按照梦中的场景重新"包装"并且加上对其的印象，然后再把他人所具有的一些特点融入包装好的这个形象中——有时候这看起来完全是另一个人，但是长相却是两者融合、三者融合，或者干脆就用某个最近接触的人物形象来作为躯壳——目的是注入混合人格。简单地说，梦在人物定位上秉持的就是这个原则。

*****　*****　*****

接着这段继续。

梦的这种选择其实是最简单的，也是最省事儿的，这样梦就不必费尽心机地去重新构架陌生人了，只要沿用现成的人物，并且对人物加以足够的主观改造即可。虽然我们的梦出于营造环境气氛的目的，也会有路人甲、匪兵乙之类的龙套出现，但是从严格意义上讲，那些龙套甚至不能算是人物，只能算是背景。而这些背景即便突然消失了也无所谓——假如"剧情"真的需要他们消失的话。

比方说你梦到自己在超市购物，超市里人山人海。假设这梦是个恐怖的梦，而此时需要人群突然消失，那么他们就真的会消失。因为他们存在的意义就在于让你感受到身处在什么样的环境中，他们所代表的只是一种"自己身处于某个场合"的意义，而非具体形象。

再来说梦中的特定人物。

特定人物大多有贯穿"全剧"的外形，但在很多时候这个人物的"内质"部分会根据梦的需要来随时进行转换——这就好像传记类型的影视作品中的主角一样：童年由A演员来演，少年由B演员来演，青年由C演员来演……假如演员始终是一个人——那是《哈利·波特》系列！一般情况下很少见。而梦对于角色"内质"的转换也是人物传记影视作品中那样的——根据需要来转换。比方说我那个"恐怖诡异的梦"中女学生就是这样的一个角色。在外形上她所采用的是一个我未曾谋面的高中生，同时剧情也需要她以我同学的身份在最初出现，并且参与到鬼屋留宿那一段中。这样当我进行了身份转换后，由这个不变的女学生作为继承角色来把剧情接续下去。而到了梦的中后期，女学生的原本定义则被抽离后重新注入了新的"内质"，她的身份也就有了新的定义——变成了"不负责任的"编译者们。同样，这也是剧情的需要。

不过梦中所出现的那些"角色"，除了那些现成拿来用的，还有虚拟或者复合类型的人物出现。

虚拟的我们放在后面说，因为那个表达起来比较麻烦，容我想想。我们先来说复合类型的人物。

复合类型的人物就是把几个人合为一个人，只是梦在选取的时候会以自己的标准来进行复合。这也是我们着重要说的。

梦其实是很怕麻烦的，能简单就简单，绝不拖泥带水唧唧歪歪地运作，角色设定上也一样。就拿我妈催我结婚的例子来说，假如梦中出现她站在我面前催我结婚的镜头，那么接下来的画面绝对不会是我爸跳出来对我说同样的话。就算在现实生活中他们会这么做，但在梦中绝无可能出现。为什么呢？因为梦直接把我的父母合并了，合并为一个角色。如果我妈在"催促结婚"的态度上鲜明且强烈一些，那么梦中出现的是我妈；假如我爸在这个问题上给我留下更深刻的印象，那么梦中出现的是我爸。但是他们同时（或先后）跳出来跟我说同样的内容的事情，在梦中没可能发生。

还有，例如在"请家长"的梦中，我把小学老师和中学老师合并了。用中学老师的身体及对曾经的我的态度，表达出了小学老师才会采用的解决问题方式，这也是一种合并……我估计有读者没看懂这段的意思，让我说更细一点儿吧。

为什么会这么合并呢？不仅仅因为他们都是老师，还有别的原因。那位中学老师是我所讨厌的对吧，而小学时代被告知请家长，也是我所讨厌的（还有恐惧成分）。我为了让自己梦中恶毒的报复理由更为合理（前文提到的合理化），所以梦就把我所讨厌的人又进一步让他说出我所讨厌的事儿，这样就使得那位老师成为了具有仿同性质的复合型人物：中学老师+小学老师的部分特征。而且细想起来，梦这么做其实也是一种变相的羞辱。因为我们都很清楚，假如一个中学老师动不动就叫嚣"请家长"，那只能证明这位老师很失败。

刚刚回头翻了下，我发现似乎前面的一些梦例对于这点儿都不够鲜明，所以我决定从《梦的解析》原著中摘抄一个经典梦例作为我们的说明部分。

先来介绍弗洛伊德做这个梦的背景。

在1897年的年初，弗洛伊德得知他任教大学的两位教授推荐他升为副教授。弗洛伊德当然很激动（在当时的维也纳，教授的地位相当于半神，而副教授则可以算是四分之一神……）不过接下来他又冷静了下来，因为维也纳大学对这类推荐不见得都会采纳。而且弗洛伊德也看到一些比他年长得多的同事依旧在苦熬着，他认为自己比起那些资深同事也没什么值得特别夸耀的，所以他曾对此表示过自己的意见："我决定不去奢望了。我知道自己并不是那种有野心的人，而且即便没有那种头衔，也一样活着……也许那葡萄是吊得太高了使我难免有酸葡萄心理吧？"

这事儿之后不久，某天晚上一位被称为R先生的朋友来找弗洛伊德闲聊，这位R先生好多年前就被推荐了，但是至今都没能获得升职。后来R先生对此忍无可忍，直接逼问上司是不是因为自己是犹太人而不能获得升职？上司给了他肯定的答案。弗洛伊德正是因为这个问题而推测自己很可能也升职无望——因为他和这位R先生同样是犹太人，甚至还是同一教派。

当晚，弗洛伊德做了一个梦，第二天早上他记下了这个梦的两个重点。

以下部分选自《梦的解析》第四章。

＊＊＊＊＊　＊＊＊＊＊　＊＊＊＊＊

这个梦给了我两个极深刻的印象：

一、"我的朋友R先生变成了我的叔叔，并且我对他的感情很深"。

二、"我近距离观察他的脸发现有些变形，似乎脸拉长了，腮边都是黄色的胡子，看来很有特色"。（梦的其他部分弗洛伊德略去了）

我对这怪梦的解释过程如下：

次日早上我回想这梦时，自己都觉得好笑："嘿！多无聊的梦！"然而，我却始终无法释怀，而且整天在想这件事儿。终于到了晚上，我开始自责："当我对病人做的梦解析时，如果病人告诉我他的梦太荒唐、无聊、不值一提时，我一定会怀疑其中必有隐情，而非探个水落石出不可。现在，这种深究的态度我也要用在自己身上。我所认为不值得一提，也许正代表着内心一种怕被分析出来的阻力。"嘿！可千万别让自己跑掉！"

于是我就开始动手了。

"R先生是我叔叔"这是什么意思？我仅有一个叔叔，名叫约瑟夫（弗洛伊德附注：事后我自己也搞不明白，为什么在我克服了对分析自己的阻力后，我的记忆竟然很奇怪地对自己说，我只有一个叔叔，其实梦中的叔叔就是他。而事实上当我完全清醒后，我很清楚地知道我一共有5个叔叔，只是我最喜欢其中一位罢了）。

关于这位叔叔，说来也可怜，30多年前一时为了多赚点钱，竟触犯法律而被判刑。我父亲为了这件不幸的事在几天之内头发都变白了。他常常说约瑟夫叔叔并非一个坏人，只是一个被人利用的"大呆子"。那么，如果我梦见R先生是个大呆子，这种论调是毫无道理的。但我确实在梦中看到那副相貌——长脸黄须，而我叔叔就是一个长脸加上两腮长有黄胡子。至于R先生却是黑发黑须的家伙。随着岁月流逝黑发会变灰，而胡子也一根根地由黑色变得红棕然后成为黄棕色，最后变成了灰色。R先生目前的胡子颜色正是连我看了也伤心的这副苍老颜色。在梦中我仿佛见到了R先生的脸，又重叠了叔叔的脸一般，就像复合照相术——高尔顿擅长把几张酷似的面孔重复感光于同一张底片上。由此看来毫无疑问，我心中认为R先生是个大呆子，就像我那叔叔一样。

至此，我这份解释仍看不出任何苗头。我想其中一定还有某种动机，使我毫不保留地想揭发R先生。然而，事实上很明显，我叔叔是个犯人，但R先生可不是什么犯人……对了！他曾经有一次因为骑自行车撞伤了一个学徒而被罚款。难道我也把这事算在这里了吗？这种对比未免太荒谬了吧！这时我又另外想起在几天前，我和另一位同事N先生的对话。其实，谈话内容不外乎是升迁的事。那天我和N先生在街上偶遇，他也曾有过晋升提名。他听到我最近被推荐为副教授的消息后就恭喜我，但我告诉他："你可不能再这样揶揄我了，其实你知道我只是被提名而已，又有什么了不起。"于是他稍带勉强地回答："你不能这么说，我是自己有问题才升不上去的。难道你不知道那女人控告我的事吗？我可以告诉你，那宗案子其实完全是一种卑鄙的勒索。当时我是因努力使那名被告免于被判刑而招来的麻烦，很可能这件事深深地印在部长的记忆中。而你呢？你可是完全清白的呀！"就这样，我又从梦的解释、趋向中引出了一个罪犯人物，我的叔叔约瑟夫象征了我那两位均被提名而未晋升的同事——一个是"大呆子"，一个是"罪犯"。现在，我也才明白了这梦之所以需要解释的地方。如果真的因为宗教歧视的原因，导致R先生未能晋升，那么，我的晋升也一定是无望了。但如果我能找出这两位同事之间，我所没有的其他缺点，那么我的晋升就不受影响。这就是我做梦的程序。

梦使R先生成了大呆子，N先生成了罪犯，而我却既非呆子，又非罪犯，于是我就大有希望获得晋升良机，而不必再担心R先生告诉我的那个坏消息。

写到这里我认为还不够透彻，对这个解释的内容还是觉得不太满意，尤其是自己为了晋升高职，竟在梦中委屈这两位我素来敬仰的同事，这让我很内疚。还好，由于我自己深知由梦中所分析出的内容，并不是真正的事实，这也多少可缓和一下对自己的不满。事实上，我绝对不相信有人敢说R先生是个大呆子，我也决不相信N先生曾被牵涉在勒索事件内。总之，正如前面所说的，梦所表现的总是一厢情愿的实现——就愿望达成的内容来看。事实上也可找出些蛛丝马迹，勉强可以解释这些可能是对事实的毁谤，从而发现这梦不是空穴来风。因为，当时R先生正经受着他同系里某教授的反对，而N先生，也曾私下坦白告诉过我一些自己的不可告人之事。然而，我仍要重申我的看法，这个梦仍须再更深入地解析下去。

现在我又想起这梦以及一些刚才解梦时未注意到的部分。当梦中R先生变成我叔叔时，我心中对他有种深厚的感情。但到底这份感情，事实上是对谁呢？对约瑟夫叔叔我可没有如此深厚的感情，而R先生虽是我长年之交的好友，但如果我当面对他说出梦中对他的那份深厚感情，他毫无疑问一定会觉得肉麻。果真我这份感情是对他的话，就理智的分析，纯粹是糅合了他的才能、人格再掺杂入我对叔叔所产生的一种矛盾感情的夸大，而这份夸大却是朝着相反方向走的。现在我终于有所发现，这份难以解释的感情，并不属于梦的隐意，或是内含的念头，而刚刚相反它是与梦的内容相悖的，在梦的分析过程中，巧妙地逃过了我的注意力，很可能这也许就是它的主要功能。我仍记得，当初我要做这梦的分析前，曾是如何地不情愿，我一直拖延时间，一味地嗤之以鼻。如今，由我自己多年精神分析的经验，我深知这种"拖延""嗤之以鼻"更表示出其中必有文章。事实上，这份感情对梦内容而言，并无任何关联，但它至少代表了我内心对这梦的内容所产生的实在感受。如果我的病人也是这样，我也马上可以明白到他必有动机。同理，我的梦也是如此。我之所以迟迟不愿意去解释这梦，也无外乎是我对其中某些内容有抵触。而今，经过如此抽丝剥茧反复探讨，我才知道我抵触的原因是把R先生当作大呆子，而我在梦中对R先生那段不寻常的感情，其实并不是梦中真正的感情，而只是代表我内心对这解梦工作强烈的不情愿。如果我的梦最开始就被这份感情所困惑，并且能预计到最后将是相反的解释时，那么我梦中的那份感情便实现了它的目的。换句话说，在梦中这感情是有目的性的，希望能使我们对梦伪装。我梦中对R先生恶意中伤，是为了我不会使相反的一面———一种的确是存在的温厚友谊浮现到梦中的意识。

★★★★★　★★★★★　★★★★★

引用至此。首先我们感谢弗洛伊德先生为我们讲述了这段精彩的分析，下面我们重新回来看一下这其中的特点。

看过弗洛伊德的这段解析，我们都很清楚地看到了梦中这种人物塑造的动机、取材、手法。乍看上去梦的这种对于他人定位、归类的方式在我们生活中似乎并不多见，但是假如你仔细想一下会发现其实这种情况非常多。但是，我们绝对不会轻易把这些主观看法告诉别人，我们会把这些深深隐藏着（再度证明梦愿望的原始性与潜意识性）。

我再举个自己的例子：在一个梦中我梦见一个穿着白大褂的女医生坐在我面前，而那位女医生却有着一脸胡子茬（在梦中我并未因此而惊奇）。而且在梦的后半段，她甚至还掏出一根粗大的雪茄叼在嘴里并且问我有打火机没。醒后我觉得这很搞笑——完全是"如花"嘛！（名词解释：如花，周星驰电影中一位长发披肩、满脸胡子茬、动作扭捏并且身着各色女装的"美女"）经过分析，我知道了这个人物形象的由来。

现在我们来拆分并且说明下这个"如花医生"的来源。

在"如花女医生抽雪茄梦"的前不久，我因为肠炎去了趟医院，为我门诊的那位女医生戴着个大口罩看不出容貌，但是她露出的那双眼睛非常漂亮，给我留下了极深刻的印象，甚至我还胡思乱想口罩之下的会是什么样。这是原型。

其二，那一阵每次见到我哥，他都是一脸胡子茬的形象。我知道他是因为工作繁忙的原因才那样的，并非邂逅。

还有，那段时期也是我刚刚完成编译《梦的解析》工作的时期。好了，现在我们来分析下"如花女医生"的真实身份。

很显然，如花的原型取自女医生，而那一脸胡子则是我哥的形象。至于叼着雪茄，那当然是弗洛伊德了（他深爱雪茄）。但是为什么我会把这三个完全无关的人进行复合呢？而且为什么我会这么肯定地就认出塑造"如花医生"的那些元素呢？对此，让我们来做个排列说明：

（1）女医生：当病人看病的时候很自然地就把医生看作权威。到医院就诊，医生让你脱了上衣躺下，你会坚决反对并且奋起抵抗？只要心智正常的人都不会这么做，因为此时医生是权威。

（2）我哥：他是个老谋深算的家伙，遇事儿能比别人多想很多步，而且他是我们家的长子，所以目前在家中他基本算是首脑级人物兼对外代表——我们家的权威。

（3）弗洛伊德：心理学和精神分析学的权威，虽然他的学说和理论至今都在被争论，但是他的身份和地位对我来说是遥不可及的。而且我何德何能，有什么资历就学术观点去质疑他老人家呢？对我来说，他更是权威。

排列完看到了吧？这就是梦把他们三位合体的原因——一个共同点：权威性。由于我并没见到女医生口罩下的样子，所以给了梦自由发挥的机会，创造了一个复合型人物——"如花医生"。这个人物就是根据"权威性"这个共同点来进行复合塑造的。

关于梦如何表现出复合型人物及梦是如何塑造出复合型人物、为什么要塑造出复合型人物的问题，我们就说到这里吧。虽然我手头有更多的梦例，但是我知道这样下去会没个完，所以，就此打住。让我们来谈谈梦中的虚拟型人物。

这类型的角色是最复杂的，也是最难懂的，因为这类型的人物在现实生活中没有实体，属于完全虚构的。而且假如对做梦者没有深入的了解，恐怕没人能揭穿这位"不存在先生"的真实身份。因为"不存在先生"不是一个人，他所代表的也许是个团体，也许是某一类人，也许是一个印象，也许是一种感受，分析起来超级让人头疼的这么个主儿，所以讲解起来也比较费劲。咱们还是循序渐进，从"熟人"开始入手。

在"恐怖诡异梦"中的那位神婆就是虚拟人物，她所代表的是出版社。但请注意，这个出版社不是真实的出版社，而是被加了主观定义的出版社，也就是说，这是根据梦境的情节，为了达成原始愿望而被塑造出的角色。例如：为了衬托我那"光辉灿烂的形象"，梦就根据需要把出版社扭曲后"实体化"成了古板、保守的那么个老太太样子。而这位老太太所代表的只是个象征意义——这就是梦所需要的。

还有，同是在这个梦中，那群看热闹的人也一样（这群人并非路人甲、匪兵乙那种性质，不属于龙套）。他们代表着一种态度：漠不关心。他们同神婆的作用一样，是一种衬托作用——越是漠不关心，越能激起我"孤军奋战"的那种心态，也就更能显出我是如此"光辉灿烂"。跟这个类似的还有我前面说过的"和某女孩在墙洞做爱的梦"中，她的那些"兄弟"。我说过了，那位女孩其实是独女，没任何兄弟姐妹，而梦这么做是从一种病态的怀疑角度（怀疑那女孩跟很多男人暧昧不清）而故意这么设定的。之所以把她的那些其他追求者设定为她的"兄弟"，是因为梦设定为"她同他们更亲密"（源于我无聊的猜疑）。这种设定很显然是为了混过审查机制，值得一提的是，审查机制虽然死板但并不傻，所以直接把这段"枪毙"了（梦境的中断）。

我估计有的读者已经能够举一反三想起更多了。对，没错，"恐怖诡异的梦"中那个"鬼"，也是这种虚拟角色。塑造"鬼"的元素是让我所恐惧的编译工作，那期间的困难融合我对编译工作的某种恐惧感，最后梦又来捏吧捏吧，混合出个恶心的鬼形象。说到这里还有一点我前面忘了说了，现在补充下。为什么我确定那个鬼是当时的编译工作而不是其他我所恐惧的事情呢？请想想看，当时我所编译的是《梦的解析》对吧，那本书称得上是晦涩、古板、难懂。或者说，翻译成中文才这样的（也可能是我没找到好的翻译版本）？而梦中那个鬼被揭开绷带后所呈现出的是一副灰暗、苍老的面孔，其实源于我在编译过程中，对于那本书中那些古板的词句格式等不满（毕竟是一个世纪前的作品了，当然会跟现在的

行文及语言方式大不相同，而且又是外文）。就是因为这原因，在我分析
"鬼"的身份时几乎不假思索地就知道了"鬼"的扮演者是谁（那份编译工
作的确把我折腾得不轻）。

通过这几个例子我们不难看出，梦在塑造角色的时候（所有角色都算
上），是极端霸权的，它彻底无视客观因素，直接展示出极为主观并且粗
暴的定义。梦对于因果关系似乎不是那么感兴趣，通常没有因，纯主观地
就给了果（定义或定位）。而它这样做的目的只有一个：根据梦境的需要。

人物设定的问题就说到这里吧，虽然我很清楚在这里只是举了几个范
例，但是我相信读者已经大致上明白这是怎么回事儿。而且，还要具体情
况具体区分，因为梦从来不会以一个特定的模式一成不变，所以对于人物
设定方面领会精神就行。

接下来我要说说梦那些复杂的表现形式。

3. 复杂的表现形式

梦在表现形式上的花样翻新是众所周知且毋庸置疑的。很有趣的是，
比较而言，梦更喜欢画面而不是台词，所以很少会有"饶舌电影"似的那
种梦——正因如此，在梦中的每一个画面所表达出的内涵是那么丰富。

现在让我们从弗洛伊德《梦的解析》中摘抄出一个梦，初步来看下梦
到底是怎么表达的。

*****   *****   *****

最初是这样的：她走入厨房，看到两位佣人正在这里。然后她便挑她
们的毛病，责备她们到现在还没有把她"那口吃的"准备好。与此同时，
她看见厨房里常用的很多瓦罐为了控水而口朝下摞在一起。然后两个女
佣人准备去步行提水回来，水源是那种流经屋子或院子的河流。然后梦
的主要部分就这样地接下去了：她踩着一些排列奇特的木桩从高处向下
走，并且觉得很高兴，因为她的衣裙并没有被它们勾着……

最初的梦与做梦者双亲的房子有关。毫无疑问，梦中责备仆人的那句
话是她妈妈常挂在嘴边的。而控水的瓦罐是源于同一建筑物内的小店（卖

铁器的）。梦的其他部分则提到患者父亲——常常追求女佣人，而她父亲后来在一次河水暴涨的时候得重病死去了（他们的房子靠近一条河流）。因此藏在这"起始的梦"中的意义是："我就是在这房子里出生的，在这卑鄙以及令人忧郁的环境中……"而梦的主要概念，却以一种愿望的满足而加以改变："我出身自高贵世家。"所以藏起来的真正的观念是这样："因为出生是如此卑微，所以我生命的过程就是这样的了。"

就我所知，把梦分成这不相等的两份，并不永远表示两者之间就一定是因果关系。反而我们会觉得同一材料常常以不同的观点，各自出现于这两个梦中，有时候这两个梦源于梦思不同的中心，不过其内涵上有一些重复。因而，这个梦的中心，在另一个梦中只是线索式地存在着，而在这个梦中不重要的部分却是另一梦的中心。但是在某些梦中，把它分成了一个短的序梦和一个较长的续梦正表示这两半有着显著的因果关系。

————选自《梦的解析》第六章第三节

***** ***** *****

除了画面以外，这段还有其他一些手法性的东西值得我们注意。

首先是前面所提到过的因果关系。梦还是有自己的因果定律的，只不过它在对待事物的因果关系设定上极为复杂，梦会用很多破碎的场景（有些破碎到你几乎以为是两个梦）分别来表达因和果，或者颠倒过来表达因果关系。这种段落性的切割技巧很明显地现在被诸多电影所模仿着——但从未曾被超越过，梦干得可比导演们漂亮多了。而我们想不起很多梦或者不能把一些破碎的梦拼接起来，也正是这种破碎效果所造成的。但为什么会出现这种情况呢？还是因为审查机制。

前面说过审查机制对于梦的审查是很严格的，而且假若发现梦不合格，甚至会强制结束掉某个进程。但是这个结束不代表就是彻底终止，而是帮助梦换个角度来表达（我再次强调一遍：审查机制不是为了刁难梦，是为了让梦不受任何指责、不受超我在醒来后因梦境而自责），而顺利达成原始愿望。所以梦的这种破碎其实也是一种手段而已——隐蔽了部分因果关系，让看似无意义的画面零碎地"展出"，并且顺利延续下去。至于怎么分辨"这是一个梦还是多个梦"，只有通过解析这些梦的碎片才能知道（不分析是什么也得不到的）。也就是说，要认清中间那些转承部分才可以清晰地分辨出。

就拿弗洛伊德刚刚解析的那个梦来说，在第一段中不是核心的部分，到了第二段就重要了，为什么呢？因为第一段的作用就是"起始"。假如完全没有第一段，恐怕第二段所代表的就是别的含义了（走过花开的木桩）。

说到这儿了打个岔。我有个朋友（男），自从知道了"花是植物生殖器外缘"这个通常用于植物学的说法后，曾连续几天梦到怒放的鲜花。他自己也很清楚那意味着什么，然后当作笑话说给我听，然后问我："我所想的，真的是我在梦中看到的那些吗（指生殖器）？"我想都没想就告诉他："是那样的。"

之所以我不必经过分析就给予他肯定的答案，是因为我知道他在前一段时间在骑马的时候受了点儿伤，虽然没大碍，但是因为受伤的部位比较特殊，所以他还是担心了那么一阵（他的担忧情绪还通过另外一个梦表达过，在下一节中会提到）。正是如此，当得知那个植物学名词后，他的梦就很顺利地沿用了这个说法（对他来说这是一个刺激性的记忆），并且借此表达出了他的愿望：在梦中梦到怒放的鲜花——那是他希望自己那个重要的部位安然无恙，能够继续"怒放"。所以我直接给了他肯定的答案。（后来我告诉他绝大多数花都是雌雄同体的，以后他再也没梦到过花。可见梦在选材和表现力上是多么神奇啊！）

接着说梦的因果及梦设定逻辑关系的问题。

其实细说的话，梦在对逻辑关系的问题上没有任何独立的表示。假如梦中因此而产生矛盾，那么这矛盾不是由于梦本身，而是由于另一个原始愿望的出现所致（早就认定的，而带到梦中），要知道，我们的梦不仅仅只有一个原始愿望，很可能在期间会有多个愿望出现并且产生冲突。而矛盾有时候会以一种荒谬的形式表现出来。例如在一些梦境场景的设定上就是这样的，有些场景很像你所见过的某场景，但是细看又带有其他场景的特征，甚至有时候直接把背景换掉了，而人物及事件还在继续进行着。在这种情况下，就如同两个冲突的场景被强行融合在一起，一会儿这个主导，一会儿又那个主导，所以经常我们会有那种混乱的梦，尤其在梦开始的时候。

一些梦在开始的时候很不合理，完全无视梦所选用的素材之间的逻辑关系，而接下来一些部分似乎合理了，但是细看是因为这个梦的某些元素被替换掉了才合理的。同样，如果一个梦中前后的时间顺序发生了混乱则也是这种冲突正在发生着。

那么，到底梦在表现的时候是如何运作的呢？它是如何解决这些冲突，并且理顺这些逻辑关系，而让梦继续进行下去的呢？关于这个问题，引用一下吧，我觉得弗洛伊德先生的这段表述很精准。

"在最初的时候，梦粗略地考虑存在于一些片段之间的关联——这无疑是存在的——把它们连成一个事件。因此，产生连续性（时间）的逻辑连接。从这点看来，梦就像是希腊画派的画家一样，把所有的哲学家或诗人都画在一起。这些人确实未曾在一个大厅或山顶集会过，但是由思想来看，他们确是属于一个群体的。

"梦很小心地遵循着这种法则，甚至连细节都不放过。无论何时只要梦把两个元素紧拉在一起，那么就表示在参与选材的两种原始欲望之间必定存在着某些特殊的亲密关系。这和我们的文词相似，'ab'表示这两个字母是一个音节。如果在'a'及'b'中间有个空隙，那么'a'就是前一个词的最后字母，而"b"是另一个词的起头，所以，梦中两种元素的并列不是无关的原始欲望随意拼接在一起，还是具有相似关系的。"

——选自《梦的解析》第六章第三节

也许有些读者看懵了，没懂什么意思，那么我就举例来说好了。这个梦例就是有关性的梦——虽然它并不是这个名字。

破碎的梦

有关这个梦的一些基础背景我在前面说过了，所以这里就不再重复，直接说梦本身。在接下来，对于这个梦描述及分析的过程中，我会加大量的括号，而括号内的部分是一些必要说明。另外还有，这个梦之所以放到现在才说是有其原因的。具体为什么，看下去你就明白了。

第一个碎片：最开始是一个很热闹的场面，似乎是个大型聚会，很多人热热闹闹地聚在一起（仿佛在一个大厅内）。而她坐在一把椅子上，身后站着很多她的"兄弟"，他们在交谈着什么（看上去那画面我好像见过，很可能是取材自某个欧洲宫廷油画或者宴会场景的西方油画。从座次上能看出，她所处的那个位置，通常是国王或者油画主要人物的位置）。当我走向他们时，画面突然中断了。

第二个碎片：在某个走廊的墙上被掏出了一个墙洞，而我和她都半躺在这个墙洞里（这墙洞大约是一张大号电脑桌那种面积，深度约一米）。在走廊上时不时地有一些人走来走去，但是那些人似乎并没注意到我们。接下来的很奇怪，她的上衣不见了，只有内衣。我也想脱下上衣（西装），但是我的领带死活都解不开——我甚至为此有些恼羞成怒。这时候她告诉我："你可以先脱裤子。"画面又突然断掉了。

第三个碎片：场景变成了一个长条沙发。而此时我们一丝不挂，但是并没有做爱，似乎在争论着什么（对于争论的内容我没有丝毫印象）。当争论终于结束的时候，我们即将开始做爱（注意，是即将）。我能近距离并且清晰地看到她慢慢凑过来吻我的样子……她的手机响了，我郁闷地看着她接电话。画面再次中断。

第四个碎片：场景转换到了车里，车似乎在开，但是车的前排没有任何人，我和她都在后排，并且穿着衣服。这个场景下我们穿得似乎也很随便（家居类型的那种便服）。这时候我发现我们俩都只穿了上下各一件衣服，而里面是"真空"。她靠在我怀里说很热，并且脱了上衣。当脱完上衣后她认为这车太小了（很有趣的是，她此时并没说话，但是我能知道），然后我们开始搂搂抱抱从前戏开始。突然一个急刹车，我抬头看到她的一个"兄弟"拦在车前，带着明显的歉意说"有急事儿"。画面中断。

第五个碎片：我们在一个看上去像卧室的房间，房间内所有的陈设和装饰都是白色的。我靠在床头看了一眼窗外——不远处就是大海。当我回过头看她的时候发现她似乎刚醒，眯着眼看着我笑，然后嘀咕了一句什么（梦中我也没听清，甚至还为此而追问了一句）。接下来我们开始做爱，但是我们的身体全部都是蒙在被单下的。做爱的时间最长，画面持续并且连接很流畅（更细致的就不能写了，否则这本书铁定完蛋）。不过还没到达高潮的时候，画面中断。

第六个碎片：我们并排站在海边，海风有一点儿凉，但是很舒服。她眯着眼睛看了一会儿后，指着远远的一处什么地方看着我。我们走过去的时候，看到那是一片黑色的泥污（类似于沼泽）。不知道是什么原因，似乎我要单独通过那一小片泥污。当我走到泥污中间的时候，我看到脚边有一朵硕大的、极其灿烂的七色莲花（之所以认定是莲花，因为花心的部分是一个莲蓬），花绚烂到能直接看出散发着光芒。

这时候我抬起头远远地看了一会儿海，当我回过头找她的时候，没看到她，只看到不远处一栋白色的房子，而房子的纱帘被海风吹了起来，很诗意的一个场景。

梦境结束，我醒了。

由于这个梦境过于清晰，所以我醒来后立刻睡眼蒙眬地抓过笔把绝大部分内容都记了下来（否则这本书里不会出现这个梦）。因为记录完后我在床上又半睡半醒地躺了好一阵。再次起来时，发现如果不是当时自己记下了这些内容，恐怕就不会有这些内容了，顶多有大概印象，细节估计就忘了。

好了，这个梦至此描述完，接下来我们详细地分析下，看看梦到底是如何表现那些复杂冲突、情绪、因果关系的。

必须承认，最初当我决定分析这个梦的时候，心理上的确有着相当大的阻力，因为这牵扯到我非常多的个人隐私（不仅仅是那些不可告人的想法）。所以在最初我的确花了很久才调整好状态并且开始客观地分析这个梦。而当我决定写这本书的时候，这种"阻力"几乎到了一种爆发的程度——读者们现在看到的这段稿子都是反复地删除、反复地重写之后的结果，理由我说了，隐私问题。不过，这个时候想必是"超我"发挥了其强大的作用，让我鼓起勇气第N次写出了这些，同时还决定放在这本书里。

关于碎片一的分析：

她那些"兄弟"所代表的前面已经解释过了，不再多说。而"仿佛是个大厅"则是一个概念性的设定——因为我和她的相识，是最初见到她一张照片，而她的联络方式及姓名住址我一概不知。在这一点上，梦基本是延续着一个"从结识开始，重现出我们之间全部过程"的路子。而当认识她之后，我曾经对她说过一句话："在茫茫人海中找到了你。"这句话并非我夸张，基本属实，所以会在梦中出现那个"大厅"（仿佛，而不明确）。

在这个碎片中她所处的位置其实就是我认为她在那些追求者中的位置，同时也代表了一部分她在我心里的位置——类似于油画中的主要角色地位。但是当我走向她时，这段画面被审查机制强行终止了，为什么呢？很简单，假如你留意下会发现，我并没和她直接接触，也没有任何交谈，但是我在梦中就很直接认定周围那些男人是同她有血缘关系的"兄弟"。这是一个明显的漏洞。借这个问题我要强调一下，梦也许在情节和一些表达方式上是荒谬的，但是梦中并不意味着丧失了判断及分析能力（只是这些能力很不健全，并且经常会被主观意识所牵制）。实际上在梦中我自己都很清楚地认识到了这一点：你怎么知道那些人是她血缘上的兄弟？同时我很妒忌她与那些人谈话时的亲密态度。正是因为这几点，再加上我并未对她有厌恶或者漠视的态度，所以这段梦境被强行终止（因为我潜意识里也很不喜欢这场景——记住，梦是某种愿望的达成，而非让自己更郁闷），所以接下来的那个碎片直接展示出了我所期待的。

关于碎片二的分析：

这段开门见山地就暴露出了我的愿望——很亲密地和她在一起（俩

人都身处一个狭窄的空间）。这个画面直接抵消掉了上一段中那种妒忌所带来的不爽。墙洞这个场景曾经让我很纳闷，为什么会出现这个呢？不过当我仔细地回忆了我和她所有独处过的场景，我明白了这个"墙洞"的出处：记得有一次我们一起在某酒店的楼下餐厅吃完晚饭后，没直接各自回家，而是散步到一个小区的花园。那个小区花园对着街道的方向开了个小门，我们曾在花园的长椅上坐过一阵，并且还说了些什么（好像是我分析她的一些心理，但我没敢多说）。这是梦中墙洞的原型——临街，但是半开放性的。不过，为什么会选择那个场景才是重点。选择那种半开放性的场景（不算很深的墙洞）本身就暗示着我们当时的关系——最多也就是暧昧，绝不是亲密。

而走廊上有人走来走去的，也是双重特征。一方面重现了我们在小花园长椅聊天的时候，街上偶尔会有车经过的情景。另一方面说明：就算我们坐在一起的时候有熟人看到，也决不会想太多——没搂搂抱抱，有相对距离。不过在梦中这段被替换了，替换成情侣之间的那种状态：俩人都半躺着（我所期待的亲密关系）。说到这儿了，我认为有必要强调一下：假如你认定那个"墙洞"所代表的是女性生殖器，那我只能说你受歪曲后的"性理论"荼毒太深，同时我也可以坦然地告诉你：错了。

也许有读者会奇怪：为什么你会联想到那次交谈并且认定墙洞在形式上所代表的就是场景呢？

答案是：印象深刻。就是那次约会她对我说："咱们生个孩子吧！"所以那次饭后散步，对我来讲可以说是印象极其深刻。

条件一：我至今依旧喜欢她。

条件二："咱们生个孩子吧！"这句话所代表的含义。

也就是因此，在梦中"她的上衣突然不见了"。这其实就是我很清晰的一个想法：思维奔着性去了。而且接下来的暗喻已经称不上是暗喻——太明显！我企图解开领带——我打算抛开一些规矩的想法先把"正事儿"办了再说。但要注意的是"没解开"则代表着在她那句暗示之后我心理上的一些不满情绪：如今你到了自己独身的心理年龄极限了，才想起我？早干吗去了？

再有，也正是她所暗示的那句话，到了梦里直接变成了"你可以先脱裤子"。

至于最后这片段的中断，很明显不是审查机制的原因，是我心理上不接受她当时的提议（那天散步后我们各自回家——我没顺着她的提议去开房，而是选择直接放弃掉了那个"机会"）。由此可见，我对于之前她模糊的态度是带了极大不满的（这也就是我纠结的根本原因，也正是"虽然我依然喜欢她，但是选择上不可能再倾向她"的原因）。

关于碎片三的分析：

在这段梦中的长条沙发则是延续了上一段的墙洞这一"道具"，不过把它明确化了——令我印象深刻的那次谈话是在公园的长椅上（也可以说是"舒适化"了）。说起来很有趣，虽然在这段我们都是裸体，但是就算当时我刚醒来那阵儿，我都没办法想起她裸体到底是什么样子。这不是审查机制强行把这段来自于梦中"赤裸裸的画面"记忆部分压下去了，而另有原因——我压根就没见过她裸体，所以根本没这方面的概念。这种没有"对她裸体具体概念"的印象，在碎片四及碎片五中依然延续下来（虽然梦中已经具体到做爱了，但是所清晰看到的仅仅是她的脸及当时她吻我那时候的样子——指五官轮廓，因为这个实际发生过）。也正是如此，出于这种没有"她裸体的概念"上的模糊，在梦中她才呈现出一会儿穿着衣服一会儿脱了衣服的样子。（关于这类裸体的问题，假如有个比较接近于裸体的实际印象可能都会在梦中显现出清晰的裸体，例如泳装。为此我曾对照了自己其他一些梦，发现的确是这样的。但是我必须强调：我这种观点不具范例性，因为对于这种梦，我手里基本没有其他人所提供出的资料。至于前面所说的那位"和讨厌的人做爱"的女孩也明确告诉我，梦中那个男人的身体集合了她所讨厌的特征，而并非是那个男人的真正身体——身高体形完全不一样。）

在这个梦境碎片中，"做爱"则是一种象征意义（绝无牵强着绕开问题掩盖的意思，我都说了这么多隐私了还有什么好藏着的）。因为做爱之前，我们曾争吵着什么问题。虽然我并无印象在争吵什么，但是我也知道那是怎么回事儿：并不是我和她争吵，而是梦的两种原始欲望在"争吵"。说清这点不复杂，重新回到第一个梦碎片完整地看看它所代表的就明白了。

在第一个碎片中我先是带着抱怨和妒忌的情绪看待她，但是审查机制的介入，也就证明了我并非真的希望是自己想的那样，同时也承认我那是无耻的胡思乱想罢了。而到了梦碎片二，梦换了个方式重现了那次令我记忆深刻的约会，并且把一些大家心知肚明的暗示搬到了台面上。虽然这其中也体现出了一些纠结（想脱衣服但是解不开领带——其实这也是梦把内心冲突归罪于客观原因的做法），但是最终还是用"强制结束"这段梦来表明我拒绝的态度（在她提醒我"可以先脱裤子"之后中断了）。

不过，即便如此，我当时喜欢她这个事实是不容抹杀的，所以对于前两段我对她有所抱怨而造成的不满，在第三段梦中爆发了出来——争执（所谓"对立的孪生情绪"，后面会着重讲这个问题）。那就是我对于她在心底最深处的纠结："如今你到了自己独身的心理年龄极限了，才想起我"对立"依旧喜欢"。也就是说，这个梦之所以被拆得支离破碎的根本原因，是梦所产生的这两种原始愿望在互相争执：这个梦到底要实现什么呢？报复性的梦，还是"和她在一起"的梦？至此，这个破碎的梦的两种原始欲望彻底暴露了出来。

（1）报复——谁让你原来对我模棱两可的，现在也活该，我不会为你的青春埋单的。

（2）仍然喜欢——这些年即便她是模棱两可的态度，但我始终没和她断开联系，我曾经希望与她有共同的将来。

实际上，想起她我仍是这种复杂的心态。但是必须说明的是，这种复杂心态之所以在梦里呈现，是因为我的潜意识中曾因此纠结，并且偶尔浮现到意识层（不仅仅是通过梦来表现，有时候也会想到）。但在实际生活中，我已经决定了断掉和她的任何感情纠葛，从而摆脱这个让我烦心不已的问题。

不过梦不管这些决定，它所表现的是原始欲望，并不在乎我实际会怎么做。所以，从"碎片三"中争执结束后的行为就能看出是哪种原始欲望获胜了——我们即将做爱，并且还挖掘出我曾经和她接吻的记忆，来巩固这种愿望。

但这没完，还记得前面章节的标题吗？"一个人的战争"，因此，这段梦结束的原因是：与"喜欢她"所对立的原始欲望重新提示我：她并非对你有感情，她只是到了独身的心理年龄极限而已，所以以后你们还会出问题，会有来自其他因素的干扰。

正是这个原因，这段梦是被另一种原始欲望借助某种元素打断了。而用来表现出这种干扰的素材就是手机来电（在绝大多数情况下，当一对情侣准备做爱的时候，如果没有什么特别的事件是不会停下来的，但是那个手机还是打断了我们）。

太复杂吗？不算很复杂。因为梦很不喜欢用语言来表述，所以很多想法和念头，直接用场景和人物动作等来象征性地代表了。注意：正是因为梦的象征性非常普遍，所以这也是极其重要的——所谓：梦的语言。

关于碎片四的分析：

这第四个梦境碎片是来自于报复心理的一个反击。

在我看来，她似乎非常在意物质的问题。对于这点我很反感——虽然我物质上并不差（也谈不上多好），但是绝对不会很凄惨。

在"到底要感情还是要物质"这个问题上，我并不想唱着高调说些形而上的东西。我的看法是：都要有。所以对于她的某种"感情价值观"，我很抵触。而此时，报复性原始欲望把这个问题搬了出来——"梦中她嫌车太小了"。这个，已经谈不上是不是变相指责了，根本就是赤裸裸（梦对于批判别人的时候的确毫不留情）！在梦中为数不多的台词里，这是一个点睛之处。

而这段梦中更大的象征意义是"我们都在车后座，而没人在前座开车"，这个所象征的是我对于"假如在一起，未来会怎样"完全是茫然且不知所措的（关键就在于我还喜欢她，要是彻底不喜欢了，这事儿就简单了，但肯定也不会有这个梦——潜意识中对于这事儿没纠结了就不会做这个梦）。至于"在车里"的次要象征意义则是有那么一段时间我非常忙，忙到她主动约我都被迫推了——车子的行进——我们在车上就开始"前戏"代表着匆忙。

脱衣服的问题，我觉得不用多说了，映射着肉欲和我占便宜的心理……算了，都说这么多了，接着说吧……而"我们都裸身只穿着休闲装"，是代表着我曾经有那么一阵希望自己和她能够突破一些我们之间的屏障（实际上未能突破，仅仅是愿望）。

可以看得出在这段梦境中，基本是延续了上一段两种愿望的争执。而这段结束完全又是报复心态——在我们前戏的时候跳出个她的"兄弟"来终止这些。其实这也是一种暗指：我认为，她对不止一个人说过"咱们生个孩子吧"！

也许看到这儿，有人会觉得很荒谬甚至鄙视：你都这么鄙视一个女孩了，还喜欢得死去活来？

我不清楚有多少人经历过这种来自于感情上的纠结，我还是从我的角度来说吧：值得不值得喜欢，和喜欢不喜欢，是两回事儿。而且我们（人类）的大多数这类情感都是爱恨交加的状态——关于这一点在后面的章节"情感与理智"中会有说明。

关于碎片五的分析：

我认为，在碎片四分析中最后提到的那个"值得不值得"的问题，我肯定自问过。但假如我有了明确答案的话，恐怕就不会有这个梦，也不会这么纠结了。也正是如此，第五个碎片是"依旧喜欢她"的原始欲望完全占了上风。

在一个房间内、白色的布景、窗外是海、我看着她醒来的样子、开始做爱（终于得逞）……这一切象征着我曾经也一直所期待的状态。白色的环境、布景意味着某种纯粹的感情关系而非物质。（严格地讲，这应该不是占便宜的心理，而是一种单纯的向往。事实上假如她从未提过物质的问题，很可能我的纠结也不会存在。但对于物质上的贪婪，也就意味着很多其他问题。就是这些造成了她那些"兄弟"的出现，以及我认为她不止对一个人说过"我们生个孩子吧"。）

这段梦其实非常简单，没什么特别值得多分析的。我觉得很多读者甚至不需要我分析都能看懂这是怎么回事儿。

"我们的身体都蒙在被单下"不完全是出于审查机制的原因（这不是遗精的春梦，而且那种精神上的满足感才是我更期待的），另一个原因还是因为我并没有对她的裸体或者接近裸体的实际概念。

"窗外是海"这个取自我在做那个梦之前不久的想法。我犹豫是不是找个假期带她一起去热带海边，通过这趟旅程确定我到底对她（以及她对我）是什么样的感情。而这段梦的结束还是出于"反对情绪"的干扰。

关于碎片六的分析：

不得不承认，梦把这部分作为结尾是非常适合的——因为这是两种欲望冲突后达成的妥协。

很明显，这段梦把一些问题模糊化了，既没有明显的亲密（性爱），也没有明显的排斥（贬义性质的象征），甚至连"台词"都没有，而是用了一个相当模棱两可的画面来表达出这种妥协：并排站在一起（站在海边则是在梦里实现了上段中提到的未决定"设想"）。对于这种"抹稀泥"式的妥协，我认为非常适合。（曾经这两种想法的冲突，如今在梦里也没能得到解决，所以最后才会出现这种折中的表达方式——并排站在一起。）

而那个黑色沼泽象征的不是肮脏或者性的问题，是我对自己感情方面未来的迷茫——这个主要原因在我。记得我不久前还和一个朋友说起过这件事儿，说完后曾自言自语地嘀咕过。主要内容是自问我适应不适应结婚呢？我不确定。对于结婚以及结婚后的生活我很迷茫，不知道该怎么办。我是一个多年没有作息规律、生活规律和责任意识的人，假如真的结婚，这些问题想必还是需要面对的。（例如说现在我通常是下午三点多睡，晚上十点左右起床，我不知道这是什么时区的作息。但是我能确定一点：我的作息跟昼夜完全没关系，所以我也经常搞不清自己所处的日期，只能大概地知道："啊，现在是2010年的9月……上旬……吧？"）但如果要我舍弃现有的这种散漫自在生活，我想不出会是什么样子……

也就是如此，莫名的那小片沼泽在梦中是我要独自穿越过去的——

只能我自己处理这个问题。（梦进行到这里已经不再局限于我和她之间了，而是把问题扩大化了。因为我已经能明确自己不会和她有什么发展，所以"我独自穿越"则是已经把她抛开了。）

还有那朵莲花。

那朵莲花应该不是生殖器象征，它所代表的是一种希望。（在这个梦里，性的问题已经混在感情中一起直接表达了出来，所以我并不认为还会另有其他地方额外地再来对此有什么象征性手法表达。不过这种情况单指这个梦，而非范例。）至于花心是个莲蓬，这应该象征着我希望我的下一段感情不再是昙花一现，而是有个结果的。在这点上，本应直接表达的部分，由于我对婚姻生活的迷茫和不确定，所以用了个含蓄并且俗套的镜头来表现。同时这个梦的最后一幕也再次强化了这点——回头看那栋房子。这很有趣，此时，始终贯穿梦的女主角并未出现——这即代表了一种混合的复杂情绪：对未来感情的未知（被吹动的窗帘——不明方向及摇摆不定），又采用了一种直观化的浪漫镜头做了个含有期待性质的隐喻。

好，这个梦解完。几分钟前回头看了一下，并且翻了翻当时记下的笔记，我确定这个梦最主要最核心的部分就是这样。接下来我们整理一下这个梦的分析及全部实质内容，不过在这之前请允许我把前面提到过的《梦的解析》中那段关于梦的表现的原文重新搬回来，让我们再看一遍，我相信此时读者一定会看懂的。

*****　*****　*****

"在最初的时候，梦粗略地考虑存在于一些片段之间的关联——这无疑是存在的——把它们连成一个事件。因此，产生连续性（时间）的逻辑连接。从这点看来，梦就像是希腊画派的画家一样，把所有的哲学家或诗人都画在一起。这些人确实未曾在一个大厅或山顶集会过，但是由思想来看，他们确是属于一个群体的。

"梦很小心地遵循着这种法则，甚至连细节都不放过。无论何时只要梦把两个元素紧拉在一起，那么就表示在参与选材的两种原始欲望之间必定存在着某些特殊的亲密关系。这和我们的文词相似，'ab'表示这两个字母是一个音节。如果在'a'及'b'中间有个空隙，那么'a'就是前一个词的最后字母，而'b'是另一个词的起头，所以，梦中两种元素的并列不是无关的原始欲望随意拼接在一起，还是具有相似关系的。"

*****　*****　*****

现在让我们来完整并且系统地说一下这个"破碎的梦"好了。

不过在这之前先要把一些疑点解开。

（1）为什么在这个梦中，性行为可以赤裸裸地表露出，而不需要隐喻或者做成象征？

答：这个问题也是我彻底清醒过来后曾经不解的问题，但几分钟后我明白了这是为什么。还记得吗？现实中她曾明确地向我表示过"我们生个孩子吧"。这代表着一个特许。有了特许，这种"被允许"的行为当然不受审查机制限制而得以顺利通过。在前面的章节我们说了，审查机制本身也是本我、超我、自我三方联合构架的。在大多数情况下，性行为之所以不能在梦中被直接表现出来是因为超我在发挥作用——超我是社会制度的个体化现象，所以有了那句"特许"，就意味着并没影响到"常态"继续维持。这个梦中的性行为不必像其他梦那样躲躲藏藏。当然了，若你一口咬死那句"我们生个孩子吧"是她指单体人工授精，那我也没话说。（这种"特许"而导致的梦中出现赤裸裸的性行为在《梦的解析》中并未被提及，这一观点是哈佛社科院道格教授曾提及过的一个论点。）

（2）既然两种愿望在冲突，为什么潜意识不干掉它们，而非得用这么复杂的方法表现出来呢？

答：梦的原始愿望不是说来就来的，而且我相信它是先到达"审核层"（这就是所谓的潜意识层和意识层之间的缓冲地带），然后进入到意识层才能表现为梦境。很显然，这两种愿望都已经脱离了"审核层"进入到了意识层。

（3）那为什么这两种愿望都能进入到意识层呢？仅仅通过其中一个不就没什么纠结的了吗？

答：这两种愿望是并存的，假如不存在"冷眼的复仇意识"，那么

"我依然喜欢她"则不会存在，就变成了我"喜欢她"。所以每当我想到其中一个问题，那么另一个问题则伴生。这种"孪生意识"并不罕见，几乎每时每刻都存在于我们那灰质大脑中（灰质是个名词，好奇的人请自行查阅，不难找）。只是大多数"孪生意识"存在的时间很短暂，梦中的这两种之所以在这个问题上会长时间地存在，是因为感情——这是很无奈的一个事实，人无法没有感情。

（4）你怎么确定这是个"破碎的梦"而不是六个梦？

答：首先是角色的贯穿，其次是两种愿望始终在这些碎片中冲突、纠缠。再有，除此之外再也没有其他愿望浮现出来了。而且对其连续性的理解算是成人的基本能力之一。假如某连续剧，第一天播了一集，第二天播了另一集，那么第二集哪怕上来就换了时间地点背景，我们绝大多数人都不会惊奇地叫唤："咦？这片子跟昨天那个剧情好像！"对吧？其实这就是存在于我们意识中的"客体永存"认知。

名词解释：客体永存

答：客体永存是我们在成长过程中所得到的一种认知经验。即：当一个物体在我们眼前被遮盖的时候，我们不会认为这个物体就凭空消失了。之所以说这是一种学习而来的经验，是因为我们在婴儿时期的最初阶段并不能认识到"客体永存"。这也就是在逗婴儿玩儿的时候，假如我们把脸用手遮盖起来，当再次把手拿开露出脸的时候，婴儿的表现会很兴奋。这个过程在那个还未曾认识到"客体永存"的婴儿眼里，则是：他在→他消失了（用手遮盖）→他出现了（去掉遮盖物）。

客体永存这一概念非常有趣，它既可以归纳到行为学中（其实行为学本身也是心理学），也可以归纳到纯心理学理论中。前者不用说了，而归纳入后者，是因为我们的意识及潜意识都会把这种"客体永存"现象同化及顺应到其他方面，这也就构成了我们对于现实世界的某种认知。对于这一点，如果有人告诉我"你错了，意识不会把客体永存现象延续到事件情节（故事情节）或者事件表述（故事表述）中"，那么我只能对他的智商深表同情，仅此而已。（补充一下：同化及顺应这两种"经验的扩展"，不是我信口胡来的。请仔细想一下，我们不必把每一样东西都遮盖起来，再放开后才能确定客体永存这一现象。当经验累积到一定程度的时候，必定会对更多事物产生出同化及顺应，这也就是我们在大多数时候不必尝试每一件事情就可以推测出结果的原因。）

所以，对于问题——这是完全没有关系的梦，还是一个整体的六个梦，还是表面破碎但整体连贯的一个梦，答案很明显。

把一些零碎的问题解决掉后，现在我们来完整地看看这个梦。

这个梦在最初的时候是从"冷眼复仇心理"开始（这不是偶然，相对那些美好和谐的印象而言，仇恨和妒忌往往会更能牵引出我们的某种思绪，也更能直接影响到我们的情绪，哪怕是记忆）。接下来梦转移到了另一个方向——用一种"昨日重现"的方式展示出曾给我留下深刻印象的一次约会，以及那句"我们生个孩子吧"对我所造成的冲击性记忆（也就是与此同时还产生了对她的抗拒性，我所有的纠结基本因此而起。假如她采取一种循序渐进的方式慢慢接触我，恐怕我会受宠若惊地接受），然后我的复仇情绪杀了个回马枪，两种愿望开始对攻，并且在争执中分别用了各种手段和技巧，但是并未分出胜负（第三和第四碎片）。然后意识层开始介入（也是我的意愿），用平和的画面来勾画出未曾发生过的，却是我设想过的场景。也就是在这个场景中，做爱成了"事实"而不再是一种幻想或者因为什么而纠结。最后是两种愿望之外的，我长久以来的一个担忧——对于婚后生活的不确定及迷茫（此时已经没女主角什么事儿了）。不过，定格的时候是梦玩儿了一个"期许美好未来"的画面，以此遮盖了这两种愿望冲突所带来的纠结情绪——最后那个"镜头"的确让我很回味——梦境结束。

这个梦很特殊，也很有代表性。它把"梦的表现力"及"梦的象征手段"还有"梦的表现形式"演绎得淋漓尽致。而且前面所提到的伪装、凝缩、转移，也统统得到完全发挥。（这个梦可以说是七拐八拐东拉西扯地纠缠了很久，主要原因是两种愿望互相抵触。）也就是因此，这个梦我并没把它放到前面，而是放到了这里来说明，假如在前面章节就说这么深，估计很多读者都看懵了（并且我对这个梦"说还是不说"也是原因之一）。

我希望自己的这个梦能够像我设想的那样，起到"例题"的作用，同时我还希望有更多的人能够通过这个梦，得以窥探到水面之下的那个世界（让更多人窥探到我的感情世界已经可以肯定了）。

// 四 镜头之外的语言——象征、性象征及相应的替换 //

在梦中，会大量出现一些带有象征意味的画面、情节、物体，这已经是一个不争的事实。在多年以前关于"象征究竟是否存在于梦中"的争论，如今早就尘埃落定了。因为象征性的比喻在我们生活中极为常见，所以梦对于这种表达方式极娴熟也乐于使用——这可以让很多被审查机制所限制的念头和话题顺利通过审查而进入到意识层。前面单车训练的梦中那"并驾齐驱""单车有问题""轮胎的奇怪形状"等，都属于这类象征。不久前在跟一位朋友聊到梦的时候，他听后问我："你确定梦是这么象征？"所以对于这个"象征性"的实例问题，我想还是有必要多说一点儿。

在生活中，象征性的语言和形容几乎是必不可少的，例如夸奖女人会用"花容月貌""美若天仙""沉鱼落雁"，等等。扩大范围的话，则这类相关的象征性用词就更多了。形容某人会来事儿——"八面玲珑"，形容某人做事得心应手——"左右逢源"，形容某某有气质或长相好——"顾盼生辉"，形容某人突然发达了——"一飞冲天"，形容某物品（无论人造或非人造）极其珍贵——"价值连城"……这些词汇，我们都知道是不仅仅只看字面的，在其背后有着一些深厚的含义或者干脆就是个故事。而从这种象征性词汇的接收一方（无论是看到还是听到），则会形成一种概念性的印象——这个印象就是象征所带来的。所以我们说：一口咬定梦是直白且不含象征的（"一口咬定"就是一个象征性的词汇），也等于宣布"梦禁止这种早已在生活中所娴熟掌握的比喻、象征、形容"。很显然，这种观点不但没有任何依据，而且是可笑且非客观的。

不过，在梦中的那些象征虽然含有我们所认知的意义，但同样也不能忽视在我们主观印象下，部分个性化概念所造成的象征意义不同……

让我再说得简单点儿。在前面提过，这种印象是因人而异的（个性化）。比如说有人听到"香菜"这个词会产生食欲，而我听到"香菜"这个词会觉得恶心。也就是说，对待同一件事物，我们每个人的主观印象都是有一定差异的。看明白了吧？

为什么一定要弄清楚这点呢？因为我们必须明白，梦中的大多数象征是没有任何规范可言的。我曾听有人说《梦的解析》书中的原本含义更倾向于"有规范可言"。谁要是强调这个看法，我只能说老兄你看书的时候不认真，走神儿了。其实弗洛伊德另有一段对此加以说明了。他曾强调："每种梦里的象征都会有一定的普遍性，但是并非绝对。这就好比中国的汉字。汉字，假如单看一个字是这种意思，但是若组到句子里则有可能变成完全相反的含义……"这才是弗洛伊德的观点。（关于汉字的例子一个就够：事故，故事。两个完全一样的字，颠倒了组合就有了天壤之别。而梦中的那些象征性手法也是这样的——不能生搬硬套。）

下面我会用《梦的解析》中的一段来说明一些象征性的问题，但是请读者注意，这同样不具备范例性，只是在百年前的时代背景及环境背景下所产生的某种象征，对于这个客观事实一定要清楚。比方说在国内的大多数地区，"小姐"和"发廊"这俩词基本是被毁了。还有，假如在2007年，你说"凤姐"这个词，大家首先会想到的是《红楼梦》里那个泼辣的王熙凤。但现在你说"凤姐"，估计只要是消息不太闭塞的地区，大家都会想到那个谁……反正不会是王熙凤。另外，"芙蓉"这词儿也是这么个情况。

1. 象征、性象征

好了，现在让我们来看看弗洛伊德所举的这个例子吧。以下内容摘抄自《梦的解析》第六章第五节。

＊＊＊＊＊　＊＊＊＊＊　＊＊＊＊＊

这节选自一名年轻女人的梦，她是因为害怕受到诱惑而患空旷畏惧症。"夏天，我在街上行走，戴着一顶形状奇怪的草帽；它的中间部分向上弯卷，而两边则向下垂（在这里，病人的叙述稍为犹疑了一下），其中一边比另一边垂得更低。我兴高采烈地，同时也很自信；当我走过一队年轻军官的时候，我想："你们都不能对我有所伤害。"

因为她不能对这帽子产生任何联想，所以我告诉她说："这个中间部分竖起而两边向下弯曲的帽子，无疑地是指男性生殖器。"也许你会觉得奇怪，为什么她非要拐弯用帽子来代表男人，但记得这句话"Unter die Haube Kommen"（词面的意思是"躲在帽子下"实际上是"找一位丈夫结婚的意思"）。我故意不问她帽子两端下垂的程度怎么不同——虽然这种细节一定是解释的关键所在。我继续对她说，因为她的丈夫具有如此漂亮的性器，所以她不需要害怕那些军官——也就是说，她没有想要从他们那里得到任何东西的必要。而通常因为"被诱惑"的幻想，她不敢一人单独无伴地出去散步。基于其他的材料，我已经好几次向她解释其焦虑的原因。

这时做梦者对此分析的反应是奇特的，她收回对帽子的描述，并且声称她从来没有提到帽子两边下垂的事。但我确定自己没有听错，所以不为所动并坚持她这样说过。她沉默了好一会儿后鼓足了勇气才问道，她丈夫的睾丸一边比另一边低有什么意义，是否每个男人都是如此？就这样，那帽子特殊的细节就被解释了，而她也接受了这个解释。

在病人告诉我这个梦的时候，我已经对这帽子的象征感到熟悉了。别的较不清晰的梦倒使我猜想帽子还可能代表女性性器官（弗洛伊德原附注：请看克契格雷伯的一个相似的例子：斯特科尔也记录了一个梦，梦里有一顶帽子，中央插着一根弯曲的羽毛——这象征着阳痿的男人）。

*****　　*****　　*****

通过这个例子我们很容易就看到问题所在：当时欧洲的穿着礼仪、时尚与现在是完全不相同的，所以在那个时代这种象征不但是成立的，也是较为普遍的现象。假如现在有人认定"大帽子就是代表男性生殖器"的话，那么请您走到街上并且指给我看，究竟谁戴着高高的礼帽上街了（当然，我并不排除部分梦中帽子象征着男性生殖器，但是很显然那不具范例性了，而是鲜见的个例）。还有，很明显这个梦中把男性生殖器替换为帽子，是出于那位女士不好意思问询。这类型的替换是因为从生活中延续而来的"羞涩"——在现实生活中不敢干的事儿，不见得到了梦中就敢干（大多数情况下），所以梦在表现上会用一种自我认定的或者约定俗成的模式来进行概念性的替换。

例如男人通常把生殖器戏称为"鸟"（这点上好像东、西方都一样）或者"雀"（雀，在这里是采用一种方言性质的发音，音qiǎo，带个儿音）。或者称呼自己的生殖器为"小弟弟"（女性会用"小妹妹"）来作为形容（梦中则直接成为象征）。

例如前面我说过的那位从马上掉下过的朋友，当时他不小心被马踢到生殖器后，在相当一段时间内都担心自己会不会丧失男性功能。所以除了梦到"怒放的鲜花"，他还曾梦到自己的弟弟找不到了，而急得满头大汗地四处寻找。可事实上他是整个家族里最小的孩子，连堂弟、表弟都没有。这种"找弟弟"的梦，就是一种象征（因为他不愿直接说出自己所担心的，所以在梦中延续了这种态度采用象征而并不点明）。

另外一提：弗洛伊德描述的那位女士在梦中所表现出的疑惑点（睾丸一高一低），其实在男性身上很常见，属于正常现象。请有过性经验并且抱有同样疑惑的女读者安心，没什么好纠结的。

我认为，通过前面以及在上一节中所做的分析，还有讲解过的梦实例后，对于象征性的问题再多说下去只是在浪费时间，所以我们就继续往前走，顺着目前的话题继续。

关于象征物的替换，请看下面这段内容。这部分来自《梦的解析》原文选段：

＊＊＊＊＊　　＊＊＊＊＊　　＊＊＊＊＊

所有长的物体——如木棍、树干，以及雨伞打开时都形容竖立的阳具，代表着男性性器官，还有长而锋利的武器：刀、匕首、矛也都一样。另外一个常见但却并非完全可以理解的物体是指甲锉——也许和使用时上下挫动有关。

箱子、皮箱、柜子、炉子则代表着子宫。一些中空的东西如船，各种容器也具有同样的意义。梦中的房子通常指女人，尤其是描述各个进出口时，这个解释就更毋庸置疑了。而梦中对于关注是否紧闭房门的问题就更简单了（参见《一个歇斯底里病患的部分分析》里杜拉之梦），所以在这里就不必要去说明开门的锁匙代表什么了；那个"爱泼斯坦女爵"的歌谣中，沃兰利用锁和钥匙的象征来架构某种动人的偷情暗示。（参见《性学三论》中的第二部，关于"诞生的理论"。）

一个走过套房的梦则是逛妓院或到后宫的意思，不过由萨克斯所举的例子看来，它也可以代表婚姻。

当做梦者发现一个熟悉的屋子在梦中变为两个，或者梦见两间房子（而本来是一间）时，我们发现这和童年时对性的好奇有关。在童年时候，女性的生殖器和肛门是被认为属于单一的区域——下部；后来才发现原来这个区域具有两个不同的开口。

阶梯、梯子、楼梯或者是在上面上下走动都代表着性交行为——而做梦者攀爬着光滑墙壁，或者由房屋的正面垂直下来（常常在很焦虑的状况下），则对应着站立的人体，也许是重复着婴孩攀爬父母或保姆的梦回忆。而"光滑"的墙壁是指男人，因为害怕的关系，做梦者常常用手紧抓着屋子正面的突出物。

桌子、台子也代表着女人——也许是利用对比的关系，因为在这些象征物中，其外观是没有突起的。一般说来，木头（wood），从其文字学上的关系来看，是代表着女性的质地（materie）。"Madeira"（群岛）这词的意义也是葡萄牙文中的森林（wood）。因为"床与桌子"形成了婚姻，所以后者在梦中常常取代前者，因而代表性的画面被置换成吃的画面了。

至于在衣着方面，帽子常常可以确定是表示男性性器官。外衣（mantel）也是——虽然不知道这象征有多大程度是因为发音相似的缘故。在男人的梦中，领带常常是阴茎的象征。毫无疑问，这不但因为领带是长形的，并且是男人所特有的、不可缺少的物件，还因为它们是可以依据各人的爱好而加以选择的——其实这种自由，是受到大自然所禁止的。（请对照《精神分析公报》上所刊登的关于一位19岁的躁郁病病患的图画相比较：一位男人挂着一条蛇领带，而这蛇正弯向一位小姐。另见《人类学》杂志上《害羞的男人》：一位女士闯入浴室，撞见一位来不及穿上衬衣的男人。他很尴尬，赶快用衬衫的前面部分盖住自己的喉咙部位并说："对不起，我还没有打好领带。"）在梦里利用这种象征的男人，通常在真实生活中是很喜好领带的（近乎奢侈），常常收集了好多。

梦中所有的复杂机械与器具往往代表着性器官（通常是男性），在描述这方面，梦的象征作用和诙谐工作均都不厌其烦。还有各种武器和工具也无疑都是代表着男性生殖器：犁、锤子、来福枪、左轮手枪、匕首、军刀等。同样，梦中许多的风景，特别是那些桥梁，或者长着树林的小山，都很清楚地表示着性器。马基诺维斯基曾经出版了一组梦的图片（由做梦者画出来），展示了梦中出现的风景与地点。这些画都很清楚地刻画出梦的显意和隐意分界。如果不注意的话，它们看起来就像是设计图、地图等，但如果用心去观察则知道它们代表人体、性器官等。这时那些梦才能被真正了解到。至于遇到那些不可理解的新词汇时，应该考虑它们是不是从一些具有性意义的成分拼接出来的。

梦中的小孩也常常代表性器官。想起来的确是，不管男人或女人都是习惯于把他（她）们的性器官叫着"小男人""小女人""小东西"。斯德科尔认为"小弟弟"是阴茎的意思。他这么认为是对的，如梦中和一个小孩子玩，或打他等，通常指手淫。

表示阉割的象征则是光秃秃的——剪发、牙齿脱落、砍头。如果梦关于阴茎的常用象征两次或多次重复出现，那么这是做梦者用来防止阉割的保证。梦中如果出现蜥蜴——那种尾巴被切掉又会再长出来的动物——其实具有同样的意义。

许多在神话和民间传说中代表性器的动物在梦中也有着同样的意思：如鱼、蜗牛、猫、鼠（表示阴毛），而男性性器最重要的象征则是蛇。小动物、小虫则表示小孩子。比方说不想要的弟弟或妹妹、被小虫所纠缠则是怀孕的象征。

值得一提的是最近呈现于梦中的男性性器的象征——飞艇，也许是利用其飞行和形状的关联。

　　　　　　　　　　★★★★★　　★★★★★　　★★★★★

　　看完原文现在我们回来。

　　之所以把这段放在这里，而不是在更前面的章节中提出，是因为：我相信读者对于梦的象征意义，目前应该已经具备了一定程度的辨析能力。假如我在很早的时候就提出这点，恐怕不是招致非议就是会误导部分读者——那不是我所希望的。

　　这些在《梦的解析》原书中列举的象征物，许多已经被其他象征物替换掉了，例如飞艇。估计很多读者目前都没亲眼见过那东西，包括我。飞艇那东西，没亲眼见过就真的不足以造成冲击性记忆（我听朋友形容过亲眼看到那东西后有多震撼），也就很难会被梦选为素材——这一点适用于很多与时代所脱节的象征物——我活了三分之一个世纪了都没戴过那种欧式的大礼帽，所以对那东西我没什么概念，也就很难把它当作"弟弟"的象征。

　　在节选最开始的部分所提到的"长形物体及凸起物象征男性性器"，我个人认为：比较具有范例性。因为类似的梦我有过，也曾听别人说起过（实际上这个理论也是传播最广的，对心理学稍感兴趣的人基本上都知道，并且曾不同程度地传播过），所以在这里就不举例来反复作无谓的强调了。同样，对于为什么要进行替换，也无须再过多解释。

　　在接下来说下个问题之前，我单独就"性象征"这点多说几句：在解梦的时候，对于"象征"这个问题，千万不要生拉硬拽地往上套关联，因为很多时候梦的象征是没有绝对定式的，也不可能有绝对定式，其实也就只能有概念上的某种相仿效果而已。再有，这种象征——尤其是性象征——是直接跟文化、语言、环境等人文因素有着很大关联的。（例如在中国传统文化中，有"天父地母"的说法，其实这就是很明显的一种性象征。但是不同于弗洛伊德前面所列举的那种直观特质，我们中国的这种性象征则是以"远、近、疏、亲"来作为标志，这不同于前文提到过的那种"以直观外形作为性象征"概念。）对于刚刚举例的那些只能作为参考来看待，千万别当成"性象征词典"背下来，没多大用。还是那句话：领会精神。

2. 同性恋及倒错的性象征着什么

接下来说另一个问题，那就是：同性恋及性别倒错的问题（指梦的原始愿望）。

有时候一些梦经过分析后，我们会发现梦中的原始欲望是一种同性恋倾向，难道说，这是我们潜意识中有同性恋的欲望吗？

假如你能确定这个梦的原始欲望就是这样的，同时你的性取向是标准的异性（非双性恋或者摇摆不定的），那么我会说：是的，是同性恋倾向的愿望。但，请区分一个关键问题：同性恋倾向，而不是同性性行为。这很重要。

同性恋现象在正常人群（非绝对意义上的，而是指前面说过的社会常态群体）当中也很普遍。同性之间的友情其实就是一种同性恋关系。先别急着反驳，让我来说明这个问题。恋，不代表就是性行为。它有可能包含性行为，但是并非必须包含性行为。问题就在这里了，我们都明白"夫妻"的定义——必然包含性行为。而夫妻之间的关系是一种协作关系，养育后代就是主要协作内容。现在请仔细分析下就能看出，其实"友谊"也是一种协作关系，至少它有着相互安慰的一种"慰藉交换"。这是不需要性行为的。所以同性之间的友谊也就是一种同性恋行为（非同性性行为）。在这种协作关系下，我们的整个社会得以发展并且延续，所以这种同性恋行为属于一种社会稳定因素。所以看待这个问题还是要客观一些。这种梦中原始愿望里所包含的同性恋倾向是社会概念的同性恋，跟性爱无关。其实深究起来，这种社会概念的同性恋应该是源于超我，那是合作、协作关系的一种延伸。所以对于梦中原始欲望所带出来的同性恋倾向，没必要心惊肉跳，因为那和同性恋性行为完全是两回事儿。也正是如此，部分这种"暧昧性质"的同性恋行为在可以通过审查机制后浮现到意识层（假如并未加以伪装、象征和替换的话）——因为它并不违反审查机制的"维护常态"基本原则。带有这种原始欲望的梦其实是超我在某种程度上用了一个象征性手法表示出某些做梦者实际发生过的社会关系。如果结合前面"角色"那节来进行更深一步的剖析，想必很多读者会找到其中奥妙的。

以上这个话题，必将引起读者的质疑，而且不排除会引起读者之间的争议。假如真的出现这种争议，请宽容地看待这争议的存在。因为这个问题在欧美学术界目前也是处于打来打去的局面。说到这儿了再多说一句吧，之所以把这种带有争议的观点放进来，绝不是我成心挑事儿。"梦到底怎么解析，是不是该这么解析"本身就是一个很具争议的问题。但我们要清楚一点，没有这些争议，也就没有今天我们对于心理学及潜意识的认识，所以，我前面说了：请宽容地看待争议。

有的时候当我们分析完一个梦后，发现在梦愿望中有性倒错问题。难道说，那种梦原始欲望中带有性别颠倒的愿望，就代表着我们有变性倾向？

直接给答案的话，那就是：有一定的这种倾向，但要说明，这种倾向主要是源于性好奇。

这种性好奇源于童年。

几乎我们每一个人在童年时期都有过对异性好奇的阶段（不是青春期那种懵懂的性渴望），这种性好奇纯粹是因好奇而起：为什么他（她）和我不一样呢？这种好奇虽然有时候能得到满足，但也仅仅是看见、知道了而已，并不能理解其原因。这种原始的性好奇心理，对我们的影响极为深远，甚至会一直延续到我们成年之后。

例如我小时候虽然曾看到过赤裸的异性（跟我同年龄的女孩），但是我除了惊奇之外是不能理解："她们怎么少了个'零件'？"后来我还曾模仿着像女孩那样的姿势小便（我问了几个比较熟的朋友，他们小时候都有过这种行为，男女都有）。这种最初的模仿其实就是一种"性别转换"的尝试。而当我们成年后完全明白了性别问题，不代表着这种"变性尝试"就从我们脑海中被剔除了，正相反，还扩大化了——从最初的因不能理解含义而做出的行为模仿，到深刻了解后，所期待一种完全模仿。不过，这不代表着我们每个人都有变性的倾向。

很多时候我们都曾抱怨过一些性别上所带来的麻烦。男人会认为女人求人办事儿会容易得多（尤其是漂亮女人），受到的关注、关照比男人更多；而女人认为掌握这个世界的是男人，例如升职，不用忍受怀胎，不需要经期，等等。假如你关注下周围的人就会发现，这种抱怨几乎每天都会听到：

"我要是个男的就怎么怎么样！"

"还是女人好办事啊！"

"我们同时入职，就是因为我生孩子耽误了！"

"女人只要长得好，不用奋斗都有房有车还名正言顺，男的就不成，那算吃软饭！"

其实以上这些"变性愿望"的原始起点并非是性，而是其他因素。

我知道在《梦的解析》中，对于梦中的"性倒错"问题不是这么解释的，弗洛伊德的解释更偏向于"性驱力"这一说法，强调童年对我们的记忆及印象造成了这些影响，并且认为那是这类梦的唯一驱力而成为梦的原始欲望。不过根据目前欧美已知的事例及分析，有个比较客观的观点：不能否认随着我们的成长，在成年后所接受的社会压力而扩大化了这个问题，同时极可能是由于生活压力所引发的那种"变性欲望"出现在梦中，并呈现出"性倒错"的梦。所以，回顾下本书前面所提到的"……梦的原始欲望的产生是由本我、自我、超我主导的，但同时这三个我也在互相影响着……"，所以这种"性倒错"的梦，我并不认为"性驱力"是唯一驱力，应该还有更加"本我"的情绪在其中。也就是说，异性性取向人群的大部分这类"性倒错"梦，是由生活压力而触发，且借助"原始性好奇"（来自童年的）的渠道，而实际核心愿望应该是"跨性别的特权"。所以这种"变性愿望"大多数并不带有"同性恋"倾向（当然也就不可能有同性性行为倾向了），而且严格地说，应该是与前面提到过的"集体意识性质的同性恋"相对立的。

3. 不能不说的俄狄浦斯情结

估计这个话题都比较熟，我就不多介绍了，只是为那些尚未知道这一理论的读者简单先解释下什么是俄狄浦斯情结。

俄狄浦斯这个名字来源于古希腊剧作家索福克勒斯的著名悲剧《俄狄浦斯王》中的主角。他是底比斯国王莱乌斯与王后约卡斯塔所生的儿子。

由于在他出生前，神谕就已预言他长大后会杀死父亲，所以一生下来他就被弃于荒野。不过邻国国王路过荒野发现并且收养了他，后来俄狄浦斯成了该国王子。他由于自己出身不明去求神为他指明，而神谕显示出他命中注定会杀父娶母，并为此警告他要远离家乡。俄狄浦斯听了之后决定离开国度（其实是养父的国家）。但在离开家乡的路上他碰到了亲生父亲莱乌斯王（当然不认识），而由于争执他将自己的父王打死了。当他流浪到底比斯后，解答出了斯芬克斯之谜（斯芬克斯，狮身人面怪，自己的问题被解答后自杀了……我不理解这是什么心态，可能斯芬克斯心理有问题），而被感激的底比斯国民拥戴为王，同时娶了王后约卡斯塔为妻。在位期间国泰民安，他并与约卡斯塔生下了两男两女。多年后底比斯发生了一场大瘟疫，国民去求神谕时所得的回答是：只要能将谋杀先王莱乌斯的凶手逐出国度就可停止这场浩劫，但凶手在何处呢？怎么找到那个罪犯呢？悲剧就这样一步一步展开，终于，引出最后的残酷真相——俄狄浦斯王就是杀死莱乌斯的凶手，而且更糟的是他本身竟是死者与其妻所生的儿子。根本就不知情的俄狄浦斯无比地震撼并且为此痛苦不已，最终是个悲惨的结局——俄狄浦斯自毁双目远离了家园，流浪于荒野——而这一切完全符合神的预言。

而弗洛伊德引用了这个悲剧的名字，以此来命名儿童性心理中的"恋母情结"。儿童性心理学中所说的"恋母情结"象征意义大于实际意义，很多对此一知半解的人错误并且泛滥地借用这个名词，已经给人留下了无聊的错误印象，所以我对此会花上一点儿篇幅说明一下"恋母情结"的问题。

在本书第零章的时候，我就提过一个观点：孩子的愿望是很难满足的，因为孩子是贪婪的，他们还没学会克制，还未理解什么是适度。所以对于"母亲"，孩子们的概念直接得多：代表食物，代表安全，代表温暖，代表呵护，代表关注，代表宠爱，等等。而且这也是对孩子来说最亲近的异性（在这点上，原始的性概念才发挥了其作用）。而孩子眼中的父亲则是一种制度与秩序（限制及规范），并且父亲还可以同母亲很亲密。所以出于独占本我的心理，才产生了妒忌（并不清晰，很混乱很迷茫的那种），也所以才会在孩子的梦中出现俄狄浦斯情结——即"恋母情结"。在《梦的解析》原著中已经很清晰很明了地说了这点，但正是这点，被很多仅仅看了一点儿就四处传播的人歪曲了其真实含义，这就导致相当一部分人对于儿童性心理中"恋母情结"有着很大的曲解及误解。在此，我要强调、重申弗洛伊德的观点：请看完，并看懂。

表现俄狄浦斯情结的文艺作品很多，例如莎士比亚的名剧《哈姆雷特》（有一版的电影大陆译为《王子复仇记》）。虽然剧中的哈姆雷特是为了替父亲报仇，但是很明显，父亲已经死了，而且所杀的人是父亲的兄弟——这就意味着某种程度上的象征与替换。而更深一层的是，哈姆雷特在用一种赎罪的态度来对待自己那时隐时现的"俄狄浦斯之欲"（这才是全剧的核心），也正是这点，最后莎翁用死亡来解脱了哈姆雷特（暗示着抵抗不可逆反的人性本我，唯有一死）。

刚刚想了下，我觉得这类的梦写不写其实无所谓，而且涉及"俄狄浦斯情结"会引出海量篇幅来谈到儿童性心理（梦的大量素材源于童年记忆、印象），所以在这里我们就不再用实际梦例来做更多的说明了，有兴趣的读者可以查看弗洛伊德半神那个经典"鼠人"病例（其实"俄狄浦斯"梦例非常多，而且许多心理学家都有过研究），而在这本书里就不为此增加篇幅了。

// 五 关于本章那些"未曾提到部分"的说明 //

在本章中我们见识并且领略到了梦是多么了不起的一位艺术大师，不过我之所以在本书中只做了概述性的说明而并未详尽，一是出于篇幅考虑，二是因为我深知这么写下去，多少字都不可能写透彻。因为，梦的表现手段基本跟汉字有一拼——看上去也就几千汉字（常用），但是就是因为组合排序问题，这几千个汉字能让你哭，让你笑，让你神魂颠倒。梦的表现手法也是这样，不但复杂而且精妙——虽然看上去简单。在我反复掂量了自己的能力之后，我觉得"写尽"是不可能的，所以也就尽可能概括后，并且挑选主要部分在这里做了个浅显的表述。同时我也深知很多观点并非来自于《梦的解析》中相关章节，但是我并不认为这有什么不对或者不好，因为我在最开始就已经说明了这本书是在弗洛伊德梦理论为核心的前提下，进行了修改，融入了很多近些年才有的新理论作为参考（书目会于本书最后列出），所以请读者理解我这么做的初衷：我并非要照搬一本书认死理到撞墙为止，我只是想打开一条缝隙，让大家都能窥探到我们未曾留意过的那些精彩与秘密。

　　在梦的表现形式上其实还有其他的转换及替代形式。例如梦中的数字就是一项。不知道读者是不是还记得我在最开始的时候，解析"单车训练梦"所提过的两组数字：85、20，我深信这两组数字一定是有着特殊的含义，但是就算到目前我都没能理解这到底代表着什么。

　　还有，在《梦的解析》原著中还强调了很多单词的替换和单词组合，还有单词的象征及联想。但针对这类梦的解析恐怕很多读者不会产生同感，甚至不能理解。因为我们的汉字不是拼音文字，所以这些例子在这本书里就不会出现了（文字背景不同）。与此相同的还有性的问题，本节中对于梦中的性问题的一带而过，并非我遗漏，而是我刻意没有做过多的说明及解释，因为在《梦的解析》中，性这个问题被说了很多次，但是目前我们主流的心理学认知及性心理学认知发现，很多有关性的梦，虽然看起来似乎是一种性原始欲望，但是并不代表着全部（就好比上一节中提过的"恋母情结"一样，其中彻底的、根源性质的性成分没那么大），反而跟社会结构、文化传承、宗教历史的关系更大。也正因如此，在本章中对于"性驱力"及"性的梦"这一话题有意淡化了。

　　至此，这漫长的第六章就此打住，让我们接着进入到下一章。

情感与理智

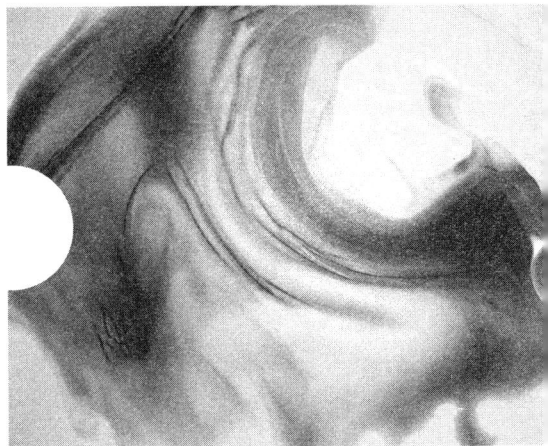

　　梦中的情感与理智，其实并不比我们实际生活中的情感与理智简单，反而更加复杂些。因为我们在生活中所产生的一些情绪问题，是经由意识层进行了筛选、过滤的——也就是说并非所有的情感都可以爆发出来（被维护常态的审核机制所压制），之后才转变为相对来说没那么表面化的一种情绪。因为潜意识之中的一些因素没有浮现出来（被压制），压制的原因是更为严格的"常态审查机制"在对此加以限制（这点前面章节中说过了：必须保证个体身处于社会中的常态）。

　　还是拿香菜事件来举例。假如我一整天都能若隐若现地闻到那个香菜的气味，我不一定会为此暴跳如雷，但很可能一整天都会不高兴（因为那激活了潜意识中那令我不安的记忆）。而当我脱离了那个充满香菜味道的环境后，我也许会因为一些别的事情愤怒（所谓迁怒）。那么之前，身处在"充满香菜味道的环境"中的过程则是情绪的积蓄过程。之所以积蓄是因为我不知道小时候被香菜里面的蚂蚱吓到（假定那时候还并不知道），那么我对香菜气味的反感（不安情绪）只是隐隐地影响着我，暂时不会被触发——因为并没浮现到意识层。

　　刚刚所说的还只是个不够具有代表性、也不够彻底、同时也没包含更为复杂感情的例子。而实际上我们情绪的复杂程度远远不只这么简单，这也就是本章独立存在的根本原因。

//　一　梦中那纠结的情感　//

　　在梦中所出现的情感不见得就是真实的情感，因为那是经过伪装、凝缩及转移之后的"情感"。

例一：

"请家长的梦"看上去是一种嘲讽，而实际上是憎恨和报复心态。

例二：

在弗洛伊德记载过的那个有关"葬礼的梦"中（其实是爱情故事），少女参加姐姐唯一孩子的葬礼并不感到悲伤，反而带着一种期待的喜悦（与心上人见面）。

例三：

"恐怖诡异的梦"里所带出的那种强烈且鲜明的恐怖感，只不过是一种掩饰罢了。

例四：

"破碎的梦"中，我对于那位女孩的纠结自始至终都没有明确、直接地表达出来，而是通过各种暗示及手段掩盖。还有，在第三个碎片中，我和她所争论的那一幕，其实并不是我和她之间的问题，而是我自己在纠结——这显然也不是真正的情感问题——我并未因此愤怒或者有任何情绪。

这些，都是梦中情感的体现方式——即：伪装性质的情感。这种伪装性质的情感我觉得说得够多了。那么，真正的情感在梦中是如何表达出来的呢？还是用我的另一个梦来说明这点吧。

克里斯蒂娜的悲伤

这个梦简单至极。

在梦中，我仿佛身处于装潢精美、格调优雅的一处宫殿中。几乎梦中大部分时间我都在闲逛（但是我并不记得自己都看到了什么）。当我走到一幅巨大的油画前，我被这幅画所吸引，然后就一直停在那里看这幅画，直到这个梦结束。

醒来的时候，我能清晰地记得那幅画中的每一个细节部分。接着一股莫名的悲伤涌了上来，我开始哭。从最初默默地流泪，一直到最后失声痛哭。哭了好久，那种从心底涌上的伤感令我无法抑制。但是，我并不清楚这到底是为什么。

在这件事之后的差不多一个月时间里，我都在找梦中见到的那幅油画（我不知道它叫什么，只是有印象好像在哪儿见过）。当终于找到并看到了那幅画名字的时候，我明白了自己为什么在梦醒后会痛哭……还是让我从头说起吧。

大约5年前，一个朋友约我去看画展。记得当我们走过一幅画时，她突然示意让我停下，然后指着那幅画告诉我：画中这位展示出背影的人物，是一个患有小儿麻痹症的残疾少女。说完她带着一种近乎悲悯的表情一直在看这幅画，并且告诉了我这幅画的名字（她凝视的那个表情给我留下很深的印象）。而当时我并没有在意那幅画，只是瞟了一眼而已。因此后来我对这幅画以及这幅画的名字一点儿印象都没有，只记得她当时看着这幅画的表情。

没想到的是，多年以后，我在梦中完全而彻底地重现了这幅画的每一个细节：一个少女背对着画面侧身坐在草地上，她那细瘦的手臂支撑着身体，凝视着画面深处那栋木头房子……画面近景的草地，远景的地平线都是如此清晰鲜明地呈现于梦中（虽然在梦中以及醒来后，我都没想起在什么地方见过这幅画）。而后来，当我找到并且看到这幅画的名字的时候，那一瞬间，所有的记忆几乎是涌出闸门般冲进了意识层。我也就知道了自己为此而伤心的原因——那位曾约我去看画展的朋友在3年前已经去世了（追思会悼词还是我写的）。

那幅画的名字叫《克里斯蒂娜的世界》（作者：安德鲁·维斯，美国；油画，成品于1948年，现藏于纽约现代艺术博物馆；见图2）

这个梦中所深埋的，是我对已故亡友的悼念之情。但是那份悲伤的记忆被隐藏在了我的潜意识当中，也可以说是"有意"被深埋的——因为毕竟那会使我产生悲伤的情绪。对于这种"严重影响到情绪的记忆，并且因此而被深埋现象"的见闻和普遍性早就是一个不争的事实。例如遭受到精神重创后的失忆症就属于这类情况（脑损伤不在此例）。这方面的例子非常多，所以在此我就不再做更多的说明了，仅仅举一个我自己的经历。

在我二十多岁的时候，我第一次尝试了蹦极。但是至今，从跳下，

图 2

到第一次回弹期间的那部分记忆，我始终想不起来，一丁点儿概念都没有，完全空白。而有记忆的部分只是从回弹上升开始。我认为从"一跃"到"而下"的那段记忆，应该是由于过于惊险而被深埋了。

说到这儿，就该说一个重要的问题了，既然说，梦的作用只是满足愿望——那么这个梦的愿望是什么呢？

我相信当绝大多数读者看完这个梦及对其的解释，肯定会产生疑惑：既然梦是愿望的达成，那为什么你这个梦最开始的时候似乎带着的是一种缅怀或者悲伤的情绪？难道说你梦的原始愿望是想这样？我相信这不仅仅是让很多读者不能理解的一个问题，同时也是许多排斥"梦是愿望达成"理论的人所强调的。

但请回忆一下，我在最初就说了"梦是愿望的达成"是一种形式上的概念。

梦所做的一切都是为了达成一种愿望，而最初的原始欲望可以说是五花八门。但是无论这个原始欲望是怎么样的，梦都会把它变成一种我们可以接受的"东西"。如果你想杀了某人，那么梦会让那个家伙在梦中自己死掉；如果我想缅怀，梦不会直接把这种充满悲伤的情绪直接反应出来导致我哭醒（维护睡眠），它用了个意味深长的凝视场景来表现出了这种情绪（角色被替换为我）。但是，这种情绪因为过于强烈，虽然在梦中没能爆发出来，但是潜意识还是成功地影响到了我，让我在醒来之后忍不住为此而痛哭（虽然当时并没搞明白为什么）。假如你对这种影响不能理解的话，请参考"我对闻到香菜气味后所产生的不安情绪"——那同样是潜意识给我造成的影响。

说到这儿，我们也就可以明确地进一步对"梦是愿望的达成"来做一个更为精准的定义了。

我们的梦会维护睡眠，并且通过梦把一些深埋于潜意识中的充满压抑的东西释放出来。维护睡眠这部分不用解释了，而"释放深埋在潜意识中的压抑"则是重中之重。因为假如一些压力或者不良情绪一直存在于我们的潜意识中，那么恐怕当压力积蓄到某种程度的时候（因人而异），会转变为爆发状态。也正因如此，梦对于压力的释放是必需的，也是维系我们心理健康的必要手段。也就是说在这种情况下，梦要保证维护睡眠，并且把来自于潜意识的压力合理地并且顺应自然地释放出来（表现的同时不能影响睡眠）。这种表现的最终结束点一定是某种宽慰，而非不快或者更加压抑（例如恐怖诡异的那个梦，醒来后我并没为此吓得想起来就哭，反而有一种解脱感）。但是请注意，梦的这种机制虽然不会完全地把所有梦境都转变为快乐或者幸福结局，但是会通过转换形式把潜意识中的压力凝缩后再加以释放——这个转换形式和凝缩，就是前面说过的凝缩和转移功能。不过此时的"转移"还包含更早一些发生的转移（略有不同于后面的粉饰性转移），我们可以把这种转移称为"制定梦方向的转移"，应该是属于梦前期工作之一，而并非中期的借喻、化妆性转移。这种"制定方向性质的转移"也是同样被审查机制严格审查的——不可以直接把潜意识中的心理问题表象化，但同时还要解决问题。所以从严格意义上讲，梦是一种自我心理修复、自我心理调整机制（如果长期出现"因梦而更加压抑"则肯定是出了心理问题）。

这个时候我们再回来看"克里斯蒂娜的悲伤"这个梦。梦中把我对于故友的哀思转换为某种场景的重现，同时搜索出了我对那幅画的记忆来表达出我深埋着的情绪：在第一次见到那幅画的同时，故友那充满悲悯的凝视给我留下了极深刻的印象——悲悯的眼神——我对已不在人世朋友的哀悼。梦之所以用这种关联性的记忆和思路来作缅怀，是因为梦还有另一项重要工作要做：维护睡眠。关于这点，从醒来后我痛哭的程度就能看得出，那种悲痛如果在梦里爆发出来则必将影响到我的睡眠。但是值得注意的是，我那种对于亡友悼念的深层记忆并非是梦所触发，而是潜意识中的某部分，不明原因地突然释放出了这个记忆（恐怕我得接受催眠才能发现其被触发的原因，独立完成似乎有些困难）。

那么，这个梦的核心愿望就是释放出我潜意识中所积累下的悲伤情绪，但是用一种隐晦的、联想式的手段来加以表达。而这种转换表达，不影响到我的睡眠，就是这个梦的愿望。

难道说，成功转换，本身就是愿望吗？

是的，至少在这个梦中就是这样的。因为这足以使梦为此而努力一番了：既要释放，还得委婉，同时必须保证睡眠继续。进一步更直白的定义就是"这个梦的目的就是拐弯抹角不让我难受地（从梦中）释放出积压在潜意识中的情感"。

也许会有人觉得这个未免过于复杂了，并且不能理解梦的这种机制。其实，这个问题不能这么看。梦，是我们所有意识中的一个组成部分，而我们的意识是非常简洁的——把不必要的东西全部隐匿，而只展示出结论或定义。因为假如我们面对日常生活的时候，需要把所有记忆、印象、概念成因全部都挖掘出来，然后进行分析、对比、定义、归类，那恐怕我们这一生的大部分时间都会忙于回忆——很明显这没效率，还麻烦。

以电脑来做比喻。电脑开机的时候不会一下子加载所有程序，只要加载必要的、能够使系统启动的那部分就够了，至于其他的部分虽然已经存在于你的这台电脑中，但是这并非开机所必需的。想想看，假如你开机后所有的程序都运行起来，或者所有的程序都读取一遍，恐怕你要提前1个小时开机预读。所以，在开机的时候仅仅运行某些程序即可。另外，电脑运行中当你需要某些程序的时候，那些程序会根据你的指令开始运行。假如你开了某个程序但暂时不用，先放到一边的话，那么这些程序则会处在一种"占内存最低化"的维持状态——除非你手动去关闭它。还有，绝大多数程序在被打开的时候，你没兴趣看这个过程是怎么运作的——都在后台运行处理就可以了，直接展示给你一个结果就OK。就是这样的。

我们的大脑，远比电脑要复杂得多，但从某种程度上讲，运行原理却又跟电脑很接近（或者说电脑本身就是对人类大脑的一种模仿）。这种简化的运行模式，是对我们的极大帮助，而并非制造麻烦。但是梦在进行释放的时候，假如把陈年旧事细碎的各种记忆全部从潜意识翻腾到意识层中，那么不仅没达到释放功能，反而会让我们更加疲惫不堪。所以，梦处心积虑地维系着这种"隐藏"于潜意识的记忆或思维状态，是一种极其合理且非常完善的机制（也就是说正因此梦中的那些情感才会是如此遮遮掩掩，仿佛梦对于感情是很纠结、很避讳似的）。

如果说，我们的表象行为（意识行为）是一辆汽车，那么车身内的零部件则是潜意识部分——都被藏了起来——只有到修理的时候才会被打开，而不需要时时刻刻都敞着机器盖子——咱们的大脑其实就是这样做的。

因此，我们梦中的那些情感、情绪（无论喜怒哀乐）被很好地隐匿起来，其中一些通过梦境得以宣泄，同时又保证了醒来后并没把潜意识中沉淀下去的记忆重新搅浑又翻出来。所以那许许多多影响着我们意识思维、行为、认知、概念的"根源"依旧还在水面之下。也就是说，梦中的真实情感之所以"被隐藏"就是因为这个原因。而实际梦中暴露出来的那部分所谓"情感"不过是一种伪装罢了（但是不能否认一点：少部分伪装其实还多少带了点儿来自于意识或潜意识中的个人情绪，因为伪装的取材也不是凭空来的，所谓"万事皆有源头"）。

在本节关于"情感"话题的最后部分，让我们来看看弗洛伊德对于这类梦的分析及相关解析。

以下部分选自《梦的解析》第六章第八节第三段：

***** ***** *****

最初仿佛我身处在一座靠近海洋的城堡。后来它不再直接坐落在海上，而是在一条狭窄、连通到海的运河上。城堡的主人是P先生（司令官）。我和他站在一个有三面大窗的宽敞的招待室内，前面是一道墙的突起物，就像是城堡上的齿状突起。我属于驻守军团的，也许是一位海军志愿军官。因为处在战争状态下，所以我们担心敌对的海军来袭。P先生似乎想要逃开，他提示我如何处理紧急情况。他那残废的妻子和孩子们都在这危城内。假如被轰炸，那么大厅应当撤空。他呼吸转重，转过身来想走，但是我把他抓住，问他如果需要时怎么才能和他保持通讯。他说了一些话后却立刻倒在地上死了。毫无疑问，一定是我的问题刺激到他了。在他死后（对我一点影响都没有），我考虑他的遗孀是否要留在城堡内，或者我是否要将他死亡的消息告诉给更高的统治当局知道，或者我是否该代他统治此城堡（因为我的地位仅次于他）。我站在窗前，望着那些航行着的船只通过。都是一些商船，急速地划过深蓝色的水面，有一些拥有好几个烟囱，有些则具有鼓胀着的甲板，然后我兄弟和我一起站在窗前望着运河。当看到某一艘船时，我们害怕地大叫道："战舰来啦！"结果却是一艘我早就得知要回航的船。接下来一条小船以一种滑稽的方式穿插到中间来。它的甲板上可以看到一些奇怪的杯形或箱形的物件，我们一齐喊道："那是早餐船！"

快速航行的船，深蓝色的水面，烟囱上的褐色烟——这一切组合给我造成了一种紧张、不祥的感觉。

梦中的地点是我那几次游览亚得里亚海（Adriatic）以及米兰梅尔（Miramara）、杜伊诺（Duillo）、威伦斯（Venice）、阿奎利亚（Aquileia）等的印象所结合成的。复活节假期，我和兄弟到亚得里亚海旅游的印象仍旧很深刻（做梦的前几个星期）。这个梦暗示着美国和西班牙之间的海战，以及此战役带给我的焦虑（关于我美国亲戚的安危）。

这梦中有两个地方显露着感情。一处是应有感情激动但没有发生，反而将注意力集中在城堡主人之死的"对我一点影响都没有"。在另一处，当我认为自己见到战舰非常害怕时，感受着整个睡眠中所笼罩的畏惧感。这个结构完善的梦中，感情配置得那么好，以至没有产生明显的矛盾。我没有理由因为城堡主人之死而感到畏惧，不过在变成城堡的统帅后却因见到敌人的舰队而感到害怕。经过分析，显示出P先生不过是我自己的一个替代人物而已（在梦中我反而替代了他）。其实我才是那猝死的城堡主人，梦根源是关于"假如我死了，我的妻儿怎么办？"但令我困扰的是：害怕因死亡而造成的分离，和"见到"战舰的情节连在一起。其实那部分和战舰有关的情节却是从最令我高兴的回忆中所得来的。

　　一年前在威尼斯一个神奇而美丽的日子里，我和家人一起站在位于希尔奥玛芬尼（Riva degli Schiavoni）房子的窗前望着蔚蓝色的水面，那天湖上船只来往频繁，我们期待英国船只的来临，并且准备给予隆重的接待。突然我太太像孩子那样开心地大喊："英国的战舰来啦！"但梦中我却因这些相似的词而感到害怕（梦中的言语是由真实生活中衍生而来的）。因此，在把那些元素转变为梦显意的过程中，我把欢快转变为了惧怕。我只需要稍微暗示一下，各位就会明白变形本身就表达出梦的内容的隐意。这例子还证实梦的运作能够随意地把感情与梦愿望中原本的联系切断，并在显意中某个经过挑选的地点将它介绍出来。

　　我要借这个机会稍微详细地分析"早餐船"的意思，它在梦中的出现，使原先颇为合理的情况转变得无意义。当我对梦中这物象加以更仔细的研究时发现那船是黑色的，同时因为中间最宽阔的部分被切短了，所以它的形状和伊特拉斯科（Etruscan）博物馆那组吸引我的陈列品极为相似。那是一些方形的黑色陶器盘，有两个把柄，上面仿佛是装咖啡或茶的杯子，看起来有点像今天我们所用的早餐器具。经过询问后，我得知那是伊特拉斯科女人的化妆品器皿，上面有些容器可以存放粉末和化妆品。我开玩笑说，把它带回家去给自己太太是件很好的礼物。因此，梦中这个物象的意义就是黑色的丧服（black toilet，而toilette就等于是：衣服），意指着死亡。这物象另一方面又使我想起那些装载着死尸的船（德语Nachen，从希腊文Vsxus衍生而来，就是死尸的意思）——早些时候人们把尸体装在船上，让它漂浮海上而葬身于其中。这和梦中船只的回航相关联：

　　平安地坐在船上（Still，auf gerettetem Boot）

　　老人静静地驶回海港（treibt in den Hafen der Greis）（弗洛伊德附注：

选自席勒的《生死寓言》。）

这是该船失事后的回航（德语 "Schiffbruck" 的词面意思就是船破了——shipbreak）。而早餐船刚好在中间被切短了，但"早餐船"这词的来源又是什么呢？这是源自"战舰"前漏掉的"英国"。英语早餐（breakfast）的意思就是打破绝食（breaking fast）。这打破（breaking）和船的失事（ship wreck–ship break）又再连接在一起，而绝食（fasting）和那黑色丧服或toilette又相连着。

但是早餐船这词是梦中制造的，这使我记起最近一次旅程中很开心的一件事。因为不放心奎莱亚（Aquileia）供应的食物，所以我们预先由格里斯（Gorizia）带来一些食物，并且由奎莱亚买到一瓶上好伊斯特（Istrian）酒。当这小邮轮慢慢地由戴勒密（delle Mee）运河驶过空阔咸水湖航向格拉多时，我和太太是这船上的唯——对乘客。我们在甲板上兴高采烈地吃着早餐，而且从来没有吃得比这更痛快——这就是"早餐船"。不过在这快乐开心的回忆背后，却潜藏着对不可预测以及神秘未来所抱有的忧郁想法。

感情与其直接联系的分离，是梦形成的一件最明显的事实，不过这并非是梦的原始部分转为梦显意过程中的唯一或最重要的改变。如果将此感情和梦中感情相比较，我们立刻就会察觉：无论什么时候，梦中的感情都可以在原始触发点中找到，但是反过来却不成立。因为通常经过种种处理后，梦中的感情已经远不如原本的精神材料那么明晰了。在重新把梦的原始欲望架建起来时，我发现往往最强烈的精神冲动一直挣扎着想出头，与一些和它截然不同的力量所抗衡着。如果这时再回过头看看梦，就发现它往往是无色的，不具任何强烈的情感。梦的运作把内容以及思想的感情成分减低到淡漠的程度。可以这么说，是梦的运作本身而造成了梦中感情的压抑（suppression of affects）。

但必须承认，有时却不是这样的。鲜活的感情会进入梦中。不过首先我们要考虑下面的事实：虽然许多看来是淡漠的梦，但在追究其梦思时却具有深厚的感情。

我没办法对梦运作的过程中将感情压抑的事进行完全的解释，因为这样做之前必定要先对感情的理论以及压抑的机制加以详细探讨，所以在这里我只想提两点。我被迫（因为别的理由）这么想，感情的发泄是一种指向身体内部的离心程序，和运动及分泌作用的神经分布类似。就像在睡眠中运动神经冲动传导受到限制一样，潜意识唤起离心的感情发泄，在睡梦中也变得困难。在这种情况下，梦原始的感情冲动变得很软弱，所以即便在梦中显露时也不会是强烈的。根据这一观点，"感情的压抑"并非是梦运作的功能，而是睡眠的结果（插一句：所以我在章节的安排上把这章独立了出来，并没有归纳到上一章中）。当然也许这是真的，不过却不是完全的真实。我们还须注意，任何繁杂的梦，都是各种精神力量相互冲突后又相互协调的结果。架构成意愿的思想必须对付审查机制。而另一方面，我们都知道潜意识的每一个思想串列都带着某种感情，所以这么想大概不会错：就是感情的压抑，是各种相反力量的相互抑制，以及审查制度压制的结果。因此，感情的压抑是审查制度的第二结果，而梦的改造则是其第一结果（现今对于这种隐藏感情的心理分析和当初弗洛伊德的预测基本吻合）。

★★★★★　　★★★★★　　★★★★★

//　二　梦中的理智　//

首先，要区分清楚一点：这里所说的理智不是真正的理智，是梦中的理智。那梦中的理智到底是不是理智呢？从梦中看，很理智。醒来再看，很荒谬。这节要说的就是这个问题。

在"请家长的梦"中，梦运用记忆储存的"无责任提取功能"故意制造出了极其荒谬的穿越效果，这不但是为了让审查机制使梦得以顺利通过，同时还使用超现实手法来满足了我的某些愿望（来自于少年时期的）。这种打乱时间顺序的荒谬做法，虽然在醒来之后会觉得"很无聊、很荒诞"，但是在梦中我却丝毫没产生任何质疑——助理就是我的家长，而她所做的那些反驳也是显而易见的"用事实说话"，梦中我觉得很正确，摆事实讲道理，条理分明逻辑清晰，没胡说八道，很干净利落地就证明了那位中学老师看错了，我的未来并非是ta所预言的那样。但，这种"正确性"只在梦里成立，而醒来后就觉得比较扯了。那梦是怎么设定这种"合理性"的呢？

首先，我们应该还记得前面章节中所描述的那些：梦凝缩性质的表现方式，潜意识的释放，梦的审查制度，梦的转移、伪装，等等。而且还有最重要的一点——梦是很霸道的，直接展示"果"，但在大多数时候不去说明"因"。也就是说梦对于因果关系似乎早就定调了，而无须再度说明。虽然霸道，但也必须承认，这样做是合理且正确的。因为梦是一种很自我、很具有隐私性质的个人印象展示。这场展示的观众只有一个：做梦者。所以梦对于概念性的前述完全省略不但方便快捷，而且借此还能躲过审查机制的审核——无须嘟囔为什么，直接用浓缩、伪装后的素材作为画面表现即可。而审查机制也不会深究这画面究竟是什么元素凝缩聚合出来的，只要这个画面看上去不黄不暴力就成。当然了，那些具有明显指向性的不黄不暴力画面还是无法通过审核的。比如说"一男一女，面色潮红气喘吁吁头发凌乱地正准备互相脱对方衣服"的这种画面，还是会有可能被"审查"掉的。之所以说"有可能"是因为要看这个梦的隐意要表达什么了，假如所要表达的含义非常复杂，并且梦的原始愿望又充满了纠结的话，那么个别"很黄很暴力"的画面也有可能得以通过。例如"破碎的梦"中第一个片段就是因为过于露骨的宣扬我的诽谤行为而被强行结束掉（大多数情况下是根本不会被通过）。所以对于这类"组合展示出结果和定义"的问题，审查机制完全无视。

拿"请家长的梦"来说，这个梦的"因"在梦中并没有得到展示，只是展示"果"。而"因"是：现在已经有足够的事实来证明你（那位老师）错了，所以也就没什么可说的了，直接用事实来强调出你的妄言和谬论。所以，正是在这种思想的指导下，梦中的场景、人物虽然醒来后我们会觉得那是荒谬的，但是在梦中却是"逻辑清晰、条理分明、理智可信"的。也就是如此，大多数荒谬的梦只有在醒来之后才会觉得荒谬，而不会在梦中就觉得"这太荒谬了"。

现在，浓缩一下前面所说的概念就是：梦的逻辑与合理，是完全要站在另一个角度看的。有时候很多表述虽然醒来后回想下觉得很荒诞，但那是因为梦很好地隐匿了许多原始愿望中的"因"（这样做是必需的，否则难逃审查机制的审核）。

其实《梦的解析》理论之所以被很多人排斥，就是因为很大一部分人并没搞懂"潜意识被抑制"的原因，所以对于一些梦的荒谬表现，还依旧沉迷于显意而并非究其深意。前面已经说过了，潜意识之所以被抑制是因为几方面的原因，例如维护常态，不必什么都拿到前台来运作，直接展示结果而不是结构，等等。这些都是潜意识被抑制的原因（等同于电脑内存条和硬盘的区别）。而梦虽然是一种心理宣泄过程（愿望的达成），但是梦依旧没有把藏于水面之下的全部东西拿出来展示。所以很多人到了这里就不明白了，不信梦是心理活动而划归到肉体反应上。这也没办法，比如说"梦中的理智"吧，看上去这根本就不是什么理智，而是胡扯。但是一定要记住，这仅仅是"看上去"而已。

说到这儿我想起一个朋友（年轻女孩）曾对我说过的梦，这是非常有意思的一个梦，而且梦背后的那些"素材"更有意思。让我们来看看这个梦吧。

垃圾箱是我家

在这个梦中，我的这位朋友住在垃圾箱中，那是一种小区专用的大型垃圾箱。在梦里女孩将垃圾箱外表装饰得很漂亮，几乎每一个路过的人都会称赞这个垃圾箱非常漂亮，而且女孩也为此而得意，并且很自豪地跟别人说："我就住在垃圾箱里！"甚至还邀请别人来做客。不过，在梦中她始终没有进过垃圾箱内部，同时也没有任何垃圾箱内部视觉的印象。

在做了这个梦不久后女孩还跟身边的朋友说起这个梦，而有一位自称熟读《梦的解析》的家伙说这个梦是一种性暗示，代表着一种肮脏的性幻想渴求（不过并没说明这个梦是哪种"肮脏的性幻想渴求"）。做梦的女孩吓坏了，某次在电话里跟我说起了这个梦及那种解释，然后问我："真的是这样吗？"

由于我对这个女孩还是比较了解的，所以在经过了大约一个小时的通话后，我问她："你前一段时间跟父母有些矛盾吧？"在得到肯定的答案后，我告诉她这个梦跟性无关。

那么这是一个什么样的梦呢？首先要说明，这个梦里所出现的垃圾箱并不代表着肮脏，而是有着其他含义。

在这个女孩很小的时候曾经追问过父母："我是从哪儿来的？"而在中国大陆地区生于70、80年代的人，假如小时候问这种问题往往都会得到一些匪夷所思的答案（70年代前或者90年代后的人我很少接触，所以并不清楚）：山里捡来的（拾取论）、河里漂来的（桃太郎论）、抱养来的（义举论）、商店买来拼装起来的（组合论）、某棵树上结出来的（超级进化论）、石头里蹦出来的（悟空论，仅适合于属猴的人），等等。而做梦的这个女孩得到的回答是：从垃圾箱里捡来的。也许是她过于好奇，追问得比较多，所以她甚至被告知：是从某条街的某个小区里的垃圾箱里捡来的（额外一提：那个位置至今还有个大垃圾箱，只是换成了新的而已）。在她亲自跑去看过后，就一直对那个垃圾箱有着极深厚的好感（梦中所梦到的也正是那个位置的垃圾箱）。这就是这个梦的基本元素——垃圾箱的由来。

因为这个梦中的其他元素分析起来牵扯到太多做梦者的个人隐私，所以我在这里就不一一加以说明了，只解析这个梦的原始愿望。

在做这个梦的前不久，女孩和父母在一些问题上有着很大的分歧。那期间她很想搬出来自己住，一是为了离工作地点近，二是想独立生活从而摆脱父母对自己的束缚。但是她的父母坚决反对，并且明确指出：你从小到大上学都是在附近（包括大学），所以你不具备独立生活的能力，而且也没必要搬出去自己住。想搬出去只有一种方式，结婚。但是这个女孩并不想结婚，只是想独立生活而已，所以在这个问题上曾经一度和父母关系闹得很僵。

那么，估计大多数读者都能看懂是什么意思了，因为这个梦的真实含义非常简单直接（比较符合这个女孩的性格）：既然你们这么管束着我，那么就回到你们"发现"我之前好了（来自童年的记忆）——我回到你们"捡到"我的那个垃圾箱去，这样不但你们无法管束我，而且我也的确满足了自己的想法——搬出去住。而这个梦中并没有出现垃圾箱的内部，以及她没有真的进入到垃圾箱"家"中，是因为现实的印象干扰到了这个梦——毕竟垃圾箱不是什么干净地方，所以在梦中没有真正进入到垃圾箱中（因为她很清楚垃圾箱里是不能住人并且很脏很臭）。也就是说，在这个梦里，垃圾箱只是作为一种"独立"的象征，而并非真的就期许着能住在垃圾箱里。这种象征性的定位，来源于女孩童年所被灌输的错误概念，也就是因此，肮脏的垃圾箱反而在梦中成为了新生活的一个标志。

我记得当时这个梦还没有解释完，这位朋友就已经明白了——因为她很清楚这代表的是什么，即——脱离父母，不需要他们干涉我的生活（在西方国家这种事情则不算什么不孝，甚至有一种"18岁能养活自己了就滚蛋，独立吧"的生活习惯及养育规则），所以这个梦的原始愿望，在被合理地、巧妙地粉饰后成为了隐意。

现在很多读者都已经明白了梦中的理智是如何构成了，不过为了让读者能够看到更多的分析和解析，所以在本节、本章结束前，摘录两段弗洛伊德所记录下的梦和关于梦中的理智分析。

梦例1

这个梦是一位父亲去世6年的病人所做的。

梦中，他的父亲遇上严重的车祸：那列飞驶着的夜快车突然脱轨了，座位都挤压在一起，把他的头夹在其中。然后做梦者看见父亲睡在床上，左边眉角上有一道垂直的伤痕……做梦者很惊奇父亲怎么会发生意外呢？（因为他已经死了，做梦者在描述的时候加上这一句）父亲的眼睛是多么明亮呀！

根据一般人对梦的了解，我们应该这么解释：也许做梦者在想象此意外事故时，忘记了父亲已经去世多年。但当梦继续进行时，这记忆又重现，因此使他感到惊讶。从解析的经验来看，这种解释显然是毫无意义的。其实是做梦者请了一位雕塑家替父亲做一个半身像（bust），两天前他恰好第一次去看塑造的进度，这就是他认为的灾祸（德语中，bust又指发生意外，或不对劲）。雕塑家从来没见过他父亲，所以只好根据照片来雕刻。梦发生的前一天，他让一位仆人到工作室去看那大理石像，想听听仆人是否也同样认为石像的前额显得太窄。然后他就陆续记起构架成这个梦的素材：每当有家庭或商业上的困扰时，他父亲都会习惯地用双手压着两边的太阳穴，仿佛他觉得头太大了，必须把它压小些。还有，在做梦者4岁的时候，一支手枪意外走火把父亲的眼睛弄黑了（那时他刚好在场），所以"父亲的眼睛多么明亮呀"；梦中发现他父亲左额上那道伤痕，和死者生前额头的皱纹（每当悲伤的时候）是一样的。而伤痕取代了皱纹的事实又导出造成这个梦的另一个原因：做梦者曾为他女儿拍了一张照，但照片不小心从手中掉落，捡起时发现照片摔出了一条裂痕，正好垂直延伸到她女儿的眉骨上。他认为这是恶兆，因为他母亲去世前数天，他也曾把她照片的底片摔坏过（19世纪末20世纪初的照相成像技术不够先进，那时候感光底片大多由厚质赛璐珞或者玻璃制成，易碎）。

因此，这个梦的荒谬性只不过是一种相当于口头上把照片、石像和真实的人混淆在一起的粗心大意而已。比方说在观看照片的时候，每个人都会这么说："你不觉得和父亲完全一样吗？"或"你不觉得父亲有些不对劲吗？"当然，这个梦的荒谬性可以很容易避免。并且就这个例子来看，我们可以说这种荒谬是被允许的，甚至是被策划的。

梦例2

这是我自己一个几乎和前者相同的梦（先说明一下：家父于1896年逝世）。

在梦中，已绝人世的父亲在马扎尔人（Magyars）的政治领域中扮演着某种角色，他帮助他们联合成完整的政治团体。此时我看到一小张模糊的画像，那是许多人聚集在一起，似乎是在德国国会上。有一个男人站在几张凳子上，而另一些人则围在他四周；记得他死去的时候躺在床上的样子，简直就像是加里波第（Garibadi——一位意大利英雄）。我很高兴这诺言终于实现了。

有什么会比这些更荒诞无稽？做梦的时期恰好是匈牙利政局混乱的时候——因为国会的瘫痪导致了无政府状态。结果由于泽尔（Szbll）的才智而得以解救（19世纪末匈牙利政治危机，多亏科罗曼·泽尔力挽狂澜，稳定了政局）。这么说来那一小张画像中所包含的细节，和这个梦的解析就具有一定的关系了。我们的梦思通常是和真实情况以同样形式呈现，但我在这个梦中见到的画，却源于一本有关奥地利历史书中的插图——其中显示着在那著名的"Moriamur pro rege ncstro"事件中，出现于普雷斯堡（Presoburg）的议会上的情况。（弗洛伊德附注：1740年奥地利王位继承之战后，玛莉亚登上王位，贵族们对她呼吁所做的反应为"我们誓死效忠国王！"另外我记不起来在哪里看到过有关一则梦的记载，该梦中的人物都是异常矮小的，其源由是做梦者白天看到的铜版画，例如卡罗特的画都是具有好多好多微小的人物的，其中有一套是描绘30年代战争的恐怖。）和图片中的玛莉亚一样，在梦中家父四周围绕着群众，但他却站在几张椅子（Stuhl）上面，使他们团结在一起，因此就像是一位总裁判（Stuhlrichter）一样（二者间的关联是一句常用德语，"我们不需要裁判"）——而确实当家父逝世的时候，围绕在床边的人都说他像加里波第。他死后体温上升，两颊泛红而且愈来愈深……回忆到这里，我脑海中不由自主地呈现出：

Und hinter ihm in wesenlosem Scheine

Lag was uns alle bandigt, das Gemeine（弗洛伊德附注：这来自歌德在好友席勒死后数月，为其遗作《钟之歌》所作的序。他说席勒的灵魂正向真实、完善与美丽之永恒前进，但"在他背后却笼罩着一个全人类的阴影——共同的命运"。）

这高层次的思想，使我们对现实的"共同的命运"有所准备。死后体温的升高和梦中这句话"他死后"相对，他最深切的苦痛是死前数周肠道的完全瘫痪（梗塞）。我的各种不尊敬的念头都和这点有所关联。我的一位同学在中学时就失去了父亲——那时我深为所动，于是成为他好友——有一次他向我提到一个女性亲戚痛心的经历：她父亲是在街上暴毙的，被抬回家里后当他们把他衣服解开时，发现在"临死之际"或是"死后"大便失禁了。那位同学的女亲戚对这件事深为不快，并且无法把这个印象从她对父亲的记忆中摘除掉。现在我们已经触及这个梦的愿望了，就是："死后仍然是伟大而不受玷污地呈现在孩子面前"——谁不是这样想的呢？但，究竟是什么造成了这个梦的荒谬性呢？表面的荒谬是由于忠实呈现在梦中的一个暗喻，而我们却惯于忽略它所蕴含的荒谬性。这里，我们又再度不能否认，荒谬性是故意的以及刻意策划的。

因为死去的人常常会在梦里出现，和我们一起活动并产生互动（就像是活着一样），所以常常造成许多不必要的惊奇以及奇怪的解释——而这正显示出我们对梦的不了解。其实这些梦的意义是很显然的。它常发生在我们这样想的时候："如果父亲还活着，他对这件事会怎么说呢？"除了将有关人物展现在某种情况下，梦是无法表达出"如果"的。比方说一位从祖父那里得到大笔遗产的年轻人，正当他悔恨挥霍了许多钱的时候，就梦见祖父还活着并且向他追问，然后指责他不该奢侈。而当我们更精确地分析后会发现，人已经死去很久了，那么这个梦中的批评不过是一种慰藉的想法（幸好这位故人没有亲眼看到），或者，这其实是一种惬意的感觉（他不再能够干预）。

还有另外一种荒谬性也发生在故人重现的梦中，但却表现得不再是荒诞与嘲讽。它暗示着一种极端的否认，因此表示出一种做梦者想都不敢想的潜抑思想。除非我们记住这原则——梦无法区分什么是愿望，什么是真实——否则就要阐明这种梦是不可能的。例如：一个男人在父亲临终前细心照顾老人，而在父亲死后确实哀伤了好久，但过后却做了下面这个看似毫无意义的梦。他父亲又活了，和往常一样与他谈话，但（下面这句话很重要）他真的已经死了，只是自己不知道而已。如果我们在"他真的已经死了"的后面加入"这是做梦者的愿望"，以及他"不知道"做梦者很清楚他死了，那么这个梦就可以了解了。正当他照顾父亲的时候，他不断希望父亲早些死去，因为这将使父亲的苦痛得以结束……这是个慈悲的想法。在哀悼的时候，这同情的想法却变为潜意识的自责，似乎是因为他这个想法缩短了父亲的生命。借着做梦者童年期反抗父亲冲动的复苏，使这自责得以在梦中表达。而由于梦的怂恿和清醒时思想的极端对比，正好造成这个梦的荒谬性。

梦见做梦者所喜爱的死人，是解梦中一件很头痛的事，因而常常得不到很满意的答案。其原因是：做梦者和此人之间存在着特别强烈的矛盾情感。常见的形式是，此人起初活着的，但突然却死了，然后在接着的梦中活了……这使人混淆。不过我终于知道这种又生又死的改变，正表示出做梦者的冷漠，"对我来说，他不管是活着或死去，都是一样的"。这个冷漠当然不是真实的，它只是一种想法，其功能是使做梦者否认他那强烈的、矛盾的感情，也可以说这是矛盾情感在梦里的表现。

在另外一些和死人有关的梦里，这个原则会有些帮助：如果在梦中，做梦者不被提醒说那人已经死去，那么做梦者会把自己看成死者，也就是梦见自己死亡。但如果在做梦的过程中，做梦者突然惊奇地和自己说，"奇怪，他已经死去好久了"，那么他是在否认这件事，否认自己的死亡。但我必须承认：对这种梦的秘密，我们还未曾全部了解。

——以上两个梦例选自《梦的解析》第六章第七节

虽然摘录了两段《梦的解析》中的例子，但我很清楚自己所举的例子还是太少了。不过，我认为即便举更多的例子也不会有更多的意义，因为"灵活掌握"和"足够了解背景"才是关键问题。我希望每一位打算尝试这种解梦方法的读者都能牢记住这点。

下一章中我们主要说的将是"编辑、组合、补充、校正"的问题。因为梦并非凝缩、转移、替换或者不管不顾地推出很自我的个性化印象，以及"只要能通过审查制度"就完事儿了，还有许多必需的程序。其实这也是原始欲望变成梦的关键程序。这就好比我这本书，我决定写，怎么写，怎么规划，怎么划分，都需要考虑，绝对不是由着性子来就成了的，而且也不是写完了检查没错字就能印刷出版，还需要校正，审阅。那么，梦的这些工序是怎么做的呢？

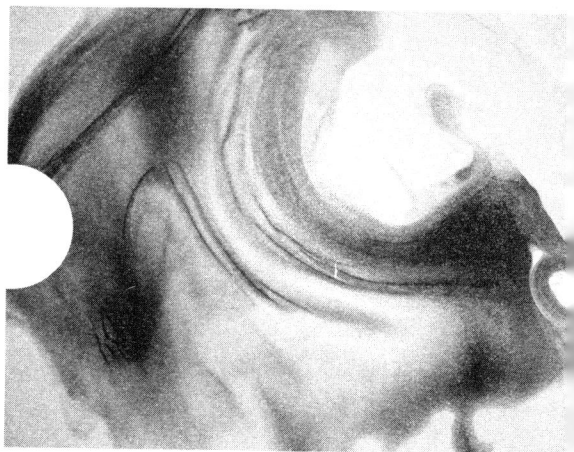

编辑、组合、补充、校正的问题

| 第八章 |

　　前面我说过，电影和梦其实很像，很像很像。

　　那么假如，我们要拍一部电影，那就先得定下题材——是爱情片还是喜剧片？是战争片还是科幻片？是古装片还是现代片？这些都要事先确定好。然后再根据题材挑选剧本，之后设定一些情节，再在整个故事中穿插一些曲折的剧情。比方说一个人出门了，去上学，然后到了教室听课……这没什么新鲜的，平淡如水什么事儿都没发生，那么这片子肯定没人愿意看。那么怎么设定情节呢？还是一个人出门了，出门后这人发现自己没带钥匙，也就是说进不去家门了。然后又发现手机、钱包都没带，而且最要命的是准考证也没带——恰好正要去参加高考……明白了吧？情节就这样出来了，有了曲折性，观众就会被抓住继续看（无论电影还是电视都一样）……设定好情节再根据预算选演员，选外景地什么的，之后筹备OK了才能开机。拍摄结束杀青后还没完，还得剪辑、配音、调整，等等，这都属于后期工作——当然是根据剧本来剪辑调整（个别导演除外）。电影就是这样出来的。那么梦呢？

　　梦明显不用选演员、拍画面。但是梦也需要定"剧本""设情节"，以及"剪辑"。其实这一章所要说的就是这些，也是梦在运作时的起始步骤和最终步骤。

　　前面我们都看到了梦的那些花哨"动作"还有"绝技"——的确让我们眼花缭乱赞叹不已，但是，那些就算再漂亮也只是画面或者片段而已，其实把这些组合成整个梦，并且补充完整才是最重要的工序，这也是梦之所以精彩的真正原因。其实梦很像电影，都是用画面的组合来堆砌出精彩的故事。但是梦很显然比电影高明得多。

//　一　　编辑、组合　//

梦中的所有场景都无须拍摄，因为早就存在了。

我们全部生活内容、各种经验印象，再加上所有的记忆和感受，都是梦的素材来源。所以梦不需要去额外地再拍摄什么。但是请读者注意，梦不会因为这些素材本身而产生某个梦的原始愿望，那些都是演员道具罢了，只能用来填充内容。而梦原始愿望的产生，取决于潜意识需要被释放的那部分压力。这种"需要释放的压力"很可能不仅仅只有一个，而是多个。所以在梦最初的时候，我们所能看到的大多是一些并不清晰的描述，那些场景通常都暧昧且模糊地混杂在一起，等待着究竟是哪种愿望被审查机制放行后才加入到梦中——并且，以此来设定梦的具体情节。也就是说随着"剧情"的推进，愿望才会逐渐明朗化（相对而言的明朗化），有如拨云见日一般，这时候才确定是某个愿望主导了梦并且为此延续下去。所以，梦在最开始的时候，大多看上去仅仅是很模棱两可的一些设定及概念。现在，让我们回忆一下前面说过的一些梦例就可以得知这点了。

单车训练的梦很明显是具有双重愿望的（这个前面解释过了），一是满足我的虚荣（比较浅的一层隐意）；二是我期待有人能够帮助自己从那些繁琐的事情中解脱出来（深藏的隐意）。所以梦在最开始的时候表现得很轻松，用最近的印象作为一个起始——取材于电影场景：单车训练——这很模糊。而当我的愿望浮现出后（虚荣），在最初的单车场景后加入了第一个情节：带有某种技术性的训练——必须承认这很是荒谬的设定。说到这里就很明显地能看出，满足虚荣那部分愿望通过伪装而最先得以通过审查。但是随着进程的发展，另一个愿望也通过了审查进入到了梦里。但是为什么是这个愿望浮现出来，而不是其他愿望呢？想想看最初的愿望是什么？是"假如排除了客观原因，那么我可以和韩寒并驾齐驱"对吧？就是通过所谓的"需要排除客观原因"（我认为生活中的那些繁琐事情就是客观原因之一）而带出了第二个愿望：需要一个生活上的"老婆兼秘书型人才"帮我打理一切。这个时候，梦在情节上就加入了"为车胎充气"的设定（至于是谁加入的下一节会说到），从而把那种暗喻性的象征——"车胎膨胀的奇怪曲线"表现出来。像这类编辑组合就明显是以一种"不断添加"的方式来进行的。

现在我们再说回去：单车训练这一题材并非是为这两个愿望订制的，其实也可以用其他方式来表达。那为什么最开始用"单车训练"来作为起始呢？因为那是来自于最近的印象。这种梦就是明显地带有随机性质的。所以当虚荣得以通过审查后就直接主导了梦，并且为此目而延续下去（后面的内容就不再是随机性的而是目的性的了）。也就是说，组成梦的元素虽然并不能主导梦的愿望，但是可以主导达成这愿望的表现形式。

以上是一种极为简单的梦构成，这种情况下，梦的编辑、组合相当随意。

下面我们来说第二种情况。这种情况最大的特征是：一开始就设定了整个梦的剧情与走向，而非以添加的方式来进行编辑组合的。这类的梦大多数很复杂，而且愿望部分也隐匿得更深。假如解梦者没能掌握足够的信息，对做梦者的情况不够了解的话，基本上是无法解开这种梦的。

而关于这类梦是如何构成的问题，我们有理由相信之所以能够构成是因为两大因素：

1. 在潜意识中，需要被释放的那部分压力是极其迫切的，并且早已确定那是这个梦唯一的原始愿望，而无须进行任何前期筛选（无竞争）。

2. 释放这种压力的阻力很大（来自于意识层的维护常态审查机制——这不同于潜意识的审查机制，而是更为严格的意识层审查机制），所以在释放之前，一定是经过缜密的进程设定和情节设定——早就计划好了。之所以会这样，而不会被压制下去换成其他的梦，请参看第一条。

所以这种梦的故事性非常严谨，并且思路流畅，逻辑清晰，首尾呼应。整个梦如行云流水一般干净漂亮地一气呵成，中间任何纠结都没有。还是用电影来说（并非我特别喜欢电影，而是电影的确和梦最为相像。实际上我们看电影其实就有点儿像是在体验"清醒的梦境"），这种干净、漂亮、进程明晰情节行云流水一般的电影非常少，少到可怜，甚至屈指可数。因为这需要很强的编剧和导演——这种很强的编剧和导演太少了，少到可怜，屈指可数。虽然这种梦相对数量也少，但是比起电影还是多太多了。之所以少的原因并非是"梦的编剧和导演"不够强大，而是满足那两种先决条件的情况并不多见。

现在，让我们回过头以"恐怖诡异的梦"作为例子来对这种类型的梦的编辑、组合进行说明（本书中我选用梦例以及那些梦例的先后顺序都是事先安排好，不是随手胡来的）。

除了整个梦清晰完整外，恐怖诡异梦最明显的就是两个切换：场景切换和核心指向切换。在场景一中，我先是作为当事人之一参与了事件的起源——露宿鬼屋，并且以此来铺设出整个事件的前因，把"丢失了什么东西"作为最初的引子。这个引子很重要，承前启后。正是这个引子才引出了"寻找""寻求帮助"和神婆登场。而场景一的结束也干净利落，丝毫没有拖泥带水——因为前面发生了什么都看到了，所以没必要大家坐在一起商量"怎么办啊？""丢了东西找不到了？""哎，我认识个半仙，我们去找她吧？""好吧，那我们去找神婆吧"，等等，这些啰嗦的东西全部抛开，直接进入到了场景二。这种干净利落，没有任何额外的铺垫，很明显就同"单车训练梦"不是一回事儿，所以我根本无法想象这种快速准确的切换手法是随机性的。

而第二个切换则是整个梦的精髓所在了。这个事件核心指向的切换才是整个梦的含义，同时也把那些看似无关紧要的部分都变成了直指梦原始欲望的箭头——释放潜意识中所有扭曲的印象、发泄出当时的抱怨情绪，还充分进行了自我表扬。而这些原本藏于潜意识中的压力则是来自编译工作本身——这在梦中也被表现了出来，很早就已对其定位：鬼。

在这个梦中，编辑和组合的过程基本看不到，因为前期——这部分工作在通过梦境浮现到意识层之前，就早已经准备好了。否则梦中那过于暴露的原始欲望是根本没有任何通过审查机制的可能性（深究起来，这个梦是为了发泄，发泄出情绪中的压抑成分，为了让我能够继续安下心来把编译工作做完）。但是我要说明的是，在这个梦脱离潜意识，进入到意识层前的编辑、组合工作，肯定审查机制本身也参与了——对于这点毋庸置疑——从梦的流畅程度就能看出来。其实这就好比栏目制作一样：当某个机构为电视台制作某栏目的时候，电视台通常会派出一到两名责编，任务是在拍摄制作期间，帮助制作方把握栏目的整体走向，也就是在制作期间就随时直接把一些不合要求的部分去除掉。这样不但在成本上有所节约，而且当电视台"收活儿"的时候，审查程序的流程也可以相应简化——前期委派出去跟栏目组的编辑已经对此有所把握了。而我们的审查机制其实就是这样，因为释放出潜意识的压力毕竟是我们每个人所必须面对的。假如通过潜意识来释放掉，那么我们的意识层会省去很多麻烦，至少不会因此而辗转难眠或者纠结郁闷。

以上这两种编辑组合是比较常见的，也是绝大多数梦所采用的（不过很显然，第二种情况偏少）。那么现在说说第三种非常罕见的编辑组合方式。虽然罕见，但并不代表没有这种情况的发生。例如"破碎的梦"就是很好的一个例子。

破碎的梦在最初应该是遵循着第一种方式来进行的……似乎这么说起来很麻烦，我们给第一种编辑组合方式的梦起个名字："机动性推进的梦"。很显然，破碎的梦最初打算用"机动性推进"来作为开始，但是很遗憾，这个开始明显不是个好的开始，于是被飞快地"拿下"。一方面是由于审查机制，另一方面则是其孪生意识的浮现——其原因在前面说过了，主要是因为这个梦所针对的对象，是个身份特殊的人（对我来说），所以"报复愿望"脱离潜意识层进入到意识层，则必定带着"喜欢的愿望"——这是无法分割的孪生意识（也就是所谓"爱恨交加"，其实爱恨交加更容易让我们印象深刻——无论意识还是潜意识，因为这两种情绪的斗争会带来千奇百怪的新情绪——不仅仅会有第三种或者第四种情绪产生，可能会比这还复杂）。那么在这种情况下，梦只好、也只能进行场景的切换。

非常有趣的是，此时的梦的编辑、组合机制已经完全混乱了，只能依靠不变的人物来延续下去（而且人物已经无法被伪装），并且以此来界定这是一个梦，而非一堆梦。这个梦的两种原始愿望互相抵触，同时也相互依存的关系搞得梦措手不及——编剧和导演不断地接收到新的指令：这是个报复题材的片子，这是个完美的爱情题材片子……因此，这梦是如此的破碎。但，也正是这种破碎反而体现出了潜意识中的纠结，并且还借此宣泄出了很多无法表达出的情绪。事实上我怀疑这个梦的愿望就是如此——混乱本身也代表着梦的原始愿望。不过，话说回来，这种混乱的指令也只能采用断断续续和支离破碎的表现形式——那的确也代表着我的想法——虽然我已经下定决心不再和她有任何实质上的发展，但是我的内心却还在纠结个没完没了。

提到这种梦的破碎性，那么请允许我在此说一点儿个人看法吧。我认为，这种"破碎性"其实应该是梦的原始状态。在人类进化的早期，我们的梦就应该是破碎且零散的画面，而并非完整的一个"故事"。随着人类的进化发展，社会结构的构成以及人际关系的复杂化，我们的梦也开始变得复杂。例如"超我"，伴随着集体生活的产生，一部分个人愿望和个性化情绪则必定会因此而被压制下去，这也就造成了心理压力的产生。同时，超我也使得审查机制有了更多的条条框框，以及那个重要的、不可忽视的"维护常态"作用。这时候人类的梦也开始变得"诡计多端、复杂多样"了，同时也具有了一个重要的功能：释放压力——这已经完全不同于原始人类的梦了。

关于这个问题只是我的一种推测而已。因此这种我个人看法的进一步推测也就不在这里啰嗦了（也许将来的某一天当我有了足够资料及理论，可能会单独发表一些什么）。

现在我们来归纳一下本节的重点部分。

首先，梦的编辑、组合是有其规律的（我不排除这三种情况之外还有更多规律的存在，但是由于我并没有收集到足够的梦例，而且我建议读者自己去阅读《梦的解析》中的梦例，所以对于编辑组合的方式我就不在此做更多的"例如"了）。而且编辑组合的素材假如不是第二种方法且不存在很纠结的原始愿望的话，那么"最近发生的事情"则会成为梦中优先被采用的元素（作为起始场景）。因为那"最近发生的事件"给我们所造成的印象还并未完全沉淀下去，依旧在意识层与潜意识层徘徊（新鲜的）。说起来，这种启动方式有点儿像漫不经心地在纸上画，先是随便找一个点落笔，然后在笔触游走期间，突来的灵感逐步主导梦境，最后所有的线条、轮廓、色彩终于成为了一体——构架出整幅画。这类梦的确就是这样的。其实这种编辑组合的手法就是信手拈来，颇具浪漫主义风范。而这类梦的原始欲望也并非源于极大的压力，通常会是一些扭曲的个人印象和某种情绪上的不满或对于一些事物的看法（这里说的"个人扭曲印象"非贬义，而是指那些很自我的感受）。也正因如此，所以说这类梦是最普遍最常见的。

当我们面临很大的压力或者很长期的压抑时，我们的梦则会采用第二种方法来进行编辑组合。这需要事先设定好"剧本"和"剧情"方向——整个梦故事性极强，承前启后、意味深长。在这种情况下，编辑组合展示出其惊人的"才华"，甚至可以说是灵感涌动、火花四溅，归根结底其原因是：只有这么做才能够顺利得以通过审查机制。而审查机制也会在这种梦的前期充当"责编"来对梦进行把握，使得梦得以顺利过关。我个人看法：这类梦也是容易被我们所记住的——因为太出彩了，使得我们对其久久难忘。

而第三种情况，由于孪生愿望的互相争斗（或者其他纠结的思绪），所以导致编辑组合的过程混乱，此时的审查机制与其说是审查，倒不如说是协调，目的是让这种争执不会扩大影响到让做梦者因此醒来（实际上有很多这类的梦会因为过于纠结而使做梦者惊醒——其实这是一种保护：所谓强制中断）。而审查机制在这类梦中也就成了参与编辑组合工作的重要成员之一，否则这个梦会更为破碎。

说到这里就该说说另一些问题了，梦的编辑与组合虽然造就了梦，但它们并不是完美的，也有疏漏或者并不完善的情况出现，那该怎么办呢？这其实就是本章的第二节内容：编辑与组合还远远不够，还需要补充和校正。

//　二　补充、校正　//

假如你看过《梦的解析》，你会发现在本书中对于补充和校正的问题明显与《梦的解析》有着截然不同的看法。在《梦的解析》第六章关于校正问题的那节中，弗洛伊德认为审查机制会有放松的时候，所以一些梦的原始欲望突破了某种"防线"从而浮现到意识层，并且主导了梦，而审查机制反应过来后对此所做的弥补被称为"校正"。

而本书中所述的观点则是：由于审查机制本身或多或少地参与了"制作"，所以根本不存在审查机制放松的情况。而补充和校正的目的，是为了从潜意识中抽取更多印象和个性化概念融入到梦里去。因为这不但符合梦的原始功能（宣泄掉压力），同时也会使得来自于近期生活中的印象沉淀下去。简单地说，基本等同于把不需要运算的部分从内存（意识）转换到硬盘（潜意识或记忆），以此来释放更多的内存空间（减压）。

以上这种观点并非我天马行空这么一说。假如你还记得本书开始的时候就重点强调过的"潜意识是进程"，你就会更加容易明白这点。其实这种认知完全能够直接扩大到整个心理层面。可以这么讲：我们的全部心理，都是进程。它是流动的，是活跃的，而非死水一潭（哪怕在单调重复的环境中也一样）。了解清楚这个问题，对于接下来要说的部分很重要。因为根据这段所说的，梦也就不存在"修复"问题，只能是"补充"与"校正"。那么在这里"补充"这个词该怎么解释呢？应该是一种修补、修订与完善（好像现在把这个概念合并成为了"补完"这词儿，所以为了省事儿我们也这么用）。

在梦的初期，不存在补完的问题，理由很简单——没有东西可补。那会儿基本是编辑与组合的事儿。而到了梦中期的时候补充作用开始生效，同时也在这期间不断协助调整梦的方向和进程，从而使梦看上去更加完整及更具有逻辑性。例如"破碎的梦"中那些零碎小元素的不断融入就是补充机制在发挥其作用。它就像个原料供应商，不断地为梦境加入更为充实的"原料"。至于这种原料为谁所用它不管，但是一定会提供并且按照"剧情"推进而加入更多的细节元素（或者反过来说：为了充实梦的细节部分而加入更多的元素。这种假如的元素也是带有凝缩性质的，具体参考第六章第一节）。比如说在碎片二中"我解不开领带"就来自于补充，而素材取自于我的生活——虽然我不怎么穿西装，但是我有很多条价格不菲的领带（别人送的）。有时候我看着那些领带觉得用的时候很少，很可惜。所以这个念头被补充功能所采用，而作为素材放到了梦里（当然，不是莫名其妙就用了，"解不开领带"是有其含义的——这点儿前面说过了）。

还有，在碎片四中，"她认为车太小了"这个暗喻性的比方也是通过补充加进去的。在我刚认识她不久的时候，她曾经半真半假地问过我一句："你有大房子么？"虽然这句话极可能是她顺口那么一说，但是却给我留下了很深刻的印象——她是一个"物质女孩"（所谓说者无意听者有心）。另外，上一节中提到的"车胎膨胀起来的奇怪形状"也是由补充功能来负责提供元素后加入的——不久前我看到院里一辆车的车胎外侧挂了一些纸板，其目的是防止遛弯的那些小型犬在车胎上乱尿。像这种"补充机制"起作用的例子还有很多，在这里就不一一举例说明了。但是这种补充不只代表着添加，而有其更深的含义。比方说在"请家长的梦"中，最后"我掏出烟点上"是一种我态度上的表达，显示出我的得意与轻松——事实已经证明你错了，所以我无须多说，点上烟悠然地看着你出丑。不过，请注意，这里的悠闲仅仅是个表象，其目的是为了掩饰我那恶毒的"复仇心理"——完全是一种并不知情的样子，实际上我很清楚那把廉价气压阀电脑椅会出问题。但是我们不能把补充功能的所作所为称为"帮凶"，因为补充功能只是根据需要来不断地添加元素进去，以此来充实梦，而对于其用途及目的则完全无视。

现在，我们相对了解到了补充功能所起的作用，它极大程度地丰满了梦的表象，同时还把含有巨大信息量的各种"浓缩型元素"不断添加到梦中，使得梦的隐意得以更好地隐藏，并且以此来掩盖住来自我们潜意识中的个人概念、印象，还有压力，使之不会因为随着梦浮现到意识层而被我们察觉，也就维持住了一个"常态"。从这点来看，补充机制不但是非常好的材料供应商，同时也在协助审查机制稳定出一个平衡。否则，我真的想象不出假如我们每夜都是狂暴而放肆的梦，那将是怎样的一个世界。

再来说校正。

校正作用同补充作用一样，也是在梦的中后期开始运行的。由于补充作用对于元素的使用并没有"监管"的能力，所以这时候需要校正来根据梦的原始愿望，不断地调整梦境以及把新加入的元素进行"合理"的安插（之所以用引号是因为这里所指的合理，是从梦的角度看，而非从现实生活角度看）。

在我原来和别人说到校正功能的时候，许多人不大容易分清审查机制和校正功能的区别，所以在这里我要单独说一下。

审查机制的最终目的，是维护常态，使得那些"肮脏"的东西不会直接表露出来。而校正所做的是让梦的元素以及进程在并不违反"审查原则"的情况下，使得那些元素更准确地指向梦的核心——达成"愿望的满足"。至于这么做的原因是：所谓"愿望的满足"其根源是释放掉潜意识中的压力，使我们保持心理上的健康状态，而不会背负过大的压力。这样我们就能明确了解梦的全部目的：释放——这个问题极其重要，重要到我们的潜意识和意识值得为此竭尽全力地去干这件事儿。

区分后我们再回来说校正机制。

梦之所以会有校正机制，是因为我们的梦信息量过大。这种来自于潜意识巨量信息的释放，经常会把意识搞混乱（内存过载），所以校正会把所有"次愿望"弱化，而突出最需要释放的那个愿望，使得梦稳定在一个轨道上而不会由着那些浩如烟海的信息乱跑……还是用举例来说，这样比较明朗。

★★★★★　★★★★★　★★★★★

什么什么作品的梦

这个梦比刚说过的那个没想起来的梦要稍早一些，大约是两个月前所做的。还是先说一些背景，之后再描述梦境及解析。

1. 大约在这半年期间，我得到了许多家出版社赠送的图书。虽然书不少，但是好书少（我对书口味很刁）。其中有一本关于经济、金融的我很喜欢，并且也长了不少相关知识。

2. 做这个梦的前几天，我有幸又赶上一次大规模堵车。大约步行1

小时的路程，乘车却足足花去了我一个半小时。

3．我在一个商场的洗手间隔断里，看到不知是谁用大便写的一句诗。由于视觉效果所造成的反感，我没细看究竟写的是什么，匆匆换了个隔断。

4．在某个楼的转角处，我看到一个四十来岁的男人被老婆指着鼻子痛骂，而那男人低着头一句话都不敢说。

几天后，我做了如下这个梦：

我和一个什么人在街上边走边聊（始终无法看清这个人，也没有任何印象聊的是什么内容）。随着我们走入市区，周围的人流变得越来越拥挤了。就在我为此烦躁不安的时候，前方突然出现了一片空地，人群到了那里都自动散开。此时身边的那个人拉我并且告诉我赶紧躲开，只见这个空地中一个披头散发疯疯癫癫的人正在把大便甩得四处都是，这场景让我觉得很恶心。但是就在躲避的同时想起了几天前在商场厕所看到的那幕，于是我几乎立刻就断定：眼前这个疯子就是在厕所写字的那位"大仙"。而后我拉着那个人挤出人群，跑到一栋很高的建筑上俯视疯子折腾的那块空地。从上面向下看果然不出我所料，那家伙并不是胡乱地在四处甩粪便，而是在用粪便写东西。身边的那个人惊讶地说："原来写的是这个啊！"不过我没看出写的是什么。这时候我发现很多人都跑了上来，并且有人说："没想到传播得这么广！（并没有指明是什么传播得这么广）"

最后，一个凶悍的女人跑到甩大便的疯子面前痛骂他，而疯子此时也不疯了，规规矩矩老老实实地站在那里，一副很委屈的样子。而我身边的那个人用手机拍下了疯子写的东西，并且拿出了那张照片（手机拍出的影像立刻变成实体照片），然后请我在上面签名。此时，周围的人都在注视着我，这让我很不好意思……梦境就此结束。

现在让我们来解这个梦。

这个梦所表达的愿望是一种出于自私的占有，但是所占有的非物质，而是荣誉。为什么这么说呢？因为我醒来后就记起了疯子所写的到底是什么（在梦中并非记不起来，而是"选择性忘记"了）。所以，无须我再详细说明，只要做几个提示就足够清晰明了。梦中疯子所写的通篇都是经济内容，关键词：金融、货币、经济体系。从梦最后那个人拍照并且请我签名来分析，疯子所写的那些内容一定是来自某一本书，而且是一本我所写的书。

★★★★★　★★★★★　★★★★★

人物1：那个人

请我签名的这个神秘的"ta"不是一个人，而是一种象征，象征着我那一段时间所接触的所有编辑。之所以会是那些编辑，主要原因是当时各个出版社告诉我的一些出版界的事情，让我觉得很有趣，所以印象深刻。

人物2：用大便写字的疯子

这个人物最初是空的，只是采用了一个模糊的概念而已。由于"近期印象会优先成为素材"，所以我沿用了那位在商场洗手间隔断里写字的"高雅"人士作为一个形象。而这个人物后期明显就是那位被老婆当众痛骂的懦弱中年男人——被突然出现的悍妇痛骂。不过此时这位可怜的男人已经不重要了（在推动梦的情节上）。

人物3：不明真相的围观群众

最初的人群只是我对堵车的印象而已（拥挤），那和堵车一样令我为此而很烦躁。到了后期，人群同样不再有实际意义，仅仅是暗指泛泛的公众。

人物4：我

梦里的这个我就是我，没有任何替换行为。

★★★★★　★★★★★　★★★★★

再来解释事件。

1. 我和那个人闲聊：不仅仅是个开场，同时也代表着我曾经和那些编辑聊了很多话题。由于实际中我和编辑们聊的话题很广泛，所以梦中也就没具体表现出都说了些什么——或者说，也许有，但是梦里没为此而特地展示出任何重点——否则我肯定会有印象（因为这个梦是醒来后立刻记下的）。

2．**拥挤**：这个前面说过了，不再重复。

3．**人群的散开**：这具有双重含义。一是我在堵车期间曾经胡思乱想我所乘坐的车变成变形金刚，把那些拥堵的车辆都弄一边去，这样我就能够畅通地向前开了；二是为了衬托出下一环节，这点放到稍后再说。

4．**用大便写字**：实际上来自于最近印象，仅此而已。大便在这里不具实际意义，仅仅作为书写道具。

5．**我拉着那个人跑到高处**：这源于我对那众多出版社和出版公司中的两家比较好感（其中一家送我的那本书我很喜欢——就前面所提到的那本书），并且因此想过：如果将来有机会也许应该和他们合作试试看。

6．**俯视疯子所写下的，并且那个人看出内容而我没看出**：其实"俯视"，在这里就是指"看书"（在绝大多数情况下，看书都是俯视），而所俯视的内容就是我所喜欢的、有关经济金融类那本书。至于"那个人看出书的内容而我没看出来"则是掩饰——掩饰这个梦的愿望。

7．**悍妇出来骂人**：这完全来自生活中的印象，对此没做任何加工，同时也是一个转承部分（总结这个梦的时候会说明这点的）。

8．**"那个人"拍照后，并且拿着照片让我签名**：指那本书是我写的。

9．**周围人都在注视我，而我很不好意思**：……当然不好意思了！直接把人家的书都据为己有了。

好了，至此，这个梦全部解完。下面让我们来整合并且总结一下吧，同时也会说说在这个梦里"校正"的作用。

这个梦的愿望没有压力释放问题作为"背景"，而是一种因"个人印象而衍生出的贪婪"为主导，所以目标大致上是想侵占一份名誉——把我所喜欢的那本书据为己有。这个愿望没有压力存在的那种迫切，也就不够强烈，因此梦中的各种元素似乎有些不稳定（在做梦的同时就意识到了）。所以虽然最终达成了"据为己有"这一愿望，但是不能否认，这是"校正机制"强行拉回来的结果，否则这个梦很难说最后是哪一种愿望被满足（但这个梦绝不会变成第二个"破碎的梦"。因为"破碎的梦"之所以破碎，是出于两种互相抵触的原始欲望，而在这个梦中，虽然也有多种愿望若隐若现地露了个头，但是这几种愿望之间并没有对立关系，也不存在冲突）。因此，由于并没有一个"迫切需要被释放的压力"，所以这个梦有着一种"游移倾向"（梦的原始愿望不够强烈），在整个梦中才会有些类似于干扰性质的元素融入其中（出现了诸多可以延伸的线索）。那么干扰因素都有些什么呢？很显然，"拥堵"问题不足以成为干扰因素，这个"最近印象"充其量也就是个元素而已；而剩下的三个元素："墙上的大便诗"和"悍妇与窝囊中年男"，以及"未来与某些出版社合作"也许有成为这个梦原始愿望的可能性，但是归根到底，假如因此而产生某种愿望的话，恐怕相比较而言，的确不如"把别人的荣誉据为己有"更为靠谱（悍妇的出现本应干扰"剧情"，但是非常有趣，在梦里只是简单地展示了下然后就放开这个场景又回到"据为己有"核心去了，所以这使得在梦结尾处，悍妇的出现完全就是可有可无的——这拜"校正机制"所赐。同样，我拉着"那个人"离开人群也是一种象征，象征着我对与某家出版社未来合作的倾向——但这种倾向并不够鲜明，而且我也尚未做出最后决定）。所以虽然中间出现了几次干扰，但是最后由于校正机制的"纠偏"，这个梦还是被拉了回来，直奔"侵占荣誉"而去。

在这里要借这个梦多说几点原来未曾提到的问题：为什么大便这个事件没有被伪装和转移，而直接在梦里呈现出来了呢？还有悍妇的问题也是这样，悍妇完全就是我在生活中见到的那个女人，并未做任何伪装加以掩饰。难道说，在这个梦中，梦的伪装能力突然失效了？理由很简单：无须掩饰。

那些事件虽然令我印象深刻，但是并非是针对我发生的事件，所以对于那些场景的印象，梦直接把人物和形式还原了，没必要去伪装什么——因为那不是我的错或者我的问题……从这点我们可以看出，梦是非常自我的，对自身之外的那些既不关心也没有什么责任感。所以，如果不是来源于巨大压力所造成的梦，那么梦中的很多元素虽然依旧有着凝缩性质（包含大量的信息），但是并不会为"与自己无关的事情"而尽心尽力地去伪装它们——与我无关就不值得为此去费劲（此时凝缩还是在起着作用，比如说人群散开，则暗示着我的作品脱颖而出——虽然那本书并不是我所写的，但是梦里很"自然"地就给自己加冕了这一桂冠——只是手法上用暗喻，而没有直接表示出来）。

现在想必很多读者都已经明白了"校正机制"如何发挥作用的，同时也大致了解到了该机制是如何维护某种原始愿望，并且促使其最终在梦中得以实现的。不过梦的校正机制在绝大多数时候并非像这个梦中这么明显，因为元素之间的相互干扰以及这种带有"游移"性质的梦相对而言没那么多，但梦的校正作用是不容忽视的，因为我们的每一次"愿望达成"，都有校正机制为其护航。

写到这里，似乎梦的运作部分都说完了。但其实没说完（也不可能说完），所以就有了下一节。

// 三　还有 //

我们足足花了十几万字来说明梦运作中的各种机制以及大体上的一些情况，如果你全看完并且看懂了，也别沾沾自喜认为至此你就是解梦大师，因为实际上没有解梦大师。这么说不是我故弄玄虚，而是实情。至于为什么，在此我要再强调一下在最初我们所说的那句话：潜意识是个进程。在这种进程的状态下，解释是永远跟不上的，所以我曾说过这么一句话："心理学书籍永远只会有一个分类：入门。"因为太多太多的来自于人类心理的问题，我们至今都还未搞清楚，所以梦作为一种隐喻性质的心理现象，想彻底搞懂几乎是没有可能的——因为没有任何办法能够限制住我们的思维——这是我们必须面对的一个问题（很无奈）。

好了，这一节并不是为了感慨，是为了做一些补充的，所以让我们来说些实质性问题。

问题1：为什么梦的呈现会以画面为主导，而不会是语言或者文字？

除去显而易见的"画面最直接"外，还有一个重要因素不容忽视，那就是画面的信息含量远远高于文字或者语言。前面我们说过，每一个梦中的场景都包含有大量的信息，这些信息绝大部分都是我们的印象，而非实际情况。也就是说，这些画面其实是在表达我们的看法与感受。同时，在这种以画面为梦境主导的情况下，也更加容易隐藏住某些我们希望加以隐藏的内容。所以，即便是我们曾看到对我们造成冲击的文字，或者听到对我们造成冲击的语言，在梦中也并不会以语言或者文字呈现，而依旧会是画面。

问题2：有没有梦是完全没有任何含义的，仅仅是随机的画面呢？

这个问题是我一直在查阅各种资料、参考各种论文所要找的，但是这类的资料和记载几乎少到可以忽略不计。我认为，这种梦应该是存在的，但是并没有被我们记住（或很难被我们记住，因为不具有实质内容）。所以对这类"凝缩展示出最近印象碎片般的梦"，我没办法在这里加以任何说明（弗洛伊德在《梦的解析》中对此也只字未提）。

问题3：在生病的情况下，会不会有因病的纯肉体反应的梦出现？

一定会有的，但是那并不代表生病的情况下就完全是肉体反应的梦。实际情况是：即便在我们病得很重的时候，梦依旧会是多姿多彩的。关于这类梦的书籍大陆市面上就有，也可以通过本书最后的参考书目中找一些来看。由于个人口味不同，所以我就不自作主张推荐了，请有兴趣的读者自行选择。

问题4：那么生病情况下来自于肉体反应的梦也会是愿望的达成？

是的，请看我摘录于《梦的解析》中的两段：

例一，选自《梦的解析》第三章

我的一位女性病人曾做过一次不成功的下颌手术。受医师指示，她每天一定要在患病的脸颊做冷敷。不过她一旦睡着了，经常会把那冷敷布撕掉。有一天，她又在睡中把敷布拿掉，于是我说了她几句，想不到，她竟对我说："这次我实在是没办法，因为那完全是由夜间所做的梦引起的。梦中我是在歌剧院的包厢里，全神贯注地看着舞台表演。突然间我想到梅耶先生正躺在疗养院里忍受着下颌疼痛的折磨。我就自言自语道：

"'既然不是我下颌疼，那我就不需要这些冷敷，所以我撕掉了那些冷敷布。'"这可怜的病人所做的梦，让我想起当我们置身于不愉快的处境时，往往口头上会说："好吧！那我就想些更愉快的事吧！"而这个梦也正是这种"愉快的事"。而那位在患者梦中"下颌疼痛"的梅耶先生不过是病人偶然想起的一位朋友而已。

例二，选自《梦的解析》第五章第三节

"我骑着一匹灰色的马，最初胆战心惊，小心翼翼，似乎我在硬着头皮练习。然后我碰到一位同事A先生，他也骑着一匹装有粗劣饰带的马。他笔直地端坐于马鞍上，并提醒我某件事情（可能是告诉我那坐鞍很差）。现在我开始觉得骑在这匹十分聪明的马身上，非常轻松自如；我越骑越舒服，也越觉熟练。我所谓的马鞍是一种涂料，整个涂满马颈到马臀间的部位。我就这样在两驾篷车之间骑着，并想摆脱掉他们。当我进入街道有一段距离后，我转过头来想下马休息。最初我打算停在一座面朝街心的小教堂前，但我却在距离这所教堂很近的另一所小教堂前下了马。旅馆也就在同一条街上，我可以让马自个儿跑去那儿，但我宁可牵着它到那儿。不知怎么的，我好像认为如果骑着马到旅馆跟前再下马会太丢人，在旅馆前面有个雇童招呼我，他拿着我的一本札记向我调侃其中内容，那上面写着一句'不想吃东西'（并且底下用双线加注），再下去又另有一句（较模糊的）'不想工作'，这时我突地意识到自己正身处在一个陌生的城镇，在这儿我没有工作。"

从这个梦相当明显地可以看出：是来自于痛刺激的影响。就在前一天我因长了疔疮而痛苦万分，后来竟在阴囊上方长成一个苹果大的疥疮，这使我举步维艰疼痛万分。我全身发热、疲惫、没有食欲，再加上当天工作繁重，使我整个人濒于崩溃。虽然这种情况并未使我完全不能行医，但由于这病痛的性质与发病部位，至少有一件事是我肯定无法做的，那就是"骑马"。而就因为"骑马"这活动使我构成了这个梦——一种此刻对病痛的最强力的否定方式，事实上我根本不会骑术，我不曾做过骑马的梦。而活到现在我也只骑过一次马。还有，无鞍骑马，那更是我所不喜欢的。但在梦中，我却骑着马，就好像我根本没长什么毒疮似的。或者说，"我之所以骑马，是因为我希望自己并没长疮"。由这个梦的叙述我们可以猜测，马鞍其实是指能使我无痛入睡的外敷膏药。也许由于那疼痛缓解后的舒适，让我最初的几个钟头睡得十分香甜。以后痛感又开始加剧，而使我几乎痛醒过来；于是梦就出现了，并且抚慰地哄着我："继续睡吧，你不会痛醒的，你既然可以骑马，可见并没有长什么疮，因为怎么可能有人长了毒疮还能骑马呢？"梦，就这样成功把痛感压制下去，而使我继续沉睡。

问题5：我曾经梦见考试不会做题，惊醒了，这也是愿望的达成吗？还有，我梦到自己几乎全裸在街上，很丢人，也是愿望的达成？

这正是我们下一章要说的问题。在下一章中我们探讨那些几乎每个人都曾做过的、典型的梦。

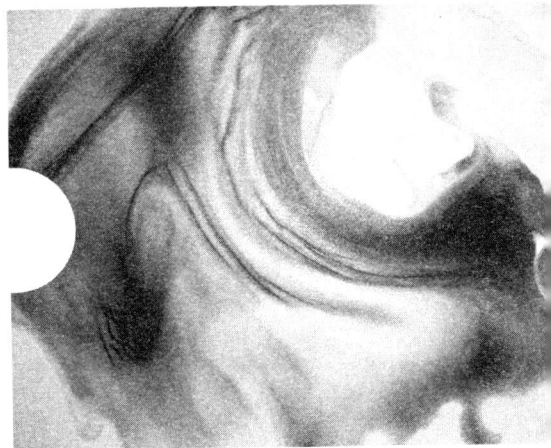

我们所熟悉的

| 第九章 |

有那么一些梦，几乎我们每个人都曾做过。仿佛这种梦就是属于一种定式似的——人类所共有。为什么会这样呢？这些梦又代表着什么呢？这种梦也是愿望的达成？难道这种梦也不会例外吗？

对此，我的看法是：一定要理解"愿望的达成"这句话，假如做不到这点，那么这章看了也白看。而且还有，本章中所做出的解释并非代表全部解释，也并非是唯一的解释，具体事情还是需要具体划分的，请大家千万不要死守经验主义，而以此为基石去探索才是我们的目标。

让我们开始吧。

// 一　飞行或者浮空的梦　//

我相信这类的梦一定是很多读者都熟悉的梦，在梦中要么我们自由自在地无须振翅就能飞行；要么是采用某种奇特的方式艰辛地飞行（例如跟气功"运气"那样似的）；或者是某种乘风"滑行"……无论怎样，绝大多数这类梦都是很爽的（至少我个人感受是这样）。那么，这种梦是什么意思呢？首先，我们来看看在《梦的解析》中弗洛伊德是怎么说的。

★★★★★　★★★★★　★★★★★

几乎所有做舅舅、叔叔的都有过这样的经历：对着小孩伸开双臂逗得他满堂飞跑，要不就是放他在自己膝上摇，然后再突然一伸腿，搞得小孩哇哇大叫，或者是把小孩高高举起，再突然收手，出其不意地吓他几下。而在这种时刻，小孩总是高兴得大叫，并且不满足地还要再来一次（特别是假如这种游戏含有一点恐怖或眩晕的情形在内时）。日后他们在梦中又重复这种感觉，但却把扶着他们的手省略掉了，于是他们便在梦中得以自由地浮游于空中。我们都知道，所有小孩子都喜欢荡秋千或坐跷跷板一类的游戏，而一旦他们看了马戏团的运动表演以后，他们这些游戏的记忆便更清晰了（弗洛伊德附注：精神分析的研究使我们得到这样的结论：由小孩对运动表演的偏好，以及歇斯底里发作时这些动作的重复出现，我们知道，除了感官上的愉悦以外，必定仍有另一个因素的存在——往往是潜意识的：那就是在人类及动物所看到的性交的记忆影像）。在某些男孩歇斯底里症发作时，只不过是某种动作的不断重复，哪怕这动作本身并不具有任何刺激性，但往往却给当事者带来性兴奋的感觉。（弗洛伊德附注：一位天性并非神经兮兮的年轻同事，曾在这方面提供给我一件他的经历："当我荡秋千荡到最高高度时，我的生殖器往往有种很奇怪的感觉，这对我而言虽然并不是一种快感，但我仍认为是一种肉欲的感觉。"我常听到病人告诉我他们第一次感到性器勃起，并常有肉欲的感觉是在他们儿时爬行的时候。由精神分析可以确凿证明孩童期间的混战、扭打往往使他们第一次意识到性的感觉。）简单地说：小孩时期兴奋的游戏都在飞上、掉下、摇晃的梦中得以重现，唯有肉欲的感觉现在变成了焦虑。然而就像一般母亲所熟知的——孩子兴奋的游戏往往最后以争吵、哭闹而结束。

因此，我有足够的理由反对那种以睡眠状态下皮肉的感觉、肺脏的胀缩动作等来解释这种飞上、掉下的梦，我发现这些感觉都可以通过梦所带来的记忆得以重现，因此它们可以说就是梦的内容本身，而并非仅仅是梦的来源。

然而我无法对这些典型的梦全部给予合理的解释。更精确地说是因为我所掌握的资料，使我到了一种进退维谷的困境。我所持的通常意见是这样的：当任何心理动机需要它们时，这些"典型的梦"所具有的肉体或运动的感觉便复苏了，而用不上它们时则被忽略掉。至于这与童年经历的关系，则可由我对神经症的分析得到佐证。但我却无法说出这些感觉的记忆（虽然看来都是"典型的梦"，但却各有因人而异的记忆），究竟对做梦者一生的遭遇另有哪些其他意义。不过我还是衷心地希望能够有机会仔细多分析几个好例子以补充目前的不足之处。

也许有些人会怀疑，为什么这种飞上、掉下的梦不计其数，而你却仍抱怨资料匮乏？其实自从我开始关注"解梦"的工作以来，我自己居然就再也没有做过这类梦，而且虽然我处理过许多神经症的梦，但并不是所有梦都能解释，还有许多梦都无法发掘其中最深层所隐藏的意向。某些形成神经症的因素，在神经症症状即将消失时，会变得更加厉害，而使得最后的问题依旧无法解释得通。

***** ***** *****

很显然，由于弗洛伊德缺乏自己的梦例作为分析，所以在《梦的解析》原书中对此并未从心理方面做详尽的分析，而是仅仅从记忆和"童年印象"中对此有些许阐述。那么在这本书中，让我们来对此做个补充。

梦中的飞行，除了弗洛伊德所说的明显还有其他成分在内——因为前面我们说过，梦中的很多"场景"不是凭空而来的，都有着自己的依据。同时这些依据也不是拿来就用，大多是经过浓缩和伪装后，采用某种形式所表现出来的。那么，是什么样的内容能让我们用"飞行"来作为表现形式呢？我经过仔细地回忆后发现，自己所有"梦中飞行"的时候，梦中的天空几乎无一例外是"在夜里""阴天""阴郁"的。在我记忆中从未有过阳光灿烂、晴空和白云飞行的时候。对此我曾经百思不得其解。但是通过分析后我认为可能有两点主要因素：

1. 很可能是梦中忽略了天气或者无视更远处的景观，所以造成了这种"阴霾"的梦中气候。

2. 也许，这种"飞行"的梦本身就是一种象征，所以为了衬托这种象征，这类梦是需要阴霾天气的。

看上去，似乎第二种情况复杂些，实际上第一种情况复杂些。因为这个问题需要极为大量的梦例才能够证明，而我所收集的梦（无论是我自己的还是别人的）中，基本都没有关于气候的描述，或者都是更为直接地回答"忘了"以及"没注意"。所以对于第一种情况，我们在这本书中不再展开详述或论证，而有所保留，我们只说第二种情况——而且我也认为第二种情况是比较可信的——毕竟梦在"深藏其意"方面出神入化。

我觉得梦中的飞行，实际上在很多时候都代表着一个重要的象征：脱离。这种脱离应该是具有现实意义的脱离，而不仅仅是一种渴望脱离的念头。例如说在几年前我曾因工作被迫置身于一群自己所不喜欢的人当中，对此我极为痛苦和压抑——因为很多观念上的不同使得自己的很多想法不被人理解，而且在表达上我不能把这点说出来，必须去用一种他们所能理解的方式去表达——拐弯抹角，所以那段时间我可以说是身心俱疲。之后不久，就曾做过一个让我极其怀念的梦。梦中我在熙熙攘攘的街道上就凭空飞了起来，在周围人的注视下，我压制着自己的得意与炫耀心态，表情平静地飞来飞去（我认为压制过的傲慢和刻意表现出的谦虚反而是一种夸张性的炫耀）。当我醒来后，我自己也很清楚这代表着什么——自己即将离开那个讨厌的环境了，而我所做的一切，别人（那群我所不喜欢的人）只有仰视的份儿。之所以得意，是因为当时的工作成就基本是我孤军奋战而来的，并未得到任何帮助（这个是事实，因为理念上的不同造成了我的想法无人认同，我只能自己埋头干），但是最后的结果将证明我是对的——所以得意（其实就是某种报复性心理）。那么梦中那种"飞离人群"和"众人羡慕和惊讶的眼神"则已经清晰而干净地把核心愿望指向了我当时的心态（这点不需要再浪费笔墨做更多说明了）。

根据这个梦以及其他"飞行梦"的分析，我认为具有相当数量的"飞行梦"具有这种"脱离"的原始欲望。而且这种愿望应该是被压抑很久的并且是有望在短期内解脱的（不具备这个条件则很难飞起来——指梦中）。否则"飞行梦"醒来后只会让人更加沮丧（这点请重新参考"梦是愿望的达成"以及"梦是为了宣泄出潜意识中的心理压力"），而梦中飞行时的感受、印象等则很可能来自于我们的乘坐飞机、滑翔翼、跳伞，童年时荡秋千、踩跷跷板、去游乐场，以及幼年时被亲友抛起来的记忆，同时这种记忆也就形成了这种飞行梦的表现形式。

至于"飞行梦"中所出现的其他情况，例如"滑行"和"艰难地起飞"在这里就不做更多的解释了，具体请参考本节所述（我认为前述还是很具有代表性的）。还是那句话：灵活掌握第一，生搬硬套很可悲。

// 二　几乎赤身裸体的梦　//

关于赤身裸体的梦我有过，并且在记忆中还不止一次（但是具体的内容想不起来了）。那么这类梦所代表的都是什么呢？下面我依旧会摘录《梦的解析》所述观点——因为弗洛伊德已经在书里说得很清晰、很专业了。但是在开始说之前，我先要解释清一个需要区分的概念。梦中赤身裸体（或穿得很少，几乎衣不遮体）地出现在陌生人面前，和同样出现在熟悉的人面前是具有不同含义的。前一种所代表的是一种源于童年的记忆（这部分会在下面由弗洛伊德做详细的分析）；而后一种明显则不属于这类范畴，应该划归到"隐喻性质"的梦内容之中。而其中的含义则跟近期或者深埋于潜意识中的某些印象、情绪、念头有关，具体是什么那就没谱了，只能个例分析，没有任何套路可言。所以请读者在看下面这段文字的时候一定要对此加以区分，而避免"全部适用"的态度——因为这是两回事儿。

*****　*****　*****

多数梦见自己在陌生人面前赤身裸体或穿得很少，并且为此而羞愧或者尴尬（有时也可能并不会引起做梦者的尴尬羞愧）的情况，目前认为较有探讨价值的是那些使做梦者因此而尴尬，想逃避，却又发觉无法改变这种窘态的梦。只有具备这些因素的赤身裸体的梦，才属于本章所谓的"典型的梦"，否则其内容的核心可能又包含其他各种因素在内或因人而异的特征（插一句：正如我在弗洛伊德这段之前所说）。这种梦的要点就是"做梦者因梦而感到羞愧或痛苦，并且急于以运动的方式遮掩自己的窘态，但却无能为力"。我相信大部分的读者都曾经有过这一类的梦吧！

这种梦中所暴露的程度与样子基本比较模糊，做梦者会说："当时穿着内衣。"但其实这并不是十分清楚的。多数情形下做梦者对祖裸的叙述都是以一种较模糊的方式表示，"我只穿着内衣或衬裙"，而所叙述的这种衣服单薄的程度并不足以引起梦中那么深的羞愧。例如一个军人通常梦见自己不按军规着装，便代替了这种"裸体"的程度，"我走在街上，忘了佩带整齐，这时军官向着我走来……"或是"我没戴领章"，或是"我穿着一条便服的裤子"，等等。

而这种梦中的旁观者大多是陌生面孔，也没有什么特点。并且在"典型的梦"里，做梦者多半不会因自己所羞愧尴尬的这件事而受到别人的谴责。相反那些人都呈现出漠不关心的样子，或者就像我所注意过的，那些人都是一副僵硬严肃的表情，而这更值得我们好好思考其中的含义。

"做梦者的尴尬"与"外人的漠不关心"正构成了梦中的矛盾。以做梦者本身的感觉，其实外人多少应该会惊讶地投来一眼或讥笑几句，甚至驳斥他才对。关于这种矛盾的解释，我认为可能外人憎恶的表情，由于梦中"愿望满足"的作祟而被予以取代，但做梦者本身的尴尬却可能因某些理由而保留下来。对于这类只有部分内容被"愿望满足"所伪装的梦，我们现在还未能完全了解缘由。基于这种类似的题材，安徒生写出了那有名的童话《皇帝的新衣》，而最近又由菲尔达（Fulda，德国剧作家）以诗人的手法写出类似的童话剧。在安徒生童话里，有两个骗子为皇帝编织了一种号称只能被天神和诚实的人所看到的新衣，于是皇帝就信以为真，并且穿上这件自己都看不见的衣服，而由于这纯属虚构的衣服变成了诚实与否的测试仪，人们也都只好声称皇帝并非是赤身裸体的。

然而这就是我们梦中的真实写照。其实可以这样假设：这看来无法理解的梦的内容，却可由这不穿衣服的情境而引导至记忆中的某种境地和遭遇，只不过是这境地遭遇已失去了其原有的意义而被用作其他用途。我们可以看出这种"续发精神系统"（secondary psychic system）在意识状态下如何把梦的内容予以"曲解"，并且由这因素决定了所产生的梦的最后形式。还有就是在"强迫观念"及恐惧症的形成过程中，这种"曲解"（当然，这是指那些具有同样心理的人格而言）也扮了一个重要的角色，甚至我们还可能指出这解梦的素材取自于何处。"梦"就像是那两个骗子，"做梦者"本身就是国王，而有问题的"事实"因为道德的驱使（希望别人认为自己是诚实的）而被出卖，这也就是梦中的"隐意"——被禁止的愿望，受潜抑的牺牲品。由我对神经症病人所做的梦分析后发现，做梦者童年时的记忆在梦中真的占有一席之地。因为只有在童年时，我们才会有那种穿戴很少而置身于亲戚、陌生的保姆、佣人和客人之前，并且丝毫不会感到羞愧的经历。在那些略微大一些的孩子们中，当他们被要求脱下衣服时，非但没有不好意思，反而兴奋地大笑、跳来跳去、拍打自己的身体，而母亲或在场的其他人总要呵责几句："嘿！你还不害臊——不要再这样了！"小孩总是有种将自己展示于他人前的愿望，我们随便走过任何一个村庄，总可以碰见几个两三岁的小孩子在你面前卷起他（她）的裙子或敞开衣服，很可能他们还是以此向你致敬呢！我有一位病人仍清楚地记得，他8岁时脱衣上床后，吵着要只穿着内衣跑入自己妹妹房间内去跳舞，但却被佣人禁止了；神经症病人童年时，曾在异性小孩面前暴露自己肉体的记忆确实具有相当重要的意义。患妄想症的病人常在他脱衣时，有种被人偷窥的妄想，这也可以直接归自于童年的这种经验，其他性变态的病人中，也有一部分因这种童年冲动的加强而导致所谓的"暴露症"。

童年时期这段天真无邪的日子，在日后回忆起来，总令人感觉"当时有如身在天堂"，而天堂其实就是每个人童年那许多幻想的实现。这也就是为什么人们在天堂里总是赤身裸体而不会感到羞愧的理由，一旦达到了羞耻心开始产生的时候，我们便被逐出天堂的幻境，于是才有性生活与文化的发展。此后唯有每天晚上借助梦境，我们才能重温那在天堂的日子。我曾推测最早的童年期（很难留下印象的婴儿期记忆到3岁为止）的印象，都是完全随意而自由想法的产物，因此这印象的重现就是愿望的满足，因此赤身露体的梦即为"暴露梦"。（弗洛伊德附注：费伦齐曾记录了许多女人赤裸的梦，而很清楚地推溯出这来自童年期的暴露快感，但这些报道却与我们所谈的"典型的梦"略有出入。）

"暴露梦"的核心人物，往往是"做梦者当前的自己"，而非童年时代的影像，而且由于日后种种穿着衣服的情境以及梦中"审查机制"的作用，让梦中人物大多并非全裸，而呈现出"一种衣冠不整的样子"，然后再加上"一个使他引起羞愧的旁观者"。在我所收集的这类梦中，从不曾发现这名旁观者正好就是童年暴露时的真实旁观者重现梦中。毕竟，梦并不是单纯的一种追忆而已。而且很奇怪，童年时"性"兴趣的对象也并不重现于梦、"歇斯底里症"以及"强迫性神经症"中。而唯独"妄想症"仍保留这种性质的旁观者影像，并且虽看不见"他"的存在，但病人本身却荒唐地深信冥冥中"他"就是在附近窥探着。在梦中的这类旁观者，大多被一些不太注意到做梦者尴尬场面的"陌生人"所取代，这其实是对做梦者的那种暴露在与自己关系密切者面前的意图的一种"反愿望"。"陌生人"有时在梦中还另有其他含义。就"反愿望"而言，它总是代表一种秘密（很明显，梦见所有家人在场也具有同样意义）。我们甚至可以看出，妄想症所产生的"往事重现"也合于这种"反面倾向"。而且梦中绝不会只是做梦者单纯一人，他一定被人所窥视，而这些人却是"一些陌生的、奇怪的、影像模糊的人"。

并且，"潜意识作用"也在这种"暴露梦"里插了一脚，由于那些为"审查机制"所不容许的暴露镜头，均无法清楚地呈现于梦中，也就可以看出，梦所引起的不愉快感觉，完全是由于"续发心理力量"所产生的反应，而唯一避免这种不愉快的办法，就是尽量不要使那情景重演。

目前我们可以看出，在梦中它是代表"一种意愿的冲突""一种否定"。根据我们潜意识的目标，暴露是一种"前进"，而根据"审查机制"的要求，它却是一种"结束"。

*****　*****　*****

说实话，我看过无数种对于"梦中赤裸"的解释和分析，但是我认为只有弗洛伊德对此的解释最为合理并且极富逻辑。他在这段叙述中很清晰地就说明了这类梦的缘由以及产生动机，不过我认为弗洛伊德漏掉了一点（或者有意回避了这个问题），那就是：男性大多会有这类梦产生，而女性则极为稀少（弗洛伊德前面只是对此泛泛地一提：费伦齐曾记录了许多女人赤裸的梦，而很清楚地推溯出这来自童年期的暴露快感，但这些报道却与我们所谈的"典型的梦"略有出入）。关于这点，我曾问过许多我所认识的女人，假如她们没有对我说谎的话，那么实际情况就是刚刚所说的那样了。这源于女孩在很小的时候就极少被赤裸地放到众人面前，同时女孩也会在很小的时候被告知要习惯性地遮盖自己的身体，"因为你们不是男孩子"。其实深究起来，之所以男孩被暴露着性器官，源于一种炫耀成分——性别炫耀——继承家业或者姓氏的男孩（这个问题想必是显而易见的）。所以这种"理念性"的差异造成了男孩对此会有深刻的童年记忆，而女孩却没有。所以，当女孩成年后，假如表达来自于童年的记忆则会采用另一种方式，而不会用赤裸来表示，所以这也就是弗洛伊德对费伦齐所记录的那些"女人梦中的赤裸"评价为："但这些报道却与我们所谈的'典型的梦'略有出入。"因为这两者本质上不同，假如更深入地追寻其意。恐怕女人的这种赤裸记忆则更早一些，甚至早到婴儿时期。

由于本章属于"典型范例梦的说明"章节，那么我们就不在此对女性的这种"非记忆性赤裸梦"做更多的分析了，如果有必要，我也许今后会有专门一本书来说这类的情况。不过那本书所说的内容不仅仅是梦，更多地则将涉及"性"这一敏感问题。因为就我所偶然得到的一些性扭曲案例来看，的确很多性扭曲的根源是源于童年时代——尤其是女人。

下面让我们来说说有关焦虑的梦。

// 三　考试的梦　//

这种梦怎么写，是个让我很头疼的问题，因为我自己从未做过这种梦（或者曾经有过但是忘记了）。但当我问了所有能问的人后，他们又都纷纷表示有这种梦。可我的确没自己的梦例作为依据来分析。分析别人的梦不是不行，可是对于这种不能充分进行的分析我没有把握说：这是一种范例性的梦。于是纠结到最后，我决定还是保守一点儿，宁愿引用《梦的解析》原文也不能胡说八道来误导读者们。所以，对于本节的这种"偷懒"，还要请读者们原谅。以下章节选自《梦的解析》第五章第四节。

＊＊＊＊＊　　＊＊＊＊＊　　＊＊＊＊＊

每一个在学校通过期末大考而顺利升级的人，总是抱怨他们常做一种噩梦，梦见自己考场失败，或者自己必须重修某一科目；而对已得到大学学位的人，这种典型的梦又被另一形式的梦所取代，他往往梦见自己未能获得博士学位，而另一方面他在梦中却仍清楚记得早就毕业多年了，甚至步入大学教席之列，或早已是律师界的资深人物。这样的话，怎么可能还未得到学位呢？因此这类梦使做梦者倍感困惑。这就好像我们在小孩子时，担心将为自己的劣行而遭受处罚一样，这是由我们学生时代的那种苦难日子连带要命的考试所带来的记忆重现，同样神经症的"考试焦虑"也因这种幼稚的恐惧而加深。然而一旦学生时代过去以后，则不是父母或老师来惩罚我们。我们的生活被冷酷的因果规律所支配，每当我们自己觉得某件事做错了，或疏忽了，或未尽本分时（简而言之就是"当我们自觉有责任在身时"），我们便会梦见这些令自己曾经紧张的入学考试或博士学位的考试……

对"考试的梦"做进一步研究，我要举出一位同事在某次科学性的讨论会中所发表的有关心得。

照他的经历看来，他认为这种梦只发生在顺利通过考试的人身上，而那些考场的失败者是不会发生的。由种种事实证明，使我深信"考试的焦虑梦"只发生于做梦者第二天即将从事某种可能有风险并且必须负责任的"大事"。而梦中所追忆的那些，必定是一些过去做梦者曾花费很大心血所做的事。而从其结果来看，这只是被放大的甚至是多余的忧虑罢了。这样的梦能使做梦者充分意识到梦的内容在清醒状态下受了多大的误解，而梦中会抗议："我早就已是一个博士了"……都是事实对梦的一种安慰。因此其用意可以通过这句话来一语道破："不要为明天担心吧！想想当年你要参加大考前的紧张吧！你还不是胡乱紧张一通，而事实上却毫无问题拿到你的博士学位吗？"然而，梦中的焦虑却是来自于做梦当天所遗留下来的某些经历。

就我自己以及他人有关这方面的梦，解析起来虽然并非百分之百，但大多都支持这种说法。比方说我曾没能通过法医学的考试，但我却从不曾梦到这件事。相反对于植物学、动物学、化学，我虽然曾大伤脑筋，但却由于老师的宽厚而从未发生过问题。而在梦中我却常重温这些科目考试的风险。我也常梦见又参加历史考试，而这是我当年一直考得很不错的科目，但是我必须承认一件事实——这大多是由于当时的历史老师（在另外的一个梦中，他成了一个独眼的善人），从不曾漏看了一件事——那就是我在交回的考卷上，经常会在比较没有把握的题目上用指甲划叉，以暗示他对这问题不要太苛求。

记得我有一位病人，他曾在大考时缺席，而后补考通过了，但却在国家公务员考试中失败了，以至于迄今为止都未能被政府录用。他告诉我说，他常梦见前一种考试，但后一种考试却从不曾出现于梦中。

斯特克尔（W. Steckel）是第一位解析"考试梦"的人，他指出，这种梦一概是影射着性经验与性成熟，而就我的个人经验来说，这种说法被予以证实。

***** ***** *****

以上就是弗洛伊德所述观点。虽然我并无这方面的记忆并且借此来加以分析，但是我觉得似乎"考试的梦"这一问题在《梦的解析》中并未被说透。因为弗洛伊德在这里只是说梦借用了"考试"这一因素就打住了，并未更深入地对此探讨，也没有任何更多的说明，所以对于弗洛伊德在最后这锁定在"这来自于性经验"的定义，我无法同意。我认为这种类型的"焦虑"，是一种纯粹的释放，只是为了缓解最近的一些压力。而梦的目的就是让做梦者醒来后得以宽慰。但具体想要表现出哪方面的"潜意识压力释放"，恐怕我目前还没办法说清……对于这一节来说，不能不说是个遗憾——因为暂时我还对此无能为力（而且能查到的相关资料很少，假如我做推测的话不是不可以，但是那缺乏依据，我不想做这种妄自推测）。如若将来有人愿意给我足够的"资料"让我去了解他/她的生活经历以及性格特征，那么我有可能会对此加以分析并且得到某种结论，而现在，的确没可能。

//　四　死亡的梦　//

在写下这个标题的时候我就想，假如没有这种梦，那么恐怖小说和电影则将失去很多有趣的题材，同时那些"灵异派解梦大师"也会因此而郁闷吧？

这种梦的普遍性是无须多说的，我们绝大多数人都有过这类记忆。细说起来无非是两种情况：第一种是梦到活着的亲友去世了。第二种是梦到去世的亲友复活了。而无论是哪一种，身为做梦者在梦中都不会感到有什么奇怪或不解，大多都很顺从地就接受了事实（梦中）。之所以会这样，是因为潜意识需要梦用这种形式来表现出一些什么——这也就是在前面章节所提到的"梦中的理智"——那是梦无视因果关系的一种设定。既然如此，那么很明显这种梦只要通过分析也一定能得到某种程度的答案（关于解答的深浅程度是与"了解做梦者生活经历、背景"以及"对解梦方式方法掌握多少"成正比的）。需要加以强调的是，在第一种情况中还会细分为两类特征：第一类特征是我们并不会对此感到悲伤（例如"爱情故事"那个例子就是。虽然姐姐的孩子去世，但是做梦的少女并不会为此而难过）；而第二类会因为在梦中亲友故去而感到悲伤，在某些时候还会在梦中哭泣甚至因此哭醒。

很显然，无论哪一类，"梦到亲友死去"在大多数情况下，不会是希望亲友死去，而是另有其目的。之所以是这样，极有可能是因为把亲友的故去作为一种象征来直接展示出来（我承认《梦的解析》原著中所阐述观点，大多指童年印象，关于原文的论述我会在本节最后的部分加以收录，以供读者来作参考）。例如我一位朋友，他对于自己家族企业的掌管者——他的叔叔，有些不满。因为这位朋友本身是正统海归MBA，所以他对叔叔在家族企业中"论资排辈"的用人方式颇有微词。但是由于他的叔叔算是白手起家的那种实干者，而且眼光独到，所以即便是这位朋友对叔叔有所不满，他对其还是非常崇拜的，并且以他为自己的榜样。在工作中他依旧尽心尽力，并未有什么"篡权夺位"的念头。后来他曾做过这么一个梦。在梦中他被告知，家族中一位极其重要的亲戚去世了（但并未明确是谁），而他在梦中哭得死去活来，甚至为此而哭醒。在这个梦不久后他告诉了我，然后小心谨慎地问："是不是我希望自己叔叔死掉？这样我就能顺利走到更高的职位，来按照我的方式用人了？人性就是这么卑劣的吗？"我能理解这位朋友的悲哀（因为对这位朋友足够了解，所以我坚信他绝对不是一个肮脏的人，并且假惺惺地弄这一套），明确地告诉他，不是那样的。这个梦的核心并非痛恨自己叔叔让他死掉，而仅仅是一种"在家族企业合理用人"的愿望罢了。所以这个梦不但隐去了"究竟是谁死了"的问题，同时还用一种深深的自责心态彻底而干净地打断了这个梦，让这位朋友因此哭泣而醒。实际上这也是一种"弥补"，其目的是让做梦者忏悔并且为此而难过（甚至可以说是出于"居然采用这种梦中的假定来满足私欲"而自责）。

这类的梦既明显又具有范例性，所以请有过这类梦的读者先不要忙着过分自责，而是要认清一点：梦中所表现出来的是释放，而非事实。其实这也就代表着一种"清理"和"纠错"过程，绝非什么恶毒和卑鄙。

而那些"故去亲友梦中复活"，在很多时候并非是单一代表着就是希望"亡者复生"的愿望（不过的确有这种愿望会在梦中实现）。例如梦到自己去世的祖父，不见得就是怀念祖父才会梦到。这种情况通常都是以一种"凝缩"人物的方式，而采用了某位故去亲友的形象而已。即：把某些话或者某种态度，通过故去亲友表达出来。更具体的请参照第六章。还有一种是出于表达自己态度而梦到的"故去亲友梦中重现"。例如在《梦的解析》中，弗洛伊德就曾说过这样一个梦。某人自从父亲去世后就大肆挥霍家产，过着纸醉金迷的生活。而某天在梦中，他梦到先严指责他竟然如此地挥霍。当醒来之后，这位败家子宽慰地告诉自己：恐怕老爸也就只能在梦中才能这样管教自己了吧（宽慰心理）。

这类性质的梦其实很多，我随便问了身边一些人后都得到了明确的答案。但是不可否认，这类梦假如解析起来的话，必定会涉及大量隐私在其中，所以经过反复考虑后我决定不再用梦例加以更多的说明（我自己没有过这种梦——至少我不记得有这种梦）。让我们来说说那些很多人所感兴趣的梦吧，即——某种极具"灵异色彩"的梦。

想必很多人都至少听说过那种"亡者求助"的梦吧？已辞世的亲人托梦说太挤了，渗水了，诸如此类。我觉得这种情况似乎很多，就算没经历过，想必绝大多数读者也不会对此陌生。那么在这里，我就要列举个"灵异梦"来说说。

首先，这个梦不是我做的，是我听来的。一个朋友说起的这个梦，而我去分析了这个梦。

整个事情是这样的：一家有多个儿女，老大是女儿，也是最孝顺的。大女儿在老太太去世前，就做好了寿衣——上好的面料，自己缝制（老太太生前很喜欢大女儿裁剪制作的衣服）。因为老太太春秋季那阵身体情况极为不好，大家都以为老人入不了冬了，所以寿衣是春秋款式。结果，老人是冬天去世的。

就在准备火葬当天早上，大女儿早上五点多被敲门声惊醒，开门后一看是邻居，邻居面带不安地告诉大女儿：我梦见你妈了，她站在我跟前不说话，就用手比划给我看。我看到她穿着棉衣，外面套着寿衣，但是寿衣短了一大截，露出了棉衣的下摆部分，你妈就那么比划着指给我看，是不是你做的寿衣没做好？听了这个，大女儿傻了——因为寿衣套上棉衣短一截这事儿就自己知道，别说其他人了，连兄弟姐妹都不知道。结果大女儿一大早就四处跑，买回同样的面料后用别针在寿衣下摆别了一圈，算是补完整了。然后下午才去火化的老太太。

事情大致上就是这样，很灵异吗？让我们来分析一下这个梦吧。

这个梦的重点，在于：做梦的人。

为什么这么说呢？当听到这个梦的时候，我已经可以推测出一个转述人并没有提到的事实了，那就是：大女儿在做寿衣前应该是和邻居一起去买的面料，所以对于这款寿衣的款式，我想邻居不用多问就已经很清楚了解到寿衣是春秋款（也有可能是在买面料的过程中得知的，或者是平时闲聊）。而老人冬天去世邻居也是知道的。虽然不见得会立刻联想到什么，但有个疑问可能一直潜藏在潜意识中，最后通过梦表现了出来——

"那种春秋款的寿衣，怎么可能套棉衣呢"——这是邻居的想法。

写到这里，我认为不必要再深入写得更详细。

所以，我可以判断，这个邻居一定是和大女儿一起去买的寿衣面料，最后在老人冬季去世时，潜意识担心的那个问题从梦里爆发出来了，而不是什么灵异现象。当我把这个推理和分析所得的结论，告诉转述梦的人，并且希望他去证实。几天后，我的推论得到了确认——事情的确就是我说的那样，几乎丝毫不差：邻居当时陪同大女儿去买的面料。

在得到确认消息后，我既没激动也没亢奋，因为我很清楚事情就是这样的，所谓的那一系列推理和分析只是导致这个梦产生的一些可能性罢了。所以，就是这样的。说到这我认为还需要说明一下：我之所以排斥"灵异说"，与我是一个"唯心"的人还是"唯物"的人没关系（实际上我很讨厌这种非白即黑的划定，没意义）。但，我很反感唯神论——把所有暂时未经分析和未经推理解析的东西全部看作神力所为，这很糟糕，也很没劲。其实这种事情，动动脑子基本任何人都可以推理出来的——因为它本身并不复杂。

我承认有些亡者求助类型的梦是难以解释的（但并非无法解释的，很多不能解释是因为没有足够的资料加以分析），并且也没有任何可以用来推理的线索，我暂时把那些梦定为"灵异倾向的梦"。但很显然，刚刚那个梦不是。

前面说过，我会在本节最后的部分摘录《梦的解析》中弗洛伊德对于亲友去世这一问题的看法，下面就是。选自《梦的解析》第五章第四节。

＊＊＊＊＊　＊＊＊＊＊　＊＊＊＊＊

任何人如果曾经因为梦见自己的父母、兄弟、姐妹死亡而伤心难过，我并不认为这就证明他们希望家人死亡。而解梦的理论事实上也不需要有这种证明，它只是说明这种做梦者必定在其一生的某一段童年时期，曾经有过这种想法或希望。但我想这些说法，恐怕还难以平息各种反对的批评，很可能他们根本就反对这种想法的存在，反对者认为不管是现在已消失的或仍存在的，这种荒谬的希望绝不可能发生过，因此我只好利用手头上所收集的例证，通过这些来勾画出在童年期就已潜藏下来的心理状态。

　　首先，且让我们考虑小孩子与其兄弟姐妹之间的关系。我实在搞不清楚，为什么我们总认为兄弟姐妹永远是相亲相爱的，因为每个人事实上都曾对自己的兄弟姐妹产生过敌意，而且我们经常能证明这种疏远其实来自童年期的心理，并且有些还持续迄今。甚至那些对其弟妹照顾得无微不至的好人，事实上童年期的敌意却依然存在于心中。兄姐欺负弟妹、讥讽嘲笑、抢夺玩具，而年纪小的只有满肚子怒气，却不敢做声，对年纪大的既羡慕又害怕，而后来他最早争取自由的冲动或第一次对不公平的抗议，就是针对这压迫他的兄姐而发。此时父母们却往往抱怨说，他（她）们的孩子一直不太和睦，却找不出什么原因。其实甚至对一个乖孩子，我们也无法要求他的性格会达到我们要求成人所应有的状态。小孩子都是绝对以自我为中心的，他们急切地感受到自己的需要，而拼命想去满足它，特别是一旦有了竞争者出现时（可能是别的小孩，但大半多是兄弟姐妹），他们更会全力以赴。不过还好，我们并不因此而骂他们是坏孩子，我们只会说他们比较顽皮。毕竟这种年纪的孩子，是无法就自己的判断或法律的观点来对自己的错误行为负责的。随着年龄的增加，在所谓"童年期"阶段，利用他们帮助别人的冲动与道德的观念开始在小小心灵内逐步发展，套句梅聂特的话来说：一个"续发自我"渐渐出现，而压抑了"原本自我"。当然道德观念的发展并非所有方面都是同时进行的，而且童年时的"非道德时期"长短也因人而异。我们一般对这种道德观念发展的失败惯称为"退化"，但事实上这只是一种发展的"迟滞"。虽然"原本自我"已因"续发自我"的出现而遁形，但在歇斯底里症发作时，我们仍可或多或少看出这"原本自我"的痕迹，在"歇斯底里性格"与"顽童"之间，我们的确可以找到明显的相似处。相反，强迫观念神经症，却是由于原本自我的呼之欲出，而引起"道德观念的过激发展"。

　　许多人目前与其兄弟们十分友好，并会因其死亡而悲痛异常，唯有在梦中才能发现他们早年所埋藏下的潜意识敌意，仍未完全消退掉。这特别能从三四岁前的孩子对自己弟妹态度中看出一些有趣的事实。父母亲往往告诉他，新生的弟弟或妹妹是由鹳鸟从天上送来的（送子鹳——西方国家的民间传说，大多是用来回答小孩子的那种问题："我究竟是怎么来的？"），而小孩子在详细地端详这新来报到的小东西后，往往表达了如下的意见与决定："我看，鹳鸟最好还是再把他带回去吧。"（弗洛伊德附注：在前面的注解中，所提到的那畏惧症小孩汉斯，在3岁半时对那新生的小妹狂热地表示"我并不希望有个妹妹"，而18个月后，他因心理症就医时，坦承当时他希望妈妈有天会在浴缸失手，使妹妹淹死。然而汉斯却是一个天性善良、很有感情的小孩，而且不久他就非常喜欢妹妹，并且刻意照顾她。）

在此，我要郑重申言，我认为小孩子在新弟妹降生后，均能衡量出弟妹带来的坏处。我有一个小病人，他现在与比他小4岁的妹妹相处得很好，但当初他知道妈妈生了一个小妹妹时，他的反应是："不管怎么样，我可不会把我的红帽子给她！"而如果说小孩必须长得更大才会感到弟妹将使他失去不少宠爱，那他的敌意应该是那时才会产生的话，那么请看接下来这个例子。我曾经看过一个还不到3岁的女孩，竟想把小婴孩在摇篮里勒死，而她这种行为的理由是：她认为这小家伙继续活着对自己不利，小孩在这期间多半均能强烈地毫不掩饰地表现出嫉妒心理。还有，如果那新生的弟妹不久即告夭折，而使他再度拥有了以前全家对他的钟爱，那么下次如果鹳鸟再送来一个弟妹时，这小孩是否会很自然地又希望他夭折，以便能使他拥有以前那段集众宠于一身的幸福日子呢？当然，就正常状态下而言，小孩对其弟妹的这种态度，只是一种年龄不同导致的结果，只要过一段时间，小女孩们就会对新生无助的小弟妹产生母性的本能。

一般而言，实际上小孩子对其兄弟姐妹的仇视，比我们所看到的观察报道更普遍。（弗洛伊德附注：自从这段文字写出来以后，在精神分析的文献中，我收集了许多有关小孩对其兄弟姐妹或双亲的敌视态度的报道。有一位作者——斯皮特勒——以自己最真实、最生动的笔触写下他童年时最早感受到的一种典型的稚气态度："……还有，现在又来了新的第二个阿道夫，一个自称是我弟弟的小怪物，但我就看不出他有什么用处，或者他们为什么故意骗我说他很像我。我本身已经好了，多一位弟弟又对我有什么好处？他不仅无用，甚至还是个麻烦呢？当我缠着祖母抱我，他竟也要插一腿；当我坐在婴儿车内乱转时，他竟在我对面，还占了我一半地方，以致我们常常不得不踢到对方的脚。"）

就我自己的儿女而言，由于他（她）们的年龄太接近，使我无从做这种观察。为了补偿这点，我仔细地观察了我那小外甥。他那众宠加身的"专利"，在15个月后由于另一女性对手的降生而告终（弗洛伊德用词太逗了）。虽然最初他一直对这新妹妹表现得非常有风度——抚爱她、吻她，但还不到2岁，开始牙牙学语时，他就马上利用这新学的发音方式表达了他的敌意。那时一旦别人谈及他的妹妹，他便气愤地哭叫："她太小了、太小了！"而再过几个月，当这妹妹由于发育良好已经长得够大而骂不了"太小了"时，他又找出了另一个"她并不值得如此受重视"的理由："她一颗牙齿也没有！"（弗洛伊德的附注：我前面所提过的3岁半的小汉斯，也曾对他妹妹用这种指责来加以批评，而且他认为是因为没有牙齿导致的妹妹不会讲话。）

还有，我们家人也都注意到我另一个姐姐的长女，在她6岁时，花了半个钟头的时间，对所有姑姑、姨妈不停地说："露丝现在还不可能了解这个吧？"露丝是她的竞争者——比她小2岁半。

几乎所有人，我都可以问出他们都曾梦见过兄弟或姐妹的死，而找出所隐含的强烈敌意，在女病人身上，除了一个特例以外，我全都得到过这种梦的经验，而这个例外只经过简单地解析，又可用来证实这种说法的正确。有一次当我正为某个女病人解释某件事情时，由于我突然想到可能她的症状与这有点关系，所以我问她是否有过这种梦的经验，想不到她居然给予否定的回答，但她说自己只记得在4岁时她首次做过如下的梦（当时她是全家最小的孩子），而以后这个梦还反复地出现过好几次："一大堆的小孩子，包括所有她的堂兄、堂姐们，正在草原上游戏，突然他们全都长了翅膀飞上天去，而永远不会再回来。"她本身并不了解这梦有什么意义，但我们却不难看出这梦是代表着所有兄姐的死亡，只是所用的是以一种容易通过"检查制度"的原始形式。同时我想大胆地再进一步分析：由于她小时是与大伯父的孩子们住在一起，那么多孩子中也许曾有个孩子夭折，而做梦者当时还不到4岁，有可能会产生一种疑问："小孩子死了以后变成什么？"而其所得的回答大概不外是"他们会长出翅膀，变成小天使"。经过这种解释以后，那些梦中的兄姐们长了翅膀，像个小天使——这是最重要的一点——飞走了，然而我们这小天使的编造者却独自留下来了。所有人都飞走了，只有她一人留下来。孩子们在草原上游戏，飞走了，这几乎是指"蝴蝶"——由这看来似乎小孩子的意念联想也与古时候人们想象赛姬（希腊神话中丘比特所爱的美女，被视为灵魂之化身；艺术界常被画为蝴蝶或有翅膀的人形）与有翼的蝴蝶之间的联想一样。

也许有些读者现在已同意了小孩的确对其兄弟姐妹敌意的存在，但他们却仍怀疑，难道小孩纯洁的心竟然会坏到想置对手于死地的程度吗？持有这种看法的人忘了一个事实——小孩子对"死亡"的观念与我们成人的观念是不同的。他们脑海中根本没想过死的恐怖，坟场的可怕，以及亡灵世界的阴森。所有成人对死的不能忍受，在小孩心中根本不存在。死亡的恐怖对他们是陌生的，因此他们常会以这种听来可怕的话，向他的玩伴恐吓："如果你再这样做，你就会像弗朗西斯一样死掉。"而这种话每当做母亲的听了会大感震惊，并且觉得不能原谅。甚至当一个8岁的孩子，在与母亲参观了自然历史博物馆以后，还会对母亲说："妈，我太爱你了，如果你死了我一定把你做成标本摆在房间内，这样我依旧可以天天见到你！"小孩子对死的观念就是如此地与我们不一样。（弗洛伊德附注：我曾知道一件令我很惊奇的事情：有一个聪明的10岁男孩，在他父亲暴毙不久后，他说："我知道父亲已经死了，但我就搞不懂，他为什么总不回来吃晚饭。"其他有关这方面的资料，可参照赫尔姆特博士所著的《儿童心理》。）

对小孩子而言，他们并不明白死前痛苦的景象，因此"死"与"离开"对他们只是同样的"不再打扰其他还活着的人们"。他们分不清这个人不在，是由于"距离"，或"关系疏远"，或是"死亡"。（弗洛伊德附注：一个受过精神分析训练的父亲曾写过如下的一篇报道：他那4岁的小女儿很聪明，在这一种状况下理解了"离开"与"死亡"的分别：她在餐桌捣乱的时候，注意到寄宿在她家的女侍者不耐烦地瞪着她。于是她告诉爸爸："应该让她死掉！"她爸爸和气地问："为什么一定要她死呢？让她离开不就够了吗？"孩子回答道："不，这样她还会再回来的。"就小孩时期明显的"自恋"看来，任何违背其意的小事都会被视为大逆不道，就像雅典立法者德拉库所拟的严酷法典一样，小孩们也认为各种犯罪均只有一种惩罚——"死"。）如果，在小孩出生不久，一个保姆被开除了，而又过不了多久母亲去世了，那么我们由分析往往可以发现，这两个经验在孩子记忆中就会形成一个串联。还有需要了解的事实是：小孩往往并不会强烈地思念某位离开的人，而这常常使一些不了解的母亲大感伤心。（比方，当这些母亲经过几个礼拜远行回来后，听佣人们说："小孩在你不在时，从不吵着找你。"）但其实，如果她果真一去不回地进入死亡国度，那么小孩只是最初看来似乎忘了她，但渐渐他们定会开始记起死去的亡母并为此而哀悼的。

因此，小孩子们只是单纯地希望消除另一个小孩的存在，而将这愿望以死亡的形式表现出来，并且以死亡愿望的梦所诱发的心理反应证明，不管其内容有多大相同，梦中所代表的小孩的愿望与成人的愿望是相同的。

然而，如果我们对小孩梦见其兄弟的死，解释为幼稚的自我中心使他视兄弟为对手才这么想，那么对于父母之死的梦又如何用这种说法来解释呢？父母爱我、养育我，而我竟以这种极度自我中心的理由来做如此的愿望吗？

对这难题的解决，我们可以由另一些线索着眼——大部分的"父母之死的梦"都是梦见与做梦者同性的双亲之一的死亡，因此男人梦见父亲之死，女人梦见母亲之死。当然，我并非认为这是铁律，但大部分情形都是如此，所以我们需要用具有一般意义的因素来加以解释。（弗洛伊德附注：这种情况往往以自我惩罚的形式加以"伪装"——就是利用道德反应恐吓做梦者可能丧失父母。）一般而言，童年时"性"的选择爱好引起了男孩视父亲、女孩视母亲有如情敌，而唯有除去他（她），他（她）才能遂其所欲。

＊＊＊＊＊　＊＊＊＊＊　＊＊＊＊＊

　　这段可以说是相当的精彩（虽然我并不完全认同针对这些例子的某些观点），以至于我当年在看完这节后好长一段时间内都在找儿童心理方面的书籍阅读。在这段里，我们看到了本书第零章中我个人所表达的一些看法——即：由教育而引发的"缺失性的贪婪"（但第零章中那种偏于"浪漫色彩"的写法而对此多少有些掩盖——毕竟我不是在写一本社会批判性质的书）。这是一种没有被教导过如何才是"足够"及"适量"的结果，而起因应该大多是源于我们的童年。

　　例如当某个孩子考取了很高的成绩后，父母往往在鼓励一番后告诉孩子：下一次，你的成绩要更好。作为成人，我们能够明白这是一种鞭策及压力，但是对孩子来说则会很迷茫："难道我不够好吗？我还要无止境地更好？那会是什么呢？"因此，孩子们心目中的贪婪不但没有被禁止或者教导，反而被那些"好高骛远"的家长们扩大化了（孩子的心理不能对这种"获取的贪婪"加以区分，而是很笼统地把这一概念"泛概括"到所有事情中。而且还要注意，请不要用"社会压力"来说事儿，那是另一个问题，我们不能以"社会压力"为借口而为自己的所作所为找理由，这不是一个积极的心态，这反而是会推动所谓"社会压力"逐代增大的恶性循环）。而在这种教育结果下，往往会在我们心灵深处留下一个"无止境"的概念——这一概念甚至会影响到性格本身，同时还会把这种"缺失性贪婪"扩大化——无论谁阻挡在自己面前，则都视其为挑战者。而且这念头很容易就会进一步扩大成为："假如某某阻碍了我，让他去死吧！"

　　上面也许说得多了点，但是我们不得不承认，也许一些社会性问题应该从其心理入手，借此找出问题的根源所在。这也是哲学界长久以来一直在争论的话题：我们到底想要什么（实际上这也是一个社会话题）。不过，很显然，这个话题已经超出了本书所述的范围。我不想让话题跑得更远，所以这节就到这里好了。

//　五　知道自己在做梦的梦　//

这类梦曾经是我非常感兴趣的，虽然《梦的解析》中对于这种梦并未做详细的解析，但是我倒是有兴趣凭借个人分析来说说这到底是怎么回事儿（当然这是尝试性的，非定义性的）。因为对此我曾经查阅了不亚于写本书所参考的资料数量。

这类梦，之所以会被我们意识到自己在做梦，是由于审查机制过分介入而导致"失败"的梦（指某种程度上，这个说法等同于"梦是愿望的达成"）。

虽然这种梦看上去似乎很爽：做梦者能够完全而彻底地主导着自己的梦，但其实这种主导性并不能给做梦者带来相应的满足感与愉悦感，反而会有些不舒服的感受。所以在这个问题上，我认同弗洛伊德对于一些梦根源的看法——源于童年。

我们经常会看到小孩子模仿一些影片、动画片或者童话里的人物及动作，我们现在看着觉得很可笑，但是这些几乎是每个人都曾有过的经历。其实这种模仿是一种心理上的过渡阶段，而前后两个时期分别是：不能将幻想与现实区分的时期（幼年的很多时候我们会把梦、童话、影视作品、故事与现实混淆）；能够区分幻想与现实的时期。也就是说：几乎在我们每个人的模仿期（童年），我们已经开始逐步在试着区分幻想与现实了。这是一个很重要的过程。因为在这之前，很多小孩子会把梦中所获得的满足感带到生活中，并且因此而满足（或者不能区分梦境与真实的区别，并且把来自梦中的记忆带到生活中，很可能还会把它当作某种事实口述给你）。而过渡阶段中，我们通过这种模仿渐渐地把现实从幻想中剥离出来，使自己认识到什么是必须面对的——例如引力和物理法则，等等。

随便举个我身边的例子。记得在我侄子很小的时候（婴幼儿时期），我每次去看他，他都会很高兴，而当我离开的时候他都会为此而哭闹很久——这种情况就属于前面章节中所提到的"婴幼儿未曾认识到客体永存现象"。而当那个小家伙理解了客体永存后，则不会每次在我走时哭，不过这也标志着他开始进入到"不能将幻想与现实区分"的阶段。记得有一次我去我哥家，他跟我玩了一会儿后告诉我：昨天咱俩怎么怎么样。我当时很惊奇，因为我才刚到一会儿，怎么可能昨天陪着他玩儿呢？追问下去后我听懂了，在他的梦中我提前一天已经到了（小家伙之所以会做这个梦是因为我事先打电话告诉他我第二天来看他）。而本节着重提这个原因是我想请读者们搞清楚一个概念，即：当孩子们掌握客体永存后，还需要把现实的客体，和自己梦中及想象中的虚幻区别开来，而且这个过程比我们想象的还要漫长，基本是从"了解到客体永存"之后，一直延续到孩子们上小学的年纪（6岁至7岁，也许还要更大一些，因人而异）——这段时期之内都属于认知阶段——学习区分幻想和现实——这也就是孩子们非常喜欢童话故事而绝大多数成人对童话却并不感兴趣的原因，因为孩子们并不能理解童话只是童话。例如当父母讲述某个童话的结尾："小兔子高兴地带着很多萝卜回到森林里去了。"孩子们也会因此而高兴，似乎那都是真的。但成年人会对此很茫然："跟我有什么关系？"或者："那又怎么样？"这一方面是因为关注点不一样（视角不同，孩子们更简单些，因为他们的认知还不够广，同时也没有来自生活的压力），而另一方面则是我们早已能够明确地区分童话和现实了。而且还有，这个学会区分幻想和现实的时期是那么漫长（好几年），所以可想而知，这么长的认知阶段一定为我们留下了许许多多带有模糊性质的记忆，这就导致当我们成年后在家庭聚会上描述自己一些童年的事情、经历的时候，父母或者兄长往往会提出纠正：不，你记错了，不是这样。这个时候，已经成年的我们会多多少少陷入一种迷茫状态：我记得很清楚啊？怎么会错呢？实际上，这种"清晰"的记忆带有大量的幻想成分，而那完全来自于我们尚在掌握和学习区分幻想与现实的时期，所以这些"清晰而明朗"的记忆往往是假的。至少，是不完全真实的（实际上即便我们成年后，在记忆中往往也会加入不少个人主观印象以及个人愿望——把一些令我们尴尬的、丢脸的记忆加以美化后储存。所以很多来自于我们记忆深处的印象并不是完全真实的，很可能是夸大或者省略的——夸大的是令自己愉悦的那部分，省略和删除的则是让我们难以接受或者不舒服的那部分——这种幻想性的记忆方式应该也是出自童年）。正因如此，这种来自童年期间的、现实与幻想混合在一起的概念，在我们的梦中有时候会得以重现——那就是通过审查机制的过分干预，使得我们处在半梦半醒之间，以一种奇怪的方式来把主观意愿作为梦的进程和线索发展下去（这就是我在前面说到"是由于审查机制过分介入而导致失败的梦"的时候后面注了个括号补充的原因）。而实际上，这种情况很明显就是"现实与幻想的融合"。一方面，梦的原始欲望有如现实一般在自动推进着，另一方面，我们的主观意愿又企图操纵并且严重干预着梦的进程。造成了一种：梦还在继续，但是我们的情绪完全不是按照梦中的情感与理智而喜怒哀乐。所以这种梦每当出现来自梦中的某种情绪时，我们会宽慰地告诉自己：没关系，这是在做梦而已。同时也在不由自主地开始主导着梦的走向（和童年学习区分幻想与现实那阶段一样的心态）。

　　但是，由于这种行为已经干扰到了梦的功能——愿望达成（注意区分，这个愿望达成是为了某种潜意识层面的宣泄，并非指梦显意中的那些场景及情节）。所以即便这种"能操纵梦"的情况发生，但是当我们完全清醒过来之后却并不会感到开心或者很舒坦——因为梦未能把潜意识中的那部分"需要宣泄的压力"释放出来（没能达到其目的），所以这也就是这类梦并不常见的原因——我们并不需要这种梦——梦的功能是宣泄潜意识压力，而非在梦中为所欲为。不过，即便如此，因为童年期间在学习区分现实与幻想的时期太长了，毕竟还是留下了很多记忆，所以那种"当年学习区分的状态"偶尔还是会从记忆深处突破出来而产生"知道在做梦的梦"。

　　假如我们深究起来，似乎这也是一种压力释放吧？对于这点我没有足够的把握确认，我也不敢肯定"完全就是这样的"，所以请读者原谅我在这个问题上没办法说得更多、更深入。而且还有，梦成因的复杂情况超出了我们的想象——这的确是很头疼的一个事儿，但是不可否认，也正因如此，关于梦的各种问题才更加有趣。而且不仅仅是解析梦，连同心理学和精神分析学都会因此而产生各种各样的观点与看法——至于这些观点其实就是看待同一件事情的不同角度而已。就拿我的上一本书来说，有人认为很好，有人认为很糟，还有人觉得无所谓好坏，看完就看完了，一本书而已。这众多的角度和极具个性化的理解（含表达），其实和目前心理学及精神分析学，还有对待"解梦"的种种流派一样——大家都在各自站队。也许有人会说："这是我在坚持原则！"好吧我承认：是原则。但是我对此的观点就是我刚刚说的那样，因为毕竟这没有一个标准答案，相当开放。所以本节中对于"知道自己在做梦的梦"，我用了自己所掌握的知识及分析来对此解答，但是并不代表"就是这样"。而我感兴趣的是：假如还有其他可能性，那会是什么呢？

　　本节就到这里吧，在下一章中，我们来看看除了弗洛伊德的观点以外，还有什么样的观点存在——关于解梦及其支持理论，当然，也会多多少少说些对精神分析的看法。毕竟《梦的解析》这本书当年就是由精神分析这一学派建树过程中所产生的——无论你是否喜欢它，它在一个多世纪前就存在了。

还有什么观点

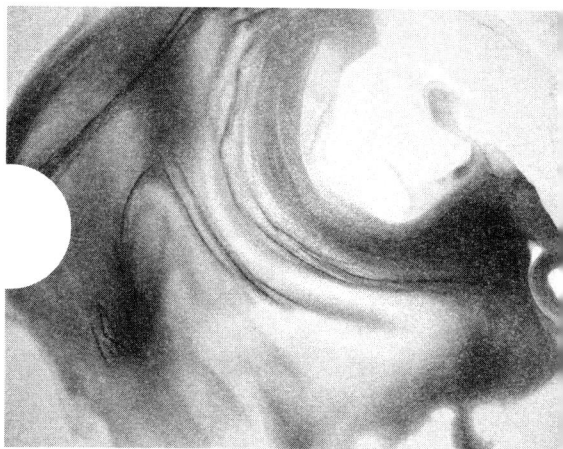

　　半年前我和编辑聊到这本书的时候就在想：要不要写其他观点？这么说不是我有偷懒的想法，而是我当时就知道在即将动笔的这本书里，很多理论和观点已经不完全是弗洛伊德《梦的解析》原著中的论点了，多多少少都有些"更正"及"补充"。那么既然已经是这样了，还有必要更进一步写其他论点出来吗？这个问题可以说是一直萦绕着我使我很久都没能做出决定。

　　大约在一个月前，有个朋友因此而提醒了我一句："就算是为了满足一下读者的好奇心，也要多多少少给别人提供另一条可选择的路。你自己不是说过吗？'假如这个世界只有一种视角、一种观点，那么这将是多么无趣的一个世界啊！'"

　　感谢这位朋友在关键时刻提醒了我，所以，也就有了这章。

　　在正文开始之前，先容我做一点说明。

　　本章中之所以选择这三位大师：卡尔·古斯塔夫·荣格；阿尔弗雷德·阿德勒；雅克·拉康，是因为前两人虽然都是曾同属于弗洛伊德所创建的精神分析门下，但是却和弗洛伊德的大部分理论势不两立。而拉康则属于"坚决捍卫弗洛伊德理论"的大师，但这捍卫也并非彻底忠实，而是在不反驳的基础上，对弗洛伊德部分理论做了更为详尽的说明和探讨（不单是在解梦问题上，对整个精神分析及儿童心理也一样）。不过由于篇幅所限，本章中就不再用大量文字对这三位牛人的生平做过多介绍了（会提及一点），只是通过他们自己的理论及学术观点，来阐述他们对于"解梦"这个问题的看法，从而给读者"另一个角度看看"的方向性指引。

　　这是本章的原则。

　　至于学术方面的争论以及"谁对谁错"的问题，我完全没有兴趣去辨析或者带着读者们去辨析——因为那没意义。实际上，这种至今都未能全解的东西很难说谁对谁错。其实关键就在于：你喜欢哪种，就是哪种"正确"。我更希望读者能通过辨析来确定自己所认为正确的观点。请依旧带着那颗犹如刚刚来到这个世界的、充满好奇与探索的心。

//　一　荣格怎么说　//

"性格决定命运。"这句话就是荣格说的，实际上这也代表着荣格的学术观点。

首先要说明的是，荣格并不完全排斥弗洛伊德的精神分析学说，实际上他很赞同"精神分析"这一形式，但是对于精神分析中需要注重的，以及在精神分析的时候必须面对的定位与定义，荣格则不认同弗洛伊德的"性驱力"（泛性论）理论。荣格认为我们的精神源自于心灵，而这个心灵的成分不是全人类统一化的，是与个人所处环境、种族、社会、文化、信仰、宗教、历史等息息相关的。也就是说，荣格对于精神分析更为开放一些——其实这也就是荣格在我国比较受欢迎的原因。

说得远一点儿。欧美人的社会、人文、经济等体系源于贸易（这也是欧美人比较注重个人信誉的原因，因为贸易社会的基础是信誉），所以对于"精确"这一概念极为推崇，同时对于似是而非的例如"些许""少许"之类的用词极为不理解（若没接触过中国文化，而直接看中国烹饪书籍会很头疼，因为他们不能理解那个"放少许盐"到底是多少），而荣格那种看上去"似是而非的理论"，其实在最初也是备受争议的，远不像现在这么风光；至于中国的社会人文、经济等体系源于传承（因为农耕在我国极为重要，而农耕的创新相对比较少，大多靠先辈的经验传承才能获得丰收），对于"精准"这个概念就不那么重视（播种期间每个坑儿就撒两粒种子？你撒十粒也成；灌溉精确到加仑或者毫升？不，看着差不多水到脚踝就可以）。所以我国对于荣格的推崇甚至早于并且高于许多西方国家（还有一点就是荣格的书比较容易看懂——而且他的观点颇具浪漫主义色彩）。

荣格之所以会有较为开放的观点，应该是与他的家庭环境有关——荣格出身于神职人员家庭——他的家族内有着高达两位数的从事神职方面工作的亲戚，并且他父亲本人就是一位虔诚的牧师。所以说宗教气氛对于荣格今后的理论有着极大的影响——神秘主义倾向——具有开放性。而且在荣格的理论中，我们可以看到一些较为新鲜的并且充满浪漫主义色彩的论点。例如说荣格不认同超我的独立性，他认为那是进入到本我之中的一种客体心灵——这也就是讨论到荣格理论时，使用最高的一个词：集体潜意识。

名词解释：什么是集体潜意识？

集体潜意识是荣格理论中最为核心的部分（因此，荣格的解梦结论与弗洛伊德的解梦结论会完全不同）。荣格认为，集体潜意识就是人类在以往的历史演化进程中的集体经验的积累。用荣格自己的话来说，它是"一种不可计数的千百年来人类祖先经验的成就，一种每一时期仅仅增加极小也极少变化和差异的史前社会生活经验的回声"。并且他认为这就如同每个人都有自己的记忆、自己的潜意识一样，整个人类社会也存在一种集体记忆、集体意识，直至集体潜意识。这不仅从全人类历史的各个片断中能够找到，并且我们进化为人类之前的灵长类动物或更遥远祖先的那些"记忆"，也能在集体潜意识中对此有所发现。也就是说，集体潜意识是全人类共同具有的经验（或记忆），所以集体潜意识的内容对于人类来说在本质上都是相同的。荣格认为应当把集体潜意识从任何一种有关个人的东西（精神层面）中分离出来，因为这完全不同于个人潜意识（我知道这段很绕，但是想了半天也没办法说得更直白一些）。

不过需要强调的是，荣格之所以后来又单独提出"客体心灵"这个词，并且反复地加以说明，就是为了避免这个词与人类的各种群体之间不同的集体潜意识有所混淆——因为他认为每个族群（社会、文化、宗教族群，而非国界限制内的）的集体潜意识都是有所区别的（但是在这之上还有个"大的"、全人类的集体潜意识存在）。例如信奉天主教的国家有着自己的集体潜意识；而信奉释迦牟尼的国家又有着另一种集体潜意识。同时这些略有不同的集体潜意识也影响着各个族群中对于某些集体原型的认知度及理解（释迦牟尼或者上帝在人们心目中的地位）。

假如在西方国家你问别人：你认为至高无上的是什么人？回答大多会是：上帝；要是你在中国问这个问题，估计会是皇帝（也许是孔子或者什么宗教创始人，但是比率绝对不会有皇帝高）。而欧美国家对于皇帝这个概念很淡薄，顶多也就是国王。至于皇帝，在他们看来则多多少少带着一些"高压统治""暴政""独裁"的性质——这是欧美人所不能接受的。但是对于中国人来说则完全不是一个概念。说到这儿，我认为读者们应该看明白究竟什么是集体潜意识了。这种集体潜意识中的认知是根据其所处社会、文化、宗教环境来统一的。不过在后来荣格学派的补充中，集体潜意识又被划分为几层（这是后话了，本节内不会再对此做过多详谈，而是依旧围绕荣格本人的一些学术观点为基础展开线索）。关于集体潜意识，荣格曾用了一个很好的比方来说明这个概念——小岛人格理论：露出水面的那些小岛是能感知到的意识；潮来潮去而时隐时现的沙滩，就是个人无意识；而岛的最底层的作为基地的海床，就是集体潜意。荣格的理论中，还有另外两个论点也是被经常提及的，一个是"原型理论"；另一个是"第二个自我"——即阿尼姆斯（女性心灵中的男性）和阿尼玛（男性心灵中的女性）。咱们先来说原型理论。

荣格所说的原型，是指集体潜意识中形象的总汇，也被叫作"原始印象"。所谓的原型，就是借由特定的方法去体验事情的、天生的倾向。这个"原型"本身是不具有形式的，但它的表现就有如我们所见、所为的"组织原理"。比方说当一个婴儿饥饿的时候，他之所以哭闹是因为饥饿，但并不知道自己想要的东西是什么，也就是说这个婴儿的渴望目标是极为不明确的一个幻象。在这之后，假如牛奶令这个婴儿得到了满足，那么下次当再度面临饥饿的时候，婴儿就自然而然地会想到牛奶——具有了目的性——渴望一些特定的东西。这时候也就是从"原型"转换为"情结"。此论点是明显不同于弗洛伊德"性理论"的。荣格还认为正是母亲的形象造就了男性在婴儿时期对于异性的情结（印象），并借此把异性原型部分实体化（有如婴儿对牛奶。原来只是饿了，而不知道吃什么；现在知道牛奶了，饿了就盼着牛奶——这是一种单纯的情结，也是源于原始本能而非复杂动机性的，请注意区分）；父亲形象造就了女性在婴儿时期对于男性的情结（印象），同样也借此而把异性原型部分实体化，并非什么"俄狄浦斯"的问题（注意，是部分实体化而非全部）。

根据前面所说的，也就能看出一个扩展性的问题：我们绝大多数人都会把自己的父亲或者母亲当作异性原型（从虚幻转换而来的），但是每个人的异性原型是不一样的。也就是说，虽然我们拥有这种共同的集体潜意识——相同点是：母亲或父亲；不同点是：各自的母亲和父亲——所以说这种集体潜意识还是有个体差距的。反过头来再说梦，也正是因为这种"支点性"理论的差异，造成了荣格和弗洛伊德在解梦上的差异，对此，我没办法跟读者在这里信誓旦旦地保证：这个错了，那个对了。还是请读者自行辨析。不过，虽然有了原型但是事情还远远没这么简单——这还没完，还有另一个自我。

荣格说，所有人类的人格中一部分，是我们必须扮演的男性或女性角色。对绝大多数的人来说，这个角色是由他们的自然性别所决定。这点，荣格同意弗洛伊德以及其他学者的观点，认为我们生而具有双重性别。当人类以胎儿的身份开始我们的生命之时，我们没有性器官的差别，仅仅是逐步地受到荷尔蒙的影响而已。之后才随着器官的逐步完善，那个胎儿发展成男性或女性。同样，当我们以婴儿开始我们的世间生命之时，在外人感觉既非男性也非女性。但当我们慢慢有了性别上的区分，并且借由整个人类带给我们这种性别差异之说的时候，我们则会受到社会所带来的影响，而它将逐步将我们塑造成男人或女人。在所有社会中，对于男人和女人的期望都不同。这些期望通常根据性别所扮演的不同繁殖角色来决定，但常常包含许多传统细节。就算在我们今天的社会，仍然残存这些传统期望。女人仍然被期望更温文尔雅、不要逞强、少好斗；男人则依旧像远古时期一样，被期许更强悍而不要纠缠于生活中的情感面。后来也有人认为，这些期许其实意味着我们只培养自己潜能的一半。而"阿尼玛"这个人格，是指表现在男性集体潜意识的女方；"阿尼姆斯"则是表现出女性集体潜意识的男方。

还是一个一个来说吧。女士优先，先说阿尼玛。

作为原型，阿尼玛是男性心目中的一个集体的女性形象。"阿尼玛是一个男子身上具有少量的女性特征或是女性基因。那是在男子身上既不呈现也不消失的东西，它始终存在于男子身上，起着使其女性化的作用。"这是荣格的原话，他还说："在男人的无意识当中，通过遗传方式留存了女人的一个集体形象，借助于此，他得以体会到女性的本质。"也就是说，阿尼玛是从嵌在男人身上有机体上的初源处遗传而来的因素，是他的所有祖先对女性经历所留下的一种印痕或原型，是女人的全部印象的一种沉积。所以阿尼玛是一个自然的原型，它总是预先存在于人的情绪、反应、冲动之中，存在于精神生活中自发的其他事件里。当然，我们可以理解为正是由于存在于男人潜意识中的阿尼玛，才使我们在与女人接触时产生一些自然的生理或情绪反应（这一点是目前未能定论的，仅仅作为方向性理论来提出）。作为一种原型，阿尼玛是各种情感的混合体，它包含了属于女性的各种成分，是男人心灵中所有女性心理趋势的化身。比如模糊不清的感情和情绪，预感性，容易接受非理性的东西，对自然的感觉，等等。至此我们可以看出，阿尼玛既有其积极的一面，也有其消极的一面。关于这个女性"潜倾情结"的不同表现方式，荣格指出阿尼玛有时候是一位优雅的女神，有时候是一位女妖、一位女魔，她变幻出各种形状使人迷醉其间，她用各种各样的诡计捉弄我们，唤起幸福和不幸的幻觉，唤起忧伤和爱的狂喜。阿尼玛在古代曾显形为女神和女巫，中世纪以后，这一女神形象被圣母所代替了。文学作品中，海妖、山林水泽的仙子、女魔便是阿尼玛化出的形象，她们迷惑了年轻的男子，吸走了他们的生命（这么说的话，《聊斋志异》基本上被"阿尼玛"占据了）。

说完阿尼玛再来说阿尼姆斯。

前面说了，阿尼姆斯是指女性心目中的一个集体的男性形象。他也有着正反两面。如反面的阿尼姆斯在神话传说中扮演强盗和凶手，有时候还会以死神的形象出现。而正面部分则代表事业心、勇气、真挚，假如追究得深一些，应该代表着精神上的深邃。女人通过阿尼姆斯能够经历自己文化和个人的客观局面的潜伏过程，及找到自己的方向，以达到关于生活的一种强化的精神态度（这一点请不要深究）。此外，来自于阿尼姆斯无意识的见解，其结果可能会导致全部情感的一种奇怪的麻木和瘫痪，或者是几乎能导致一种万物皆空的深刻的不安全感。阿尼姆斯在女人的心灵深处悄声秘语："你希望渺茫，何必还要去费劲？简直就没有值得去做的事情，生活就不会再向好的方面转机。"

荣格认为，阿尼玛和阿尼姆斯，存在于每个人的心中，并且时刻左右着我们，而在大多数时候我们完全意识不到自己的一些决断是由心理上的这位异性所做出的，所以当我们身处于某种感情纠葛或者事情决断的时刻，我们大多会因此而迷失，也只有当事情彻底结束后，我们才会惊觉到自己曾经的言行，与自己的真正思想和感觉恰恰相反——这是因为我们很可能是完全站在某个当时的对立面来看待那件事情的。

关于阿尼玛和阿尼姆斯我还想补充一点：实际上这两位并不完全代表着每个人心目中的母亲或者父亲所造就的异性原型，而是多多少少有些干扰因素融入其中。这些干扰也许来自童年中的某位异性（与年龄身份等无关），也许会在青春期之后的某一天，因某位异性而造成"新元素融入"（同样也与年龄身份无关）。而具体是什么，那就因人而异了——也就是说，荣格把集体潜意识和个人意识是非常严格地区分开来的，他认为集体意识、集体潜意识左右着我们集体的命运（整个人类）；而在这基础之上的个人意识及个人潜意识，则决定着我们每个人的命运——实际上这也就回到了本节最开始提到的那句话"性格决定命运"。

以上这些荣格所提出的基础论点（我知道自己写的还是太少，但是没办法，篇幅限制，所以这里仅仅是挑选一些具有代表性的来重点提。而选择方式参照第一章写弗洛伊德生平事迹的选取方式），造成了荣格对于解梦彻底而完全地不同于弗洛伊德。现在让我们用一个著名的梦例来看看荣格对于梦是如何解释的。

★★★★★　★★★★★　★★★★★

有个10岁小女孩做了一连串的梦，梦中有着很古怪的形象和主题。小女孩把这些梦画了出来，如下文介绍：

（1）邪恶的蛇一样的怪物吃掉了其他动物，但上帝从四面来到（画中有4个上帝）让所有动物再生。

（2）升天，异教徒跳舞庆祝；下地狱，天使们行善。

（3）一群小动物开始恐吓她，并且这些小动物都开始变大，其中一个吞了她。

（4）几个小耗子被虫子、蛇、鱼和人所穿透，耗子变人。

（5）透过显微镜看一滴水，她看到水中有许多树。

（6）一个坏孩子拿着一块土并掰碎扔向过路人，过路人便都变成坏人。

（7）一个喝醉的女人落水，起来又成新人。

（8）在美国，许多人在蚁堆上滚并被蚂蚁攻击，这个小女孩感到很害怕就掉到河里。

（9）月亮上有个沙漠，而小女孩在往下沉，并且沉入了地狱。

（10）有个闪光的球，女孩去摸这个球，球开始冒着蒸气并从里边出来一个人把她杀了。

（11）小女孩自己病危，然后从肚子里生出了鸟来把她盖住了。

（12）大批昆虫遮住了太阳、月亮和星星，唯一一颗没有被遮盖的星星落到她身上。

这个梦就是这样的。关于这个梦，荣格认为，这些梦的思想带有哲学概念。这一系列梦思考了一组哲学问题：死亡、复活、赎罪、人类诞生和价值相对性，等等，反映了"人生如梦"的思想以及生死的转化。这种主题也存在于许多宗教思想之中，它是全球性的。第4个和第5个梦包含进化论思想，而第2个梦则反映了道德相对性的思想。那么，现在问题来了：一个10岁的女孩子怎么可能懂得这些呢？又怎么会想到这些呢？荣格认为，她能懂，是因为世世代代祖先的思考，已通过原型遗传给了她。她要想这些，是因为她可能就要死了。而这个做梦的女孩当时虽然没有病，却在不久后因传染病而死去。

＊＊＊＊＊　＊＊＊＊＊　＊＊＊＊＊

说完这个梦，我想，现在是该做小总结的时候了。

这个梦的解析是典型的荣格理论的体现——集体潜意识——原始

（人类）的灵魂。这些原始人在梦中以种种不同的形象出现，当我们遇到难题时，帮我们出主意；当我们面临危险时来警示我们。由于这些"原始的思维"有几百几千代的生活经验，所以原始思维的智慧和直觉远远超过我们意识中的思想。

也就是因此，虽然荣格同样认同梦是具有心理宣泄作用的，但是他也坚信着自己的理论："我们心中的原始人是用梦来显示自己，并且借此来表达自己的。"

附录笔者推荐的荣格作品。本书目是完全出于个人喜好所列，与传播广泛与否无关，且顺序与推荐程度及年代完全无关：

《人及其象征》

《分析心理学的理论与实践》

《探索灵魂的现代人》（我还见到另一个版本译作《寻求灵魂的现代人》）

《东洋冥想心理学》

// 二　阿德勒怎么说　//

其实阿德勒的心理分析理论，在欧美被接受的程度远远高于弗洛伊德和荣格。因为弗洛伊德的理论过于尖锐了，多多少少带着一些针对整个社会、人文的批判色彩。这种批判甚至含有某种强烈的自审与自责——那会让人有些不舒服——把"原罪"的问题扩大化了；而荣格的理论明显又偏向于宗教成分过多，例如集体意识及集体潜意识，还有集体性记忆传承的问题，这让我们多多少少都能想起早期人类社会的原生萨满教。如果完全就是荣格理论所说的那样，恐怕因此而受益最多的不会是天主教，而会是萨满们，所以荣格的理论在最初乃至于现在，仍然还有些问题尚在争议中（其激烈程度不亚于弗洛伊德泛性论被争论的程度）。而阿德勒的自我心理学在整个欧美才是最快、最广泛被社会公众接受的，同时也是现代心理学、自我心理学的重要里程碑，即：人本主义心理学。这一点对西方的政治体系、民主制度、法制完善等都产生了极大的影响。

不过本书中对于关于阿弗雷德·阿德勒对于梦的观点的整理，让我着实花了一番心思。虽然阿德勒的理论、学说远远比荣格那开放性极强的概念要容易说明，但是阿德勒其实对梦并没做太多的解析。不过仅从阿德勒的一句话中，我们也可以看出阿德勒对于"梦之真意"有着什么样的看法。他说："每一个梦都是自我陶醉，自我催眠。"

他为什么会这么说？让我们来看看吧。

阿德勒理论的核心与弗洛伊德学说最大的不同就在于：他认为左右我们的不是经验，而是理想。他认为每个人在幼儿时期，就渐渐形成一种个性化的生活模式，而根据此生活模式又形成生活的个性化的主观目标，但每个人的生活模式不同，因此每一个人的主观目标不完全相同，在研究心理过程中，针对每个人的特殊心理经验才是正确的方向，所以阿德勒的学说就被称为"个体心理学"。

阿德勒的学说基本都是以"自卑感"与"创造性自我"为中心的，他强调"社会意识"（注意同荣格理论区分）。他理论的主要概念是创造性自我、生活风格、假想的目的论、追求优越、自卑感、补偿和社会兴趣，等等。

所谓创造性自我，就是一种个人主观体系，它的主要功能是用来解释个人的种种经验，而使之有其意义（把原本并无明确概念的记忆直接变为"有价值"的经验）。它追求、甚至创造经验以帮助个人完成他独特的生活作风。创造性自我使人格有着一贯性、稳定性和个性。这也是人类生活中活的因素（其实这是"很美国"的一种社会价值理论观点，主要是通过体现个人价值，然后以此来堆积成社会价值）。而生活风格则是指一个人在每次行为中所表现出来的极其独特并因人而异的各种动机、特性与价值的集成。这决定一个人要学什么、如何行动、怎样思维，甚至决定了哪些经验能够渗入到某个个体人格之中。和生活风格无关的经验则被遮盖、被抵制、被压抑，但是不会被删除——也就是说，被潜意识化了。但是被"潜意识化"的这部分是否依旧影响了我们的行为及到底影响了多少，至今都属于争议话题，没有被定义。近20年唯一能确定的是：的确被影响了，而影响多少不知道——不过这也的确形成了每个人都有自己的生活风格——没有两个人的生活风格是一样的。生活风格是由创造性自我发展、建立起来的。阿德勒认为这早在儿童时期四五岁时就形成了。

根据上面这一点，阿德勒也就树立起了完全不同于弗洛伊德的理论：他相信，人的行动是受其对未来的各种愿望而不是受过去经验的激发。这种"对未来的愿望"很可能仅仅是纯粹假想的，即：不可能实现的各种理想。然而正是这些假想的愿望，却对一个人的行为有着深刻的影响，激发每个人去完成对自己来说意义重大的某项事业。如果我没记错的话，好像就是在这个学说被公布出不久，阿德勒紧跟着宣布了自己对精神分析、心理学、精神病学一个影响极大的观点：正常人在必要时能够摆脱这些假想的影响而面对现实，而精神病患者却做不到这一点——也就是某种划分性症的根源问题——无法从自己构架出的幻想中逃脱出来，并且把所有的生活完全投入到其中，至死方休。而"正常人"（原谅我用引号，我觉得没有严格意义上的正常人）以"合理的幻想"为目标，则就是追求优越。这是我们为了求得自身完美所做的一种努力，而并非一种要超过他人的欲望（假如用弗洛伊德的三元论来解释，就是更本我一些——单纯地追求更好，而非超我——无目的性地更好，强于别人——所谓虚荣）。由于千奇百怪的个人理想及个性化性格形成，所以为了达到自己愿望的方式也是因人而异的。

不过阿德勒认定，在这之前的原始驱力是自卑感（非性），也就是人们常说的"自卑情结"。这个，是阿德勒最出名的概念之一。自卑感起因于一个人感觉到生活中很多方面都不完善、有缺陷，所以，自卑感使人努力克服缺陷，而这种努力叫作：补偿。这一理论基本主导着整个阿德勒所创建的个体精神分析理论，也是其最核心的部分。因为他认为我们所做的一切都是围绕这个理论进行的。这个说法看上去有点儿像是欲望论，但不同于欲望论的是：欲望论只是单纯地承认无限获取，而自卑论则强调为了完善而获取。说起来，自卑论比欲望论更深一步做了解释——关于这个论点无论对错与否，我们都要对阿德勒抱有敬意，因为他的确带领着我们跨出了一大步，突破临界点而步入了一个全新的世界。

写到这里，我们就可以理解为什么阿德勒会对梦有了那句话："每一个梦都是自我陶醉，自我催眠。"并且能看到，他延续了曾被弗洛伊德抛弃的"延续理论"——认为睡眠是清醒时心理活动的延伸，做梦者与清醒时的人格是基本一致的。

阿德勒指出，做梦的目的是"获得对未来的指引及解决问题的方法"（其实细说起来，等同于换个方式解释了"梦是愿望的达成"，同时又有点儿类似荣格理论的内容，但并非"某个原始人在指引我们"或"某个祖先通过梦在展示自己"）。想逃避现实生活的人常常做梦，而解梦的意义在于使人明白他在自我欺骗（这点依附于弗洛伊德解梦理论），这时"他就会停止做梦，而梦对他也失去了作用"。因此，做梦者就学会了面对自己的现实问题。

前面说过了，阿德勒对解梦并不怎么热衷，他曾经很明确地说过："基本所有的梦都不是那么轻而易举就能释解出来的。实际上，能获得解释的梦凤毛麟角。"（所以写这节，在整理资料方面让我很头疼，但是由于阿德勒的观点对现代西方文化影响很深，如今在我们身边到处充斥着西方文化的情况下，假如不提阿德勒，那么对这本书来说多多少少算个遗憾。）对解梦没什么兴致的阿德勒，倒是对于自己理论的延伸抱有浓厚兴趣，同时这也是现代社会心理学的一个重点部分——那就是：社会兴趣问题。

阿德勒所说的社会兴趣，是指人希望对社会做出贡献以便使之更加完善的一种天赋的特性（接近超我状态，但是比那个更近了一步——其实这是个争议点）。他认为：个人试图在社会中完善单凭自己无法完善的东西，例如社会环境以及人文环境，等等（现代西方政治和文化对于这个的研究很多）。他说，社会兴趣是对个人的种种缺陷的最后补偿。正是社会兴趣，使得一个人将个人私利不太过于个人化，而服从于公共福利。而阿德勒也没想到，他所提出的这点，对于整个西方资本主义的发展和

"与时俱进"有着不可估量的影响，这基本上左右了现代资本主义发展进程，同时也把盎格鲁—萨克森经济发展模式更加推进了一步（盎格鲁—萨克森经济发展模式——不单指金本位，而是指其泛经济模式。这个问题我就不在本书中加以解释了，有兴趣的读者请自己查阅，否则这章跑题可就远了去了），使之在全球范围内享有极其深远的盛名。

附录笔者推荐的阿德勒作品。同样，本书目是完全出于个人喜好所列，与传播广泛与否无关，且排名与推荐程度及年代完全无关：

《自卑与超越》（原名不是这个名字，这是中译名，原名是什么我忘了，好像是《生活的意义》）

《个体心理学的实践与理论》

//　三　拉康怎么说　//

雅克·拉康，法国人。如果把弗洛伊德比作是"社会与人文的批评家"，那么刚刚我们所说过的两位大师——荣格与阿德勒，就是"批评批评家的批评家"。而拉康则是弗洛伊德学说的坚定拥护者之一。

被誉为"二战"后最具独立见解、最有争议的欧洲精神分析学家雅克·拉康，是一名法国精神医生。算起来他不完全和弗洛伊德同代，但是依旧属于代内，生于1901年4月13日，故于1981年9月9日。

拉康，把弗洛伊德的著作《梦的解析》视为精神分析的精髓。他曾提出：精神分析作为一种理论和治疗方法，最重要的是采用自然联想来导出潜意识（解梦中也这么用）。而潜意识就其结构而言，属于"自然语言"。

让我们看看拉康是怎么得到的这个结论。还记得我在前些年看到拉康理论的时候，起了一身鸡皮疙瘩——震撼。

拉康认为，在人类的婴儿时期，我们仅仅以镜子的形式而存在着——模仿。那个时期婴儿对于"我"和"自我"并不具备明确的概念，那个时候，我，是"幻象"。当婴儿获得语言和识别符号的能力时，通过各种体会后，其意义就发生了变化。之后婴儿就成了一个分裂的主体，潜意识则成了"另一个"。同时，潜意识所使用的"语言"则有别于"意识语言"，而是另一种语言。假如你没看懂这句话，那让我说得更直白一点儿吧。"我"是虚幻的存在，是潜意识的外在形成物（这点被物理界的"全息宇宙"理论严重支持）。"我"并不存在，只是概念而已。所以，弗洛伊德所强调的"加强'自我'，并由'自我'来主导或大部分主导潜意识"这一理论，拉康认为是不可能的。因为自我是没有办法取代潜意识的，并且也无法完全揭示、控制潜意识，因为潜意识是所有（意识）的核心。或者说，三元论把主次颠倒了——潜意识才是基础所在。所以，潜意识其实是一种自然语言，或者干脆可以说潜意识并非我们自己，而是"别的什么"。这个"别的什么"，在每个人身上体现出来就是潜意识。但拉康并不认同荣格所说的"集体潜意识"的存在，而是认为只有一种情况：潜意识。至于潜意识所创造出了不同的"我"，也就造成了一种看上去比较个性化的"潜意识"。这就犹如我们的那个成语一样：盲人摸象——在这个人感觉中它是蛇一样的东西；在另一个人的感觉中它是柱子。但有趣的是，体会潜意识的，反而是潜意识所创造出的"我"（请读者不要嫌这段绕，实际上拉康的原文更绕，我能写成这样已经很不容易了）。这就是拉康著名的"自我幻象论"。所以不同于弗洛伊德致力于研究"婴儿是如何形成的潜意识和'超我'，最终成为社会的一分子"，拉康所注重的是"婴儿是如何产生出'自我'这个概念"，并且跟原本的"自然语言"——潜意识——统一出了"我"这一概念。

也正是拉康认为这种理论正确，因此他对于"自然联想"这种"潜意识的导出行为"极其感兴趣，并且对"自然联想"所表达出的语言结构很看重。不过他并非像弗洛伊德那样把这种"自然联想"所带来的"语言链条"的某个特定点作为"起始点"或者"真相点"。他觉得这种联想过于飘忽不定、滑动、循环，所以不存在任何锚定——可以定在任意点，所以任意点也就都不重要了——即：任何一点都具有同样重要的价值，那么也就任意一点集体无价值——真正的价值不在某个点上，而在于这种链接形式上。说白了也就是：整体才算是有价值，而整体是什么呢？指系统本身。

说起来，这就好像字典：一个词只能将你引向另外的词，而永远无法引向词所指示的东西。拉康认为这就是潜意识。说到这儿我要在这本书中第N次强调：潜意识是进程，非固定，也不可能固定或被固定（也就是说，在一开始我们就已经在接触拉康的理论了）。

拉康就是这样在弗洛伊德的潜意识理论基础上，为我们展开了"一个永远漂移不定的驱力、欲求的混沌的世界"。他不关心弗洛伊德所关心的"怎样才能将这些混乱的驱力和欲求带入意识之中，使之具有一些秩序、可见缘由和意义，从而能够得到理解和管理"。拉康认为每一个人在成年后就已经通过"自我"把那些来自于"异世界"的"能量"加以固定、稳定为"我"了，并且把知觉身体与自我的关系进行了统一（我不知道大家发现没有，这个问题说到这里已经很哲学了）。

对于这种发展的进程，拉康提出了三个概念：需求、请求和欲求。这其实对应着三段发展时期，他把这三段发展命名为：现实界、想象界和象征界（我个人看法，这三个用词都非常精确）。

和弗洛伊德一样，拉康认为在生命之初，孩子是某种与母亲不可分离的一体（从婴儿的角度看），在自我与他人之间，在孩子与母亲之间，完全没有区分。弗洛伊德和拉康都认为新生的婴儿是某种黏乎乎的"粉色的肉团"，对于自我——也就是对于个体化的问题毫无觉知，而且除了来自于肉体的神经反应之外，对潜意识协调的问题也根本没有。这个粉色肉团只被需求所驱动着——需求食物，需求舒适、安全，需求得到换洗，等等。这些需求是可满足的，能够被某个客体所满足——当婴儿需求食物时会得到乳房（或奶瓶），而当需求安全时它会得到呵护及搂抱。

在这种情况下，婴儿处在这种需求状态中是识别不了自己与满足需求的客体之间有什么差别——因为这个粉色肉团区分不出自己究竟是某个客体的一部分，还是某个客体是自己的一部分。或者，根本没有区分这个概念，唯一存在的只是：需求和满足需求。这是一种"自然的"状态（拉康赞同弗洛伊德所强调的：只有脱离了这种状态才会有"文化产生"）。当这种"自然的"状态被中断时，也就开始逐步造成了个体化印象的侵入。逐渐地，那个粉色肉团开始有了个体化的第一印象，说起来这是令人很纠结的一个问题：分离，产生了自我意识。在认识到个体之前，粉色肉团就是处在现实界，这是个原、初统一体存在的地方。因此，不存在任何的丧失或者缺乏的问题，而只有需求和满足，也正因如此，在现实界中不存在语言。

我想读者们也许还记得在本书前面章节中所提到的"客体永存"现象，同时我还提到了婴儿期必定有某个阶段是处在掌握"客体永存"现象的。实际上这个就是婴儿在步入"想象界"的重要过程。同时出现的还有语言。

例如我们面对婴儿的时候，假如把脸藏在手掌后面，在婴儿看来，我们是消失了；而当我们把手拿下来露出脸的时候，婴儿认为我们又重新出现了。在这一过程中，我们相信大家都注意了一个实际情况：婴儿会为此而显示惊讶的表现或者笑声——在这个小家伙看来，这很神奇，这就是驱使语言产生的一个启动阶段——发声。同时，也就是在这种"神奇体验"的时刻，我们每个人都慢慢地学习到了想象——虽然看不到，但那张脸并非消失，只是躲在手掌后面而已。同时这种掌握还会逐步扩大并且延伸范围——把礼物装进盒子，虽然我们并未看到盒子里的礼物，但是装进去之后，我们可以想象出它在盒子里，而非失踪了。

拉康认为在婴儿18个月的时候，正是进入象征界——也就是进入语言本身——的结构的时间。他认为语言的产生是涉及"丧失"和"缺失"，只有当你想要的客体不在场时你才需要言词。如果你的世界真的一切具足、无一缺失的话，那么你就将不需要语言。所以拉康说在现实界中不存在语言，因为不存在丧失、缺乏和缺失，唯一有的就是圆满、需求及其满足。所以说，这种观点就很清晰地说明了：现实界永远是超越语言的，无须以语言来表现并且象征。而当婴儿开始能够在它自己的身体与环境中的每一样东西之间做出区分的时候，婴儿则从需求转移到请求——因区分而请求——正因如此，这个"请求体"慢慢地理解到了自己不同于"被请求体"，也正是"自我"开始产生的时刻。（不过对于这种"自我"的产生，拉康认为不是一下子就完善了，所以他曾说过："婴儿在最初阶段，对于自我的认知是断断续续的。"而我们可以把这点理解为：穿梭游走于现世界与想象界交界。）

当认知到"自我"后，婴儿开始学着认知客体——其他个体。例如婴儿会在镜子中看见自己的时候会注视自己的镜像，假如看到其他客体在镜中的影像后，会回过头来仔细地看看那个客体的原型——母亲或者其他出现在镜中的人——然后又去注视镜子中的图像。在这种行为的过程中，婴儿开始"预期"：婴儿通过在镜像与他人之间反复交替对比，而产生一种感觉：一个整合了的存在，一个完整的人。此时的婴儿通过观察镜子中的影像，然后再对比造成影像的那个人，这其中就是一种"预期性"对比，同时这也是在确认自己的"预期"。从那一刻起，婴儿开始学着把"支离破碎的"转向"整体性存在"——整合了影像与造成影像的客体之间的关系。这就是拉康另一著名理论，他把这称为"矫形术"。对婴儿来说，镜中影像和造成影像的那个互相矫形。这个过程是看到镜中那个熟悉的脸——预期——转头——看到真实的那张脸——预期——转头——再次关注镜中的脸——预期——转头……这个矫形，是指对"预期"的矫形。因此，小家伙开始获得了整体性的认知。同时也是通过这点来进一步认知了"自我"。这也就逐步发展出了"我"这一概念的雏形。

不过最初婴儿在看到镜中的自我的时候，会是一个错误的认同。小东西会认为在镜中的看到的那个小东西不是我，而是别的什么。虽然在之后不久认识到了镜中的那个也是我，但是婴儿会认为那个"我"是宾格的。而彻底地完善"我"，还需要花上更多的时间。那么象征界是什么呢？"象征界是被语言所主导的，它是秩序的，是语言自身的结构，我们必须进入象征界才能成为'表述'的主体，才能用'我'来指称我们自己。"不得不承认，拉康这句话非常精辟，绝不是什么花哨的辩证与推论，而是严谨且干净利落的定义。

当那个小家伙开始频繁地并且逐步增加了那"断断续续的自我认知"后，对他而言，才可以用"他"，而之前应该是"它"。同时，我们所泛指的这个世界才彻底展开（假如你不能认知自我的话，那么认知世界只是一句空谈罢了）。只有在那种"断续的自我认知"彻底稳定并且持续的时候，对那个"粉色的肉团"来说，世界才存在。

也许有读者会问：那拉康到底是怎么解析梦的呢？

对不起，很抱歉，这个问题我没办法说明，就算拉康自己也没办法说明。不过先别激动，让我来告诉你拉康是怎么认定梦的吧。我觉得当你看到这个观点的时候，就会和我站在一边了。

拉康认为，潜意识是一切的源头，我们的所有感受都源于潜意识，那么既然梦是潜意识的释放，所以，梦是真实的，我们的世界是虚幻的。

现在的问题是：我们该怎么用虚幻去解析真实呢？

无罪之叹息

一 终章 一

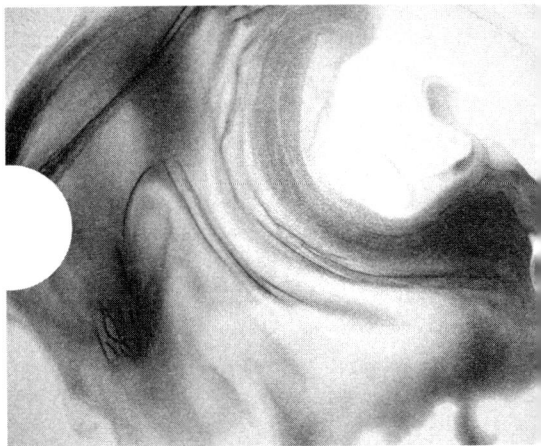

"这章算是《后记》吗？"

"不是。"

"那是什么呢？"

"是我在这本书里写下的最后一个梦。"

海

我一直认为，大海是我的，是我一个人的……真的，我真这么想。

记得第一次看到海的时候是冬天，整个海边就我一个人。没有熙熙攘攘的人群，没有捡贝壳的孩子，没有依偎在阳伞下的情侣，一切喧闹都没有，只有我，和静静的海。从那天起，每当能见到海的时候，我都会在心里默默地念：亲爱的，我来看你了。也就是从那天起，我知道，海是我的。

在海平静的时候，我知道她不是平静的，在那平静之下有着超出我想象的暗流在涌动着；当海狂暴的时候，我同样知道在那狂暴之下，是超然的平静与祥和。

这和梦一样。

梦

在我们安静沉睡的时候，梦的汹涌而至，喷薄出我们平时连想都不敢想的那些念头。但那些狂暴而放肆的梦，也许正代表着沉静的心情；而那些平淡如水的梦中，却没准又包含着重重杀机……当醒来，梦中的那些片段，又有如退潮一般从脑海中远去了，只留下一些湿润的沙子、些许泡沫。在我们尝试着搜索那支离破碎的记忆的时候，才发现，能回忆起来的少得可怜。

几乎我们每个人都曾因梦哭过、笑过、沉醉过、痛苦过、自责过、悲伤过，但梦是无罪的——无论你梦到什么都不为过——哪怕那些最下流、最肮脏的梦也一样是无罪的。因为，那毕竟是梦。但即便如此，我们依旧会因梦而哭、而笑、而悲伤、而叹息。虽然那只是梦。

我的

这是最后一章了，我不想在这章中再反复地辩证什么，也不愿再引述各种理论及学说——这本书里已经说得够多了（但从学术上讲，这本书的十几万字连蜻蜓点水都算不上。虽然我尽自己所能挑选了一些，并将它们呈现给你看，而且还用了我自己的梦来说明一些问题——即便那暴露了我的某些隐私）。

到目前为止，我们都相信梦是一种心理现象（也许一百年以后不这么看，但那毕竟是一百年以后的事情了）。因为这个世界所认知的科学在"与时俱进"，在痛苦和争议中不断地推翻自己，更新，再更新。所以，也许几年之后，由于一个什么新的发现，你手里的这本书将会是一个大笑话。但是，我依旧把这十几万字写了下来。

我说了，这是我写给你的。

你的

一定要解开自己的梦吗？

不一定，但是，为什么不试试呢？这也许是个好的开始，了解自己的开始。

一定要了解自己吗？

一定的，你所看到的一切，都是你的角度。假如，你不了解自己，那么你将什么都不能了解到。

这个世界有经济体系，但是这个世界除了钱，还有别的东西；这个世界有政治体系，但是这个世界除了勾心斗角尔虞我诈，还有别的东西；这个世界有种族、有仇恨、有杀戮，但是这个世界还有更多更多别的东西。

假如，你能尝试着和自己好好谈谈，了解下自己，那么，也许你将会看到更多的那些……毕竟，世界因你的看法而不断地改变着，每一天。

这本书的最后一个梦

几年前吧，我在电脑上装了个小软件，定时自动开机，并且播放我所指定的一首音乐。当清晨音乐响起的那一刻，伴随着那首曲子，我做了这个梦。梦的每一个情节都是完全跟随着音乐的旋律及节奏而进行的，丝毫不差。

那个梦被我记下了。而那首曲子，我保留至今。

竖琴缓缓地拨弄出几个音符，提琴的群奏也舒缓而厚重地跟随着……

我默默地站在旷野，遥望着天边那似乎无尽的黑云缓慢却坚定地压了过来。

竖琴奏出的短音不再有延音，而弦乐群奏明显开始逐步取代……

我看着天边黑云中闪烁着的电光，能很清楚地听到隐隐的雷声。

一记重鼓，充满异域风情的滑音长长地鸣响着！弦乐的急奏逐渐跟随上……

我不再忍耐，瞬间挣脱了来自脚下的引力，腾空而起，缓缓修正了一下方向，冲向那片雷云。

弦乐引入重重的鼓点，却又急转而下直至消失，取而代之的是带着紧密节奏的女声，而那充满异域情调的主音却始终围绕着，同时，魔法吟唱般的另一组女声若即若离地跟随着……

我压制着我的速度，用更加稳定的均衡加速冲向雷云，雨点开始打在我的脸上，直接撞击着眼球。我不为所动，雨点逐渐密集，雷声也更清晰了。

在所有旋律暂停的间隙，弦乐精准地切入，以稳定的节奏控制着整个旋律，重节奏成为了固定的背景，每当弦乐急转直下后，女声再度进入，同时混入主音和吟唱一般的另一组女声……

雨似乎停了一下，骤然，以更加猛烈的速度冲击着我，雷声隐隐地藏在云中，闪电只是小规模地撕开黑暗。我抬头看到黑云，拨开暴雨，冲进了黑云，细小的电光在我的身体周围闪烁着。

在女主声的骤然变调后，人声部分一下子全部撤出，竖琴令人愉快地融入；短暂的弦乐这次带着柔和的女声混入，重重的节奏一直存在着，却衬托出女声的柔和……那犹如滑行般轻快的女声……

我逐渐对细小电光的刺痛不耐烦，猛然加速向上，冲出黑云，像跃出海面的海豚一样旋转着身体，黑云之上是闪烁着星光的夜空，明朗而清晰。我减缓速度，在黑云之上随心地滑行着，享受着。

柔和的女声缓慢地结束，又是竖琴的几声轻奏，疾速的女声再次成为引导旋律，重鼓一成不变，而弦乐连同吟唱一般的背景女声若隐若现，突然一段弦乐的急奏，没有了任何声音，跟着疾速女声在完全没有任何伴奏的情况下，带出重鼓……

我旋转着身体，闭上眼睛缓缓地又滑入了黑云中。隐隐的雷，细微的电光，密集的雨，重复着它们所能做到的一切。然而，好像雷、雨、电都逐渐停止了……我睁开眼，一道巨大而明亮刺眼的闪电突然在我面前炸开。

疾速女声短暂的结束，竖琴、弦乐重新把整个旋律带入柔缓，柔和女声适时地出现，再度主导着整个旋律。一段时间后，没有弦乐的引导，疾速女声切入，全曲重新回到急奏状态……

闪电劈开了黑云，在缝隙中，我抬头看到了洒满星光的夜空，随着黑云渐渐地合拢，视线又被黑云挡住，密集的雨、雷声、细碎的电光再次将我包围。

急速的女声、背景吟唱女声同时骤然提高八度音，节奏略微加快……弦乐猛地出现，结束了女声的主导，随着的一个长音，小提琴以长音为开端，完全浮现出来，成为所有乐器最前台的旋律。在重鼓的伴随下，小提琴独奏开始放弃压制：频繁的跳弓、急奏，偶尔的颤音、长音，用独有的音域，高速、狂暴地带出撕裂一般的震撼……

这次雨更加的密集，雷声震耳欲聋，闪电不再掩饰，有如长鞭一样频频闪现。我深深地吸了一口气，把积蓄的力量爆发了出来。我张开双臂，狂野地在黑云中高速穿行，像发狂的野兽一样，用身体带出的气流搅乱黑云，撕开暴雨，打断闪电，用低吼压制住隆隆的雷声，黑云中到处都是我划出的轨迹。

小提琴发狂地急奏直下，柔和的女声又美妙地出现，并且主导旋律，这次不再短暂，坚定而持续……重节奏稳定地浮出，小提琴执着的长音混入，一个女声跟随着重鼓的节奏喃喃低语……随着小提琴稳定的长音，全曲清晰干净地结束。

黑云被我冲乱，打散。雷、电已经没有任何机会出现，零星的雨点再也不成气候，点点星光随着黑云的散去逐渐清晰……我先是减缓了飞行速度，然后却又执拗地猛然加速冲向阻挡天空的哪怕一小块黑云，直到整个夜空干净透彻。

终于，我停了下来，在空中享受着轻柔的微风，抬头看着夜空。

然后，我张开双臂，无限加速飞向最遥远的地方。

我睁开眼，看着窗外。

窗外那棵参天大树的枝叶上洒满了阳光，映在我眼里的，是一整片浓浓的生机。

/ 附 录 /

参 考 资 料

[1][奥]西格蒙德·弗洛伊德.梦的解析.武汉:武汉大学出版社,2010

[2][奥]西格蒙德·弗洛伊德.梦的解析.上海:上海三联书店,2008

[3][奥]西格蒙德·弗洛伊德.梦的解析.陕西:陕西师范大学出版社,2008

[4][奥]西格蒙德·弗洛伊德.梦的解析.北京:商务印书馆,1996

[5][奥]西格蒙德·弗洛伊德.弗洛伊德自传.台湾:东方出版社

[6][美]彼得·盖尔.弗洛伊德传.福建:鹭江出版社

[7][奥]西格蒙德·弗洛伊德.狼人的故事.上海:上海社会科学院

[8][奥]西格蒙德·弗洛伊德.弗洛伊德心理哲学.北京:九州图书出版社

[9][奥]西格蒙德·弗洛伊德.论宗教.北京:国际文化出版社

[10][奥]西格蒙德·弗洛伊德.精神分析引论.陕西:陕西人民出版社

[11][美]提摩西·D.威尔森.弗洛伊德的近视眼——适应性潜意识
如何影响我们的生活.四川:四川大学出版社

[12]郭本禹,王国芳.潜意识的意义.山东:山东教育出版社

[13][荷]亨克·德·贝克.被误读百年的弗洛伊德.北京:金城出版社

[14][法]皮埃尔·巴宾.弗洛伊德,科学时代的解梦师.上海:上海书
店出版社

[15][奥]阿尔弗雷德·阿德勒.人格哲学.北京:九州出版社

[16][奥]阿尔弗雷德·阿德勒.自卑与超越.北京:光明日报出版社

[17]刘烨,曾纪军.阿德勒的智慧.北京:中国电影出版社

[18][瑞士]卡尔·古斯塔夫·荣格.寻求灵魂的现代人.贵州:贵州人
民出版社

[19][瑞士]卡尔·古斯塔夫·荣格.未发现的自我.北京:国际文化
出版社

[20]［瑞士］卡尔·古斯塔夫·荣格. 东洋冥想心理学. 北京：社会科学文献出版社

[21]［瑞士］卡尔·古斯塔夫·荣格. 荣格自传. 上海：上海三联书店

[22]［瑞士］卡尔·古斯塔夫·荣格. 心理类型. 上海：上海三联书店

[23]［瑞士］卡尔·古斯塔夫·荣格. 性格哲学. 北京：九州出版社

[24]［法］雅克·拉康. 拉康选集. 上海：上海三联书店

[25]胡潇. 意识的起源与结构. 北京：中国社会科学出版社

[26]郭本禹. 精神分析发展心理学. 福建：福建教育出版社

[27]叶浩生. 西方心理学的历史与体系. 北京：人民教育出版社

另有论文数篇不再单独罗列，只列出刊载的相关杂志。

《美国心理学杂志》(American Journal of Psychology)，2008 年合刊（4 期）；

《临床心理学评论》(Clinical Psychology Review)，2006 第 5 期、2009 第 5 期；

《欧洲社会心理学评论》(European Review of Social Psychology 已停)，1995 年合刊；

《心理学研究》(Psychological Research/Psychologische Forschung)，2005/2008/2009 合刊。